INSECTOS, ANFIBIOS Y REPTILES

Título original
Amphibiens et reptiles, Observer les insectes
Obra colectiva creación de Losange.
Con la colaboración de Jean-Jacques Bignon y Marc Santiani

Dirección editorial
Isabel Ortiz

Traducción
Antonio Resines, Herminia Bevia (Anfibios y reptiles), Teresa López (Insectos)

Corrección de textos
María Forero, Begoña Saludes, Carmen Blázquez

Composición
Juan Carlos Sánchez, Wishi Washi

Preimpresión
Marta Alonso

Tikal Ediciones
C/ Campezo, 13 - 28022 Madrid
Tel.: 91 3009100 - Fax: 91 3009110
www.susaeta.com

INSECTOS, ANFIBIOS Y REPTILES

Colección Vida verde

TIKAL

SIGNIFICADO DE LOS PICTOGRAMAS

VULNERABILIDAD

- Vulnerable o próxima extinción
- Falta de datos
- Regresión
- Aumento
- Constante

BIOTOPOS

- Bosque templado
- Tundra
- Pantanos, estanques, lagos
- Bosque mixto
- Estepa herbosa o semiárida
- Costas marinas
- Bosque boreal
- Monte bajo, maleza
- Colinas, media montaña
- Bosque mediterráneo
- Landas, praderas, cultivos
- Alta montaña
- Soto
- Cursos de agua
- Hábitat humano

ACTIVIDADES

- Diurno
- Crepuscular
- Nocturno

Contenido

Insectos 6-133

- Introducción 6
- Generalidades 9
- Biología y estudio de poblaciones 27
- Los insectos y sus hábitats 67

Anfibios y reptiles 134-249

- Los anfibios 135
- Los reptiles 189

Glosario - Bibliografía Direcciones utiles 250-252

Índice 253-255

INSECTOS

Introducción

Este libro, que de ningún modo es una obra de identificación de insectos, se dirige a todos aquellos que se interesan por la historia natural. El mundo de los insectos es un reino fabuloso capaz de fascinar a cualquiera que se acerque a él con un mínimo de humildad. Los insectos nos producen admiración, pero no dudamos en destruirlos; han sido objeto de veneración, también de explotación, e incluso sirven de alimento en algunas latitudes. Para unos, asombrosos y apasionantes; para otros, molestos y desagradables. Proliferan por todas partes y parecen haber inventado todas las estrategias posibles para sobrevivir y evolucionar desde hace más de 350 millones de años.

¿Qué es lo que empuja al hombre actual a interesarse por la vida de estos animales, asombrosos y a la vez repulsivos? Pensemos, sin ir más lejos, en esas moscas tan molestas que se embriagan con el olor de los cadáveres para, finalmente, depositar sus larvas y que, cuando las observamos de cerca, son de una gran belleza. Los insectos están rodeados de un halo misterioso, algo que comprendemos, pero que somos incapaces de definir. No está en mi ánimo describir esta percepción. Simplemente deseo, a través del presente libro, compartir algunos elementos de la vida de los insectos y transmitir esta sensación de forma que el lector se sienta «picado» por la curiosidad y se apasione por estas criaturas tanto como yo lo estoy desde la infancia.

Para observar a los insectos hay que tener un espíritu curioso, paciencia, método, rigor y mucha humildad. Aunque no mostremos todas estas cualidades al principio, seguramente las iremos adquiriendo frente a la desconcertante diversidad biológica si mantenemos la pasión por la entomología. La observación de los insectos requiere conocimientos que podemos

La primera etapa en la vida de los insectos es la fase larvaria, seguida del imago. Las larvas, y concretamente las orugas, como ésta de la «esfinge de la calavera» (izquierda), exhiben unos colores y unos diseños de gran sutileza.

Los insectos son los seres vivos más diversificados del reino animal y adoptan gran cantidad de formas y colores, como los de este coleóptero del género *Trichius*.

extraer de libros, documentos, películas y contactos con otros entomólogos. Esta base de datos puede resultarnos muy útil para las investigaciones ulteriores que llevemos a cabo en la naturaleza.

Os invito, pues, a descubrir una pequeña parcela de este particular mundo. Para ello, he querido mostrar las relaciones de los insectos con el hombre, tanto los perjuicios como los beneficios, así como con el resto de seres vivos, animales y plantas. Para ilustrar estos diferentes aspectos he recurrido a algunos ejemplos de biología y de ecología.

Mi propuesta para abordar el mundo de los insectos puede dividirse grosso modo en tres partes. En la primera trataremos del lugar que ocupan los insectos en la historia natural, teniendo en cuenta su diversidad; y una vez presentada su clasificación, estudiaremos las relaciones de los insectos con el hombre: los conceptos de «útil» y «perjudicial» desde un punto de vista histórico y económico. Completaremos todo ello con algunos ejemplos sobre las pulgas y los piojos, sin olvidar la calidad gustativa de los insectos. La entomofagia vuelve a ser objeto de estudio para los expertos en nutrición, ya que muchas personas en el mundo aún consumen insectos. El último apartado se refiere a la protección de los insectos y, más particularmente, a la legislación en el plano nacional, europeo e internacional.

En la segunda parte, abordaremos la descripción biológica de un insecto, así como algunas técnicas para observarlos y también para capturarlos. Nos parece importante describir la morfología y la anatomía de los insectos, su funcionamiento interno y sus increíbles adaptaciones, especialmente los principios de camuflaje y mimetismo. Asimismo, dedicamos un apartado importante a los diversos materiales de entomología, ya sean de campo o de laboratorio. Una presentación sucinta de

Las alas de las mariposas, un hábil juego de colores sobre un fondo fijo, tienen algo mágico para el ojo humano. Es el caso de esta «vanesa de la ortiga», posada sobre una *Centaurea*.

los métodos de muestreo practicados por algunos entomólogos que investigan el funcionamiento de las poblaciones de insectos permite comprender las dificultades a la hora de efectuar los análisis. El joven principiante podrá descubrir las diferentes etapas para tratar los insectos: desde la captura, la preparación y la identificación, hasta la colección, antes de terminar con los primeros consejos para iniciarse en la cría.

La tercera parte es una monografía de unas sesenta especies escogidas por su carácter familiar, su sencilla observación, su originalidad biológica y la relativa facilidad con que podemos encontrarlas en cualquier jardín o en el transcurso de un paseo por la naturaleza. En realidad, no tienen otra finalidad que llamar nuestra atención sobre la diversidad y la complejidad de los insectos en sus relaciones intraespecíficas e interespecíficas. Los hemos clasificado según el tipo de hábitat: bosques, zonas húmedas, dunas, setos, viviendas, cuevas, jardines y cultivos. Las monografías hacen especial hincapié en los caracteres particulares de la biología, la anatomía o el comportamiento de las especies, al tiempo que se ofrece la etimología de los nombres.

Con este libro pretendemos arrojar una nueva luz sobre el mundo de los insectos. Un mundo tan extenso que siempre resulta difícil proporcionar una información completa sobre él. Estos bichillos, llenos de energía, cuyo origen se pierde en la noche de los tiempos, seguramente nos sobrevivirán y tendrán en el futuro un importante papel económico. Esperemos que los entomólogos del mañana puedan continuar en las mejores condiciones posibles la obra iniciada hace siglos por sus predecesores.

Las antenas de los machos de limántridos (en este caso *Laelia coenosa*) poseen unos finos receptores, a modo de antenas parabólicas acústicas, capaces de aislar e identificar a varios kilómetros de distancia las moléculas químicas emitidas por las hembras y propagadas por el viento.

GENERALIDADES

LOS INSECTOS EN LA HISTORIA NATURAL

Los científicos estiman en 1,7 millones el número de especies vivas identificadas por el hombre sobre la Tierra. Esta elevada cifra nos da una idea de la extraordinaria diversidad de formas, estrategias, adaptaciones, colores y tamaños que nos rodea en todo momento sin que seamos realmente conscientes de ello. Los conocimientos sobre los insectos se han desarrollado fundamentalmente en los últimos 250 años. La estimación de su número se basa en el concepto de especie, la base de todo inventario.

¿CUÁL ES EL NÚMERO ESTIMADO DE INSECTOS?

De todo el reino animal, los insectos constituyen, por la diversidad de especies y el número de individuos, la clase más importante de los artrópodos, es decir, aproximadamente el 80% de las especies animales actualmente conocidas. De un total de 887.500 insectos identificados en todo el mundo, 34.600 viven en Francia, lo que representa la mitad de las especies europeas. En comparación, sólo se conocen 400 aves y 5.500 plantas. Se estima que faltan por descubrir en Francia unas 5.000 especies de insectos, pero las investigaciones no cesan y cada año un total de 2.500 entomólogos en todo el mundo describen entre 5.000 y 6.000 especies. En Francia, los insectos se agrupan en 27 órdenes de los 33 reconocidos en el mundo. Estas cifras ponen de manifiesto la importancia y también el desconocimiento que existe sobre el mundo de los insectos. El investigador que pretenda estudiar todas las especies de insectos, aunque sólo sea de una región, ha de partir con humildad.

La diversidad de los insectos es tanto mayor según nos aproximamos al ecuador terrestre. Las selvas tropicales húmedas se sitúan entre los sistemas naturales del planeta que albergan mayor riqueza faunística y vegetal. La fulminante deforestación a la que son sometidas está haciendo desaparecer insectos desconocidos para el hombre.

¿Cómo no sentirse cautivado por los colores de las mariposas? De estructura muy compleja, estos colores tienen su origen en verdaderos pigmentos, o bien en los juegos de luz provocados por los rayos de sol al incidir sobre las escamas. A veces se trata de una combinación de ambos.

La nomenclatura y la clasificación de los insectos

La sistemática tiene como finalidad describir los organismos y clasificarlos metódicamente. Los principios de la clasificación datan de Aristóteles (siglo IV a. C.), pero la clasificación de los seres vivos fundamentada sobre una auténtica base científica moderna fue establecida por el naturalista sueco Linneo (mediados del siglo XVIII). A partir de este periodo, el inventario mundial de las especies se fue enriqueciendo poco a poco gracias a los trabajos de numerosos entomólogos, al tiempo que la clasificación iba experimentando múltiples cambios según avanzaba el grado de conocimientos de genética, biología molecular, anatomía y ecología. Los insectos son tan numerosos, y a la vez tan pequeños, que siguen siendo poco conocidos. El neófito se enfrentará al problema de la nomenclatura, una larga lista de nombres científicos que constituyen el único lenguaje válido para poder entenderse con el resto de investigadores de todo el mundo. Sin embargo, es sólo cuestión de tiempo y no tardará en memorizarlos. Contrariamente a las plantas y a los grandes vertebrados, tan cercanos al hombre, los insectos no suelen tener un nombre vulgar en castellano, y es que sólo las especies «útiles» o «dañinas» se han mostrado acreedoras de él.

El nombre de un insecto

Cada especie de insecto tiene dos nombres: el género (con mayúscula) y la especie (con minúscula). Ambos constituyen lo que se conoce como nombre científico. A este doble nombre se le añade el nombre de quien la describió, seguido de la fecha de descripción. Ejemplo: *Tipula maxima* Poda, 1761.

MILESIA CRABRONIFORMIS, UNA MOSCA ENTRE TANTAS OTRAS

Reino: Animalia
División: Arthropoda
Clase: Insecta
Subclase: Pterygota
Superorden: Endopterygota
Orden: Diptera
Suborden: Brachycera
Sección: Aschiza
Superfamilia: Syrphoidea
Familia: Syrphidae
Subfamilia: Syrphinae
Tribu: Milesiini
Género: *Milesia*
Subgénero: *milesia*
Especie: *crabroniformis*
Subespecie: *crabroniformis*

Con el avance de los conocimientos en sistemática, un número grande de nombres han cambiado. Así, *Syrphus crabroniformis* Fabricius 1775, determinado como tal en esta fecha, lleva hoy el nombre de *Milesia crabroniformis* (Fabricius, 1775). El cambio de género ha llevado a que el autor que la describió aparezca entre paréntesis. Cuando una misma especie ha sido descrita varias veces por entomólogos diferentes, sólo el nombre más antiguo sigue siendo válido. Los sinónimos son numerosos y a veces complejos cuando una sucesión de errores interfieren respecto a una misma especie. Así sucede que una sola especie de díptero taquínido cuenta con 133 sinónimos.

La clasificación del mundo natural incluye tres reinos: mineral, vegetal y animal. Cada reino comprende distintas divisiones cuyo grado de afinidad ecológica o biológica aumenta en cada una de ellas. Para clasificar una especie de insecto son necesarias no menos de 16 categorías taxonómicas.

Esta clasificación varía y su validación por la comunidad científica es a veces larga y controvertida. Actualmente, ciertos entomólogos no consideran a los Collembola, Diplura y Protura como insectos. La clasificación más aceptada en la actualidad, y que considera estos tres últimos grupos como insectos, aparece reflejada en el cuadro de la página siguiente.

ORIGEN, EVOLUCIÓN Y DISTRIBUCIÓN DE LOS INSECTOS

Los insectos constituyen, dado su importante efectivo y su rápida sucesión de generaciones, uno de los mejores objetos de estudio para la investigación sobre la evolución actual. Los primeros artrópodos datan de hace 750 millones de años, mientras que los insectos se calcula que aparecieron sobre la Tierra hace aproximadamente 350 millones de años, en forma de pequeños animales anillados de seis patas y sin alas. Los primeros insectos fósiles conocidos datan del Devónico y son Collembola encontrados en unas turberas de Escocia. Del período Carbonífero son los hallazgos de insectos pertenecientes a la subclase Pterygota. También existieron en el pasado formas gigantes de las que hoy no queda ni rastro. La biología de los insectos, que fascina al neófito, puede estudiarse en cualquier punto del planeta, desde el fondo de las cuevas hasta las nieves perpetuas

La clasificación de los insectos

Apterygota (no alados)

- Entognatos (mandíbulas extensibles)
  - Diplura
  - Protura
  - Collembola
- Ectognatos (mandíbulas externas)
  - Thysanura

Pterygota (insectos alados)

- Paleópteros (alas antiguas)
  - Ephemeroptera (moscas de mayo)
  - Odonata (libélulas, caballitos del diablo)
- Neópteros (alas recientes)
- Polineópteros (nerviación del ala completamente desarrollada)
  - Plecoptera
  - Zoraptera (orden reducido a una sola familia, Zorotypidae, y un único género, *Zorotypus*)
  - Embioptera (embias, tejedores)
  - Phasmida (insectos palo, insectos hoja)
  - Orthoptera (saltamontes, langostas, grillos, chicharras)
  - Grylloblattodea
  - Dermaptera (tijeretas)
  - Isoptera (termes, termitas)
  - Blatoptera (cucarachas)
  - Mantoptera (mantis)
- Paraneópteros (nerviación del ala sin desarrollar por completo)
  - Psocoptera (psocos)
  - Mallophaga (piojos de las aves)
  - Anoplura (piojos)
  - Thysanoptera (trips)
  - Heteroptera (chinches)
  - Homoptera (pulgones, cigarras)
- Holometábolos (metamorfosis completa)
  - Estrepsiptera
  - Coleoptera (escarabajos, gorgojos, barrenillos)
  - Raphidioptera (rafidias)
  - Megaloptera (sialis)
  - Neuroptera (crisopas, hormigas león)
  - Himenoptera (abejas, abejorros, avispas)
  - Lepidoptera (mariposas, polillas)
  - Trichoptera (frigáneas)
  - Mecoptera (moscas escorpión)
  - Siphonaptera (pulgas)
  - Diptera (moscas)

Los embiópteros, grilloblátidos y zorápteros no viven en Europa, pero el resto de órdenes podemos encontrarlos en nuestro entorno.

o los desiertos. Estos insectos son, en su mayor parte, terrestres, pero también viven en el agua o en la superficie de las aguas dulces, incluso pueden desarrollarse en condiciones extremas, como fuentes termales, lagos salados, minas de sal, balsas de petróleo, grutas y agua de mar (mares tropicales).

Hace 300 millones de años, sobrevolaba nuestros bosques el ancestro de las libélulas, un gigante de 70 cm de envergadura, seis veces más grande que las libélulas actuales.

Los insectos y el hombre

El sentimiento que hoy en día inspira el insecto al hombre, cuando lo descubre entre otros animales, está más próximo a la aversión que a la simpatía. El primer impulso es el de aplastarlo o espantarlo con la mano. Podemos decir, de una manera general, que los insectos nos resultan seres indeseables. Es cierto que transmiten enfermedades, a veces mortales, pero también sanan, alimentan y secundan al hombre en muchas de sus actividades. Por esta razón, los hemos dividido en dos grupos: «útiles» y «dañinos». Este relativo antropocentrismo suele ser injusto, ya que sólo una pequeña parte de los insectos nos producen algún daño, mientras que son muy numerosos los que nos deparan cierta sorpresa cuando les prestamos un mínimo de atención.

Los insectos «útiles» y los insectos «dañinos»

Se dice que un insecto es útil cuando proporciona algún beneficio al hombre. A finales del siglo XIX eran considerados como «útiles» aquéllos que eran productores para el hombre: el gusano de seda, la abeja (miel), la cochinilla roja (colorante), la cochinilla *Laccifer laca* (goma laca) y el pulgón de las coníferas (tinte). En la actualidad, los insectos se emplean en medicina (larva de la mosca de la carne) o como adornos (buprestos), realizan tareas de saneamiento (coprófagos y necrófagos) y también son auxiliares en los cultivos (depredadores, entomófagos)...

Los insectos «útiles»

• *En genética y en farmacia*

La *Drosophila,* pequeña mosca del vinagre, es, sin duda, el material de laboratorio más estudiado desde hace casi un siglo. Gracias a ella se han descubierto los genes de numerosas enfermedades hereditarias, a la vez que sigue aportando nuevos datos sobre la inmortalidad. De igual modo, la mariposa nocturna *Lymantria dispar* es objeto de estudios en endocrinología y es al gusano de seda al que se atribuye la primera feromona.

• *En la industria*

Los inventores e industriales llevan mucho tiempo interesándose por las características biológicas de los insectos: modo de vida, forma, textura, estructura y comportamiento, para adaptarlas a sus particulares investigaciones de aeronáutica, robótica y biónica.

Cría de *Drosophila* para estudios genéticos.

• *En la alimentación humana*

En todos los continentes, el hombre se ha alimentado durante mucho tiempo de insectos. En la actualidad, sin embargo, esta práctica ha quedado relegada a algunas poblaciones de África, Asia, Sudamérica y América Central (10 a 20 g por habitante y día). Por orden de importancia, los saltamontes son los que más se consumen, seguidos de las termitas, los hemípteros (cigarra, cochinilla), las orugas (bombícidos, libétidos), coleópteros (gorgojo), himenópteros y dípteros. Algunos estudios sobre nutrición describen al insecto como una de las mejores fuentes de proteínas, con un contenido mayor al de muchos animales y plantas criados en granjas, lo cual reviste gran importancia a la hora de luchar contra el hambre en los países en vías de desarrollo. Así, por ejemplo, el contenido en proteínas de los saltamontes es del 50% al 70%, mientras que el del pollo es del 23%. Algunos científicos piensan que las moscas podrían ser un reservorio de proteínas a tener en cuenta de aquí al 2015, año en el que se estima que la población mundial sobrepasará los 12.000 millones. Sin embargo, no parece tarea fácil el que los occidentales aceptemos la introducción de los insectos en la dieta alimenticia del mañana. Las larvas del cerambícido *Rhagium inquisitor*, los huevos de hormiga negra (*Lasius niger*) y las larvas de abeja podrían formar parte de nuestros primeros platos. Y para muestra un botón: las larvas fritas del cerambícido *Ergates faber* tienen un gusto a almendra ligeramente avainillado. En Escocia, por ejemplo, uno de los aperitivos de moda es el saltamontes tostado con miel y acompañado de dátiles y pimientos.

• *La producción de miel*

Todo el mundo conoce la miel y sus cualidades farmacológicas. Desde hace mucho tiempo el hombre aprovecha la miel de las abejas. Aunque algunos pueblos primitivos de la India siguen recogiéndola de los árboles, con el consiguiente peligro para sus vidas, en la mayor parte del mundo civilizado la miel se obtiene de las colmenas, donde gracias a la cría de abejas se consigue una mejor producción. Otros productos ligados a las abejas son: el polen, la cera de abeja, el propóleos y la jalea real.

• *La producción de seda natural*

Producida por las glándulas sericígenas de la oruga en el momento de formar el capullo, la seda es un residuo de la alimentación nitrogenada que el animal se ve obligado a expulsar para no intoxicarse. La oruga produce un único hilo que puede alcanzar hasta 1.500 metros de longitud. Originario de China, el gusano de seda (*Bombix mori*) se cría desde hace más de 5.000 años. Sin embargo, los países que desde tiempo inmemorial guardaban celosamente los métodos de cría no los revelaron al mundo occidental hasta el siglo VI d. C.

• *La agricultura, la lucha biológica y la lucha integrada*

Enfrentado desde sus mismos inicios a los insectos que arruinan los cultivos, el agricultor ha empleado distintos métodos para combatirlos. Las técnicas de cultivo dieron paso a tratamientos insecticidas empleados indiscriminadamente y con terribles consecuencias sobre el medio ambiente. El resultado es que muchos insectos dañinos se han hecho resistentes a estos tratamientos, al tiempo que especies inofensivas han sufrido sus efectos. Los institutos de investigación comenzaron a estudiar los ecosistemas arrojando un balance desolador: las pérdidas anuales ocasionadas por el menor número de insectos polinizadores se estimaron en varias decenas de miles de millones de dólares. La FAO (Food and Agriculture Organization) decidió definir el sistema de lucha integrada que supone mantener las poblaciones de insectos dañinos a niveles en los que no causan daños económicos. Simultáneamente a esta lucha se introdujo el concepto de lucha biológica, definida como «el uso de organismos vivos o de sus productos para impedir y reducir las pérdidas o daños causados por organismos dañinos». Desde entonces, los agricultores se detienen a reflexionar acerca

Los gorgojos del trigo pueden llegar a dar cuatro generaciones al año.

de los tratamientos a aplicar sobre cada uno de los cultivos (eficacia del método y menor coste) y esta lucha se desarrolla al tiempo que progresan los productos llamados «biológicos». Recordemos, no obstante, que el principio de utilizar los insectos en la lucha contra otros insectos, perjudiciales para la agricultura, data de 1874.

En todo el mundo, se cifra en 10.000 el número de insectos dañinos para los cultivos.

Algunos de estos insectos se reproducen de forma alarmante, como los pulgones, capaces de engendrar por partenogénesis unas cincuenta larvas en diez días. De ahí la importancia de algunos insectos, auxiliares principales de los cultivos europeos:

***Calosoma sycophanta,* carábido de gran tamaño, se alimenta de las orugas de la procesionaria y de la lagarta peluda.**

- los consumidores de pulgones, o afidífagos, que agrupan a las mariquitas, las larvas de algunas moscas, las cecidomias (*Phaenobremia*) y las crisopas;
- los depredadores de orugas, como *Calosoma sycophanta,* que acaba con las orugas de la procesionaria del pino *(Thaumetopoea pithyocampa*) y las de la lagarta peluda (*Lymantria dispar*); también están los amófilos especializados en la búsqueda de orugas de piel desnuda, y los euménidos, que cazan orugas de pequeño tamaño y larvas de tentredos similares a las orugas (himenópteros);
- los predadores de moscas y otros dípteros: las libélulas, los himenópteros (*Sphenx, Bembix, Crabro)* y también dípteros como los empídidos y los asílidos;
- los depredadores de coleópteros: himenópteros *Scolia* y *Cerceris*. Los primeros cazan pequeños escarabajos (*Rhizotrogus*) y los segundos, gorgojos y buprestos;
- los consumidores de huevos, representados por los microhimenópteros en general, con familias como los tricogramas, parásitos de numerosas mariposas (piéridos, noctuas, bombyx, carpocapsas...), los calcídidos, parásitos de los hiponomeutas, noctuas, encírtidos, y los himenópteros icneumónidos que parasitan los huevos de piéridos, *Bombyx*...;
- los insectos entomófagos que contribuyen igualmente a la regulación de las poblaciones de insectos.

• *En medicina*

En Europa, en épocas pasadas, los insectos eran más utilizados en farmacología que actualmente. En 1579, Ambroise Paré señalaba la rápida curación de una herida infectada por larvas de la mosca de la carne. Pero hubo que esperar al año 1930 para que el hombre experimentase con éxito el efecto

Las larvas de esta mosca verde se emplean por sus virtudes bactericidas.

de estos insectos en la curación de heridas seriamente infectadas. Y es que estos organismos poseen un potente bactericida capaz de combatir al estafilococo dorado. Las larvas empleadas en crías asépticas pertenecen a la mosca azul (*Calliphora erythrocephala*) y a la mosca verde (*Lucilia sericata*). En algunos servicios de hospitales de Gran Bretaña estas moscas se emplean para ayudar a cicatrizar quemaduras de la piel.

La medicina legal, nacida en los años 1850, también ha revelado la utilidad de los insectos. A raíz de los primeros estudios llevados a cabo por médicos y entomólogos, quedó demostrado que los ataques de los insectos, atraídos por el cadáver, no eran aleatorios, sino que se producían en oleadas sucesivas, según avanzaba el grado de descomposición del cuerpo. De ello pudo deducirse que cada grupo de insectos obedecía a criterios muy precisos y constantes que permitían definir con precisión la fecha de la muerte. En realidad, un cadáver es un ecosistema que evoluciona a lo largo del tiempo, compuesto de elementos químicos muy diversos (grasas, músculos, sangre, faneras, cerebro...) que se degradan, fermentan y emiten sustancias químicas volátiles, lo que da lugar a la atracción de las ocho oleadas sucesivas de insectos. Los entomólogos medicolegales colaboran actualmente en las investigaciones judiciales y, en un proceso llevado a cabo en Bélgica, un pequeño insecto de 3 mm de longitud permitió descubrir a los asesinos y reconocer la inocencia del acusado.

Larvas de mosca azul.

Los insectos dañinos

Se dice que un insecto es dañino (en el sentido estricto del término) cuando provoca daños importantes sobre las producciones humanas. Los principales parásitos del hombre afectan a la salud, la alimentación y las construcciones.

Resulta difícil imaginar que los insectos destruyen cada año más de la mitad de los productos destinados al consumo humano y animal de todo el planeta. Casi un tercio de la producción de arroz, alimento básico de las poblaciones de los países en vías de desarrollo, es destruido por los insectos. Todos los productos insecticidas utilizados en los artículos destinados al consumo ya han suscitado la aparición de cepas resistentes. La salud del hombre se ha visto seriamente afectada en muchos países del mundo –especialmente en los trópicos y el ecuador–, donde los insectos causan cada año la muerte de millones de personas. Lo hacen indirectamente, transmitiendo los parásitos peligrosos de un ser humano a otro y también entre animales y hombres.

De los 14 órdenes de insectos que transmiten enfermedades, tanto al hombre como a los animales, los principales son los hemípteros, los afanípteros y los dípteros. Gracias a que han mejorado las condiciones de higiene desde el siglo XIX, se ha conseguido atajar enfermedades que constituían auténticas epidemias. A pesar de lo cual, todavía conviven con nosotros algunas especies indeseables. Es el caso de las pulgas, que atacan al hombre y a muchos animales, o de los piojos, que sólo parasitan al hombre, ya que son incapaces de digerir la sangre de otras especies. Las picaduras de la pulga producen alergias, a la vez que transmiten el tifus, la helmintiasis (*Taenia*) y a veces la tularemia a través de la liebre. Los piojos provocan la pediculosis y la ptiriasis generalizada, pero su mayor riesgo reside en que transmiten una grave enfermedad infecciosa: el tifus exantemático. Esta enfermedad tuvo importantes consecuencias históricas: acabó con cientos de miles de personas (muchos de ellos soldados) desde finales de la Edad Media hasta principios del siglo XX (10.000 muertos en Brest en 1757, y más de 150.000 muertos durante la guerra de 1914-1918). La importancia del parasitismo para la salud humana afecta principalmente a los países en vías de desarrollo y, pese a los recientes avances de la medicina, las enfermedades parasitarias afectan en la actualidad a más de mil millones de personas en todo el mundo.

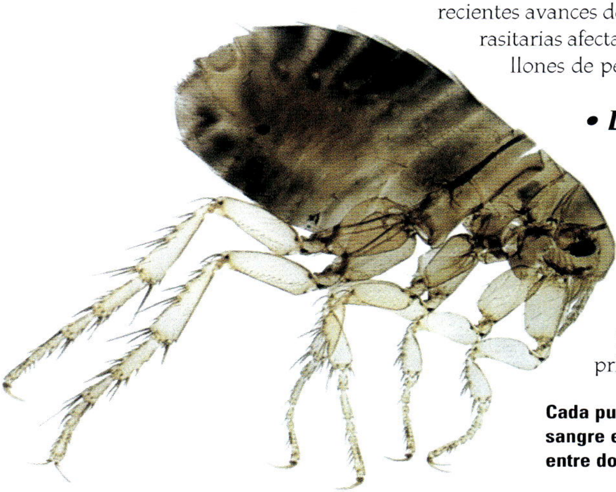

• *Los insectos urticantes*

En España, existen tres especies de orugas urticantes asociadas a los bosques: la procesionaria del pino (*Thaumetopoea pytyocampa*), la procesionaria del roble (*Thaumetopoea processionea*) y *Euproctis chrysorrhoea*. Estas tres orugas ocasionan dermatitis, principalmente en verano y afectando

Cada pulga es capaz de extraer 5 mg de sangre en cada picadura, proceso que dura entre dos y quince minutos.

de forma especial a los niños. Estas dermatitis se producen mediante dos procesos, uno de tipo mecánico y otro de origen químico: los pelos de las orugas penetran en la piel, se parten y, a continuación, liberan la proteína urticante. Ciertas personas desarrollan alergias que, en los casos más extremos, pueden producir el edema de Quincke.

• *Los insectos venenosos*

La fauna española comprende numerosos insectos que producen picaduras, ya sea con el rostro, como las chinches, sobre todo las acuáticas, o con un aguijón, como las hormigas. Éstas producen pequeñas picaduras sin mayores consecuencias. Sin embargo, existe un grupo de himenópteros venenosos que causa accidentes graves, hasta el punto de producir la muerte. Dentro de este grupo se incluyen las avispas (*Vespa germanica, Vespa vulgaris*), los abejones (*Vespa crabro*), las abejas (*Apis mellifera*) y los abejorros (*Bombus* sp.), especies todas ellas ante las que hay que estar prevenido. Están dotadas de aguijones y bolsas de veneno cargadas de ácido fórmico (responsable del dolor), histamina, serotonina y numerosos antígenos. En la mayoría de los casos, las picaduras de los insectos son benignas, pero pueden darse reacciones tóxicas graves tras una picadura en la boca, el rostro y los vasos sanguíneos superficiales, produciendo un edema importante que puede causar la muerte por asfixia si no se atiende rápidamente.

Las orugas como la procesionaria del roble pueden llegar a invadir de forma importante algunos bosques dejando sin follaje a los árboles. El polvillo que sueltan sus nidos, hechos de heces y pelos, es arrastrado por el viento y se deposita sobre la vegetación de los alrededores, ocasionando graves enfermedades en los herbívoros que las consumen.

• *Los insectos destructores*

Poco agresivo pero llamativo por su tamaño, el abejón no es más peligroso que otros himenópteros venenosos. Sin embargo, un número repetido de picaduras sobre el mismo individuo pueden producir la licuefacción de la sangre (fenómeno similar al de la cobra) y ocasionar rápidamente la muerte.

El carácter perjudicial de los insectos adquiere toda su dimensión cuando se trata de daños en los cultivos. Las principales familias de insectos que causan destrozos en los cultivos europeos son:

- **Lepidópteros**: geométridos, lasiocámpidos, noctuas, notodóntidos, piéridos, piraustas;
- **Ortópteros**: grillotálpidos, cucarachas, saltamontes;
- **Dípteros**: cecidomias, tripétidos;
- **Homópteros**: pulgones, aleurodes, cicadelas, psílidos;
- **Isópteros**: termitas;
- **Coleópteros**: capricornios, crisomelas, gorgojos, escarabajos, escolítidos, *Ips*;
- **Himenópteros**: hormigas, *Sirex*, tentredos;
- **Heterópteros**: pentatómidos y tíngidos;
- **Tisanópteros**: Trípidos (*Thrips*).

Entre los insectos más conocidos en la historia de la agricultura podemos citar: el escarabajo de la patata, la filoxera, el barrenillo del maíz, los escolítidos, la lagarta peluda, las termitas, los pulgones y los insectos que causan daños a los animales domésticos. Éstos suelen ser asaltados por numerosos insectos dípteros que los parasitan. Las enfermedades provocadas por las larvas de moscas se denominan miasis, entre las que se distinguen las miasis cutáneas externas (furúnculos, llagas), cavitarias (senos nasales, ojos, conducto auditivo) y de tipo orgánico (tuvo digestivo y aparato urogenital). Algunas especies son propias de un animal concreto, mientras que otras son oportunistas. Su importancia económica es considerable: el animal adelgaza y pierde piel, al tiempo que desciende la calidad de su carne o su leche...

Los insectos y la conservación de la naturaleza

Ante el declive de las poblaciones de invertebrados, debido principalmente a las actividades humanas (urbanización, agroquímica, reducción de los espacios naturales...), los ecologistas y los entomólogos se han mostrado alarmados hasta el punto de multiplicar los inventarios, establecer listas de indicadores biológicos, recensar las especies amenazadas de extinción en Europa y hacer listas encaminadas a proteger una especie y su hábitat. La protección de los insectos es una medida bastante reciente, ya que los primeros artículos fechados en 1942, concernientes a las abejas y al gusano de seda, se basaban en el interés de su producción.

Hypoderma bovis **es un parásito del buey al que produce tumores con perforación de la piel.**

LAS MEDIDAS DE PROTECCIÓN NACIONAL Y REGIONAL

La Unión Europea aconseja que cada nación elabore su propia lista de especies en peligro, dado que una especie puede ser abundante en un determinado país europeo y ser escasa o estar sujeta a graves presiones negativas en otro.

Es preciso, por lo tanto, que cada nación adopte sus propias medidas proteccionistas y, de igual modo, en España se aconseja a cada Comunidad Autónoma que adopte las medidas que crea más oportunas y elabore sus propias listas de especies que necesiten protección.

En lo que se refiere al mundo de los insectos, algunas especies gozan de una protección especial que las ha acercado al gran público; es el caso de la mariposa isabelina, el pequeño pavón nocturno, la mariposa olmera, el alacrán cebollero y el ciervo volador.

Aunque en España no existen leyes específicas sobre la protección de insectos, lo cierto es que en 1976 se editó, a través de ICONA, el Libro Rojo de los *Lepidópteros Ibéricos*, en el que aparecen 50 especies españolas e ibéricas que precisaban, de una manera o de otra, de cierta protección y que se catalogaban en uno de los cinco apartados siguientes:

1) en peligro de extinción,
2) vulnerables,
3) raras,
4) endemismos,
5) migradoras.

Estas definiciones marcan la pauta a seguir de forma general en toda España, a las que debemos añadir las condiciones específicas que concurren en la Comunidad de Madrid, que cuenta con la acertada Ley 2/91 del 14 de febrero de 1991, referente a la Protección de Animales y Plantas, Fauna

LEGISLACIÓN Y RECOLECCIÓN DE INSECTOS

En la actualidad, los estudios entomológicos incluyen estrictas obligaciones legislativas con respecto al medioambiente. La recolección de especies, protegidas o no, obliga al entomólogo a solicitar una autorización al propietario del terreno (Código Civil). En el caso de las especies protegidas, debe pedirse la autorización al director del parque nacional en cuestión, tras la opinión del consejo científico, y al gestor de la reserva natural. La recolección de insectos protegidos está prohibida pero a veces se conceden permisos para realizar estudios científicos con distintos periodos de autorización.

y Flora Silvestre, y el Decreto 18/92 del 26 de marzo de 1992, por el que se aprueba el Catálogo Regional de Especies Amenazadas de Flora y Fauna Silvestre.

EL REGLAMENTO INTERNACIONAL

Las especies de insectos que necesitan de una protección especial se encuentran amparadas por las determinaciones dictadas en tres convenciones:

– La convención de Washington (3 de marzo de 1973) tuvo por objeto regular el comercio internacional de las especies de flora y fauna salvajes amenazadas de extinción.

– La convención de Berna (19 de septiembre de 1979), que buscaba conseguir el compromiso moral de los países firmantes a fin de conservar los hábitats naturales de la flora y la fauna salvajes, en particular las especies vulnerables y las amenazadas de extinción (especies endémicas y hábitats amenazados). Afecta a 10 libélulas, 7 carábidos y 21 mariposas.

– La convención de Bonn (1979), que abogaba por la conservación de especies migratorias de animales salvajes y se asociaba al esfuerzo por conservar o restaurar los hábitats necesarios para sus migraciones.

LA GESTIÓN DE LAS ESPECIES Y LOS HÁBITATS

Nuestra entomofauna se encuentra afectada por las actividades humanas. Sin embargo, el hombre se preocupa poco por otros seres vivos a no ser que se trate de los animales domésticos.

Desde que se ha empezado a promulgar leyes sobre la protección de la naturaleza, el medioambiente en general está mejor considerado y tiene su peso específico en las decisiones que se toman. Es importante, por lo tanto, intentar conservar todas las áreas susceptibles de ser protegidas así como de preservar las especies en vías de extinción.

Natura 2000 es uno de los proyectos europeos más ambiciosos y tiene como

Todos los insectos cavernícolas, como este *Aphaenops*, gozan de protección a nivel nacional.

finalidad proteger los hábitats de especial interés ecológico. Sin embargo, no siempre se tiene en cuenta la globalidad de los sistemas (un bosque, un complejo de dunas...). Sus textos prevén la protección de los insectos únicamente en estas zonas concretas de conservación. La integración de la vida de las plantas y de los animales en nuestras actividades aún no se ha alcanzado del todo: por un lado se sigue construyendo, degradando importantes biotopos, y por otro se establecen protecciones muy estrictas cuya utilidad para los insectos es puesta en tela de juicio.

En este afán de proteccionismo, existe una tendencia a impedir a los entomólogos que continúen con sus prospecciones sobre un cierto número de espacios protegidos, siendo acusados en ocasiones de participar en la desaparición de especies. Ahora bien, la agricultura, el turismo, las construcciones urbanas, las desecaciones, los pesticidas y la iluminación de las urbes son más perjudiciales para los insectos que los resultados de las prospecciones de toda la comunidad de entomólogos. Limitar las investigaciones carece de sentido y va en contra del fin que se persigue.

Entre primavera y otoño, miles de millones de insectos mueren diariamente aplastados. Finalmente, la desaparición de ciertas especies de insectos responde a veces a hechos naturales: así, se ha podido demostrar que las mariposas apolo (*Parnassius apollo*) han desaparecido de algunas localidades tras temporadas excepcionalmente desfavorables en el transcurso del siglo pasado.

La entomología en Europa

Un coloquio organizado en el año 2000 por la Unión de Entomología Francesa y la Sociedad Entomológica de Francia reveló que la entomología apenas se enseña en los colegios en el periodo escolar comprendido entre la educación primaria y la universidad. Contrariamente a lo que sucede

Las zonas pantanosas han sido consideradas durante mucho tiempo como perjudiciales para la salud del hombre y de los animales. Su superficie se ha reducido hasta tal punto que hoy gozan de una gran protección con vistas a conservar su flora y su fauna típicas.

en Estados Unidos, donde existen verdaderas instituciones entomológicas, la entomología en Europa se caracteriza por informaciones dispersas, en distintos tipos de programas, desde el análisis de poblaciones hasta estudios sobre el genoma o sobre bioquímica.

Aunque con una suerte desigual dependiendo de los países, se puede decir que en general la investigación en entomología «aplicada» está bastante desarrollada en los sectores agrícolas, forestales y sanitarios. Sin embargo, los estudios de ecología sobre los insectos son mucho menos comunes y tienden a disminuir. Existe una acción conjunta entre entomólogos aficionados y profesionales encaminada a enriquecer la historia natural de los insectos; algunos de ellos incluso han alcanzado fama mundial tras una larga carrera de denodados esfuerzos.

Los museos de historia natural

Los museos tienen como misión principal atraer al público hacia las exposiciones y las colecciones de insectos. El museo permite al neófito obtener información sobre los entomólogos de la región y otras direcciones de interés. Estos museos pueden también despertar pasiones en los jóvenes que los visitan con su escuela. Además, las colecciones permiten a los entomólogos estudiar especímenes procedentes de todo el globo. También es cierto que requieren un mantenimiento regular a fin de que los ejemplares disecados no sufran los efectos de hongos y otros insectos.
El Museo Nacional de Historia Natural de París asegura la gestión científica de la colección nacional de insectos, una de las más prestigiosas del mundo, con más de 100 millones de ejemplares, y alberga el Laboratorio de Entomología General y Aplicada, creado en 1793.

BIOLOGÍA Y ESTUDIO DE POBLACIONES

Morfología y comportamientos

Observar los insectos es también observar su morfología, su adaptación y su comportamiento a fin de conocer mejor su biología y su ecología. Aunque a simple vista parezca un tema algo árido, resulta indispensable para identificar las especies. Toda la sistemática de los insectos, como la del resto de animales, está basada en las características morfológicas de las piezas que conforman su estructura. Sólo el entomólogo es capaz de diferenciar especies muy próximas entre sí empleando criterios de orden morfológico, anatómico, etológico o ecológico. Todos los órdenes de insectos poseen una estructura similar, de tipo general, que es la que definiremos a continuación sin entrar en particularidades.

Morfología general

Los insectos constituyen la clase principal de los artrópodos: los hexápodos (seis patas). Éstos se dividen a su vez en Apterigotas (insectos desprovistos de alas) y Pterigotas (insectos con uno o dos pares de alas) y se caracterizan por tener el cuerpo dividido en tres regiones: cabeza, tórax y abdomen. A continuación enumeramos los principales elementos que componen cada una de estas divisiones.

Organización general del insecto

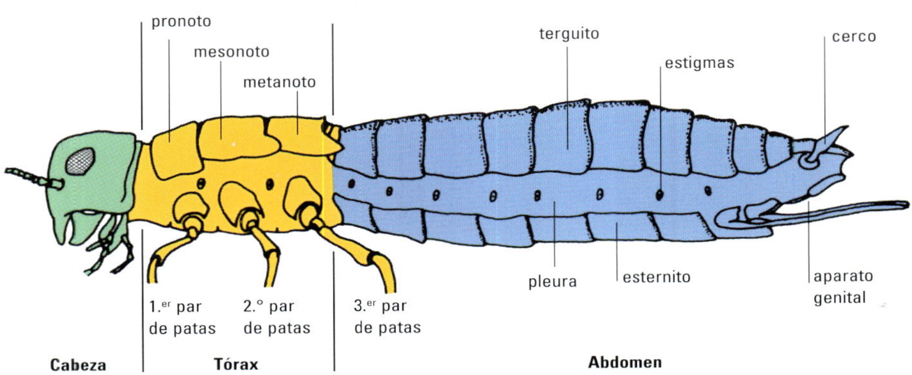

LA CABEZA

Se compone de varios segmentos: los ojos y los ocelos, las antenas y las piezas bucales (mandíbulas, maxilas, labro o labio superior, y labium o labio inferior). La cabeza está separada del tórax por un cuello membranoso. El esquema inferior presenta la estructura tipo de la cabeza de un insecto, aunque existen numerosas variaciones de un orden a otro.

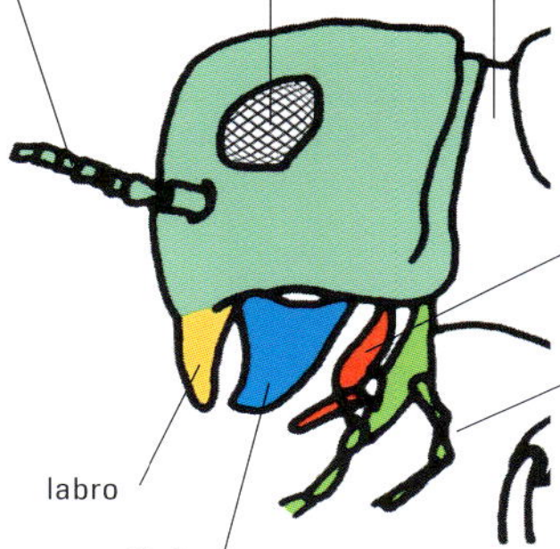

El labium está a veces fuertemente desarrollado, como en las moscas, y recibe el nombre de proboscis. Éste es uno de los criterios de determinación en los dípteros.

Los ojos compuestos, generalmente de gran tamaño, presentan en su superficie un mosaico de unidades estructurales, los omatidios (facetas), cuyo número varía considerablemente según las especies: hormiga (1), mosca (4.000), libélula (10.000 a 28.000), etc. Los ocelos son órganos fotosensibles, situados en la parte posterior de la frente, que se asemejan a ojos compuestos. Las antenas, órganos sensoriales articulados situados sobre la cara, cumplen una función olfativa y táctil.

Las piezas bucales pueden estar situadas en posición ventral o en posición vertical alrededor de la boca. Sirven para cortar, trocear y triturar los alimentos antes de que pasen a la boca propiamente dicha. Entre las distintas piezas se distinguen: mandíbulas, maxilas, labium, labro, hipofaringe y epifaringe.

Diferentes tipos de antenas

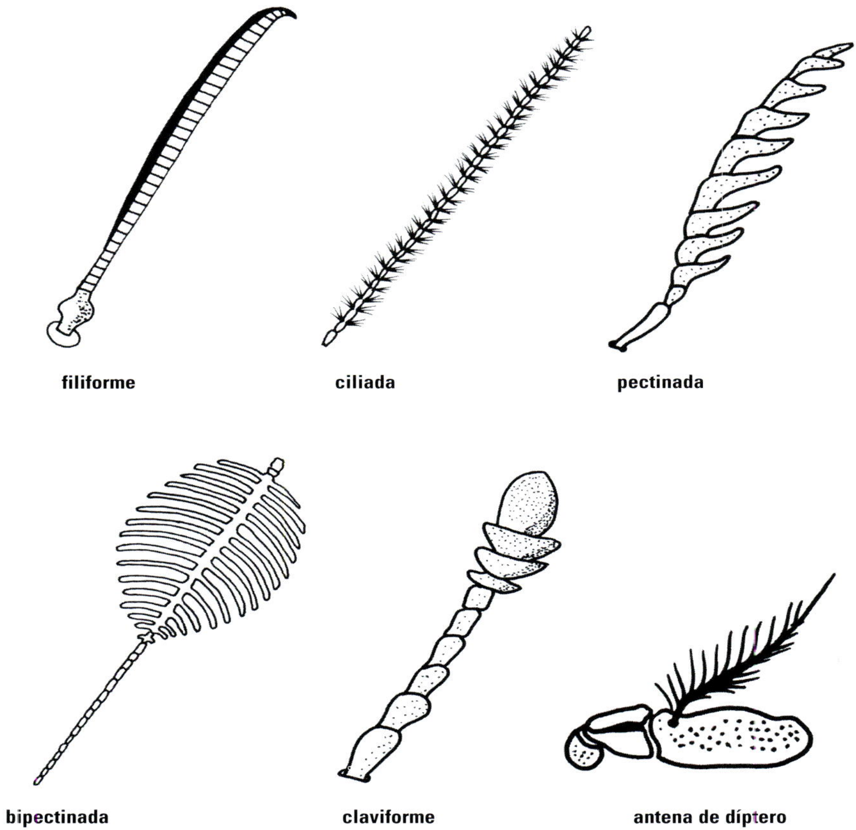

La estructura de las piezas bucales guarda relación con el régimen alimentario, de modo que algunos elementos pueden estar hipertrofiados o atrofiados. Podemos definir cuatro tipos principales: el tipo masticador (omnívoros, carnívoros y herbívoros), el tipo masticador-lamedor (himenópteros), el tipo chupador (mariposas, dípteros de antenas cortas) y el tipo chupador-picador (mosquitos, chinches, pulgones, etc.)

PIEZAS BUCALES

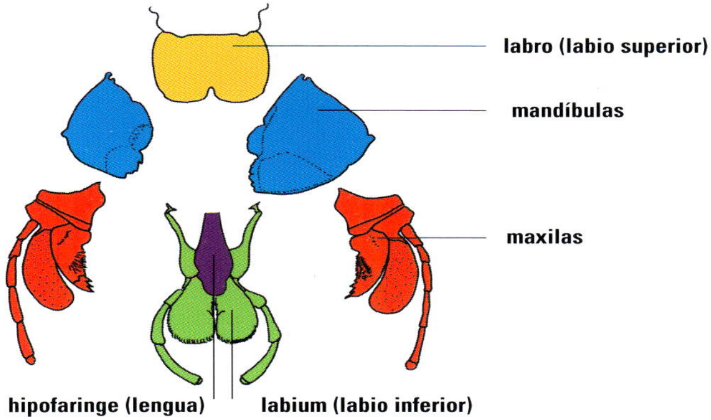

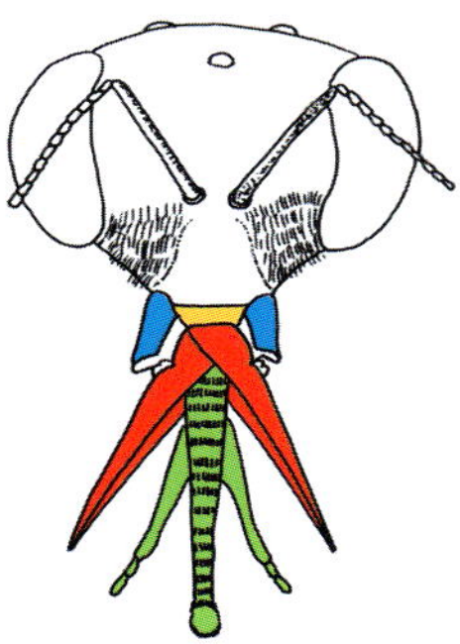

Aparato lamedor (abeja)

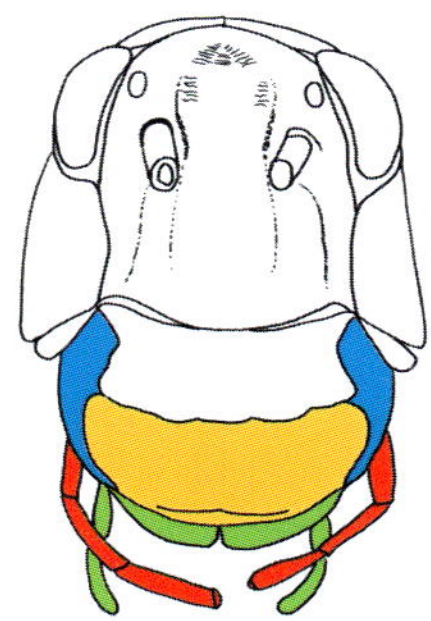

Aparato masticador (grillo)

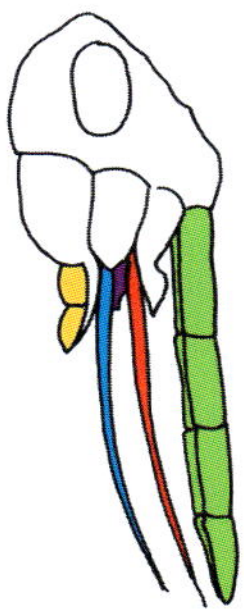

Aparato chupador-picador (chinche)

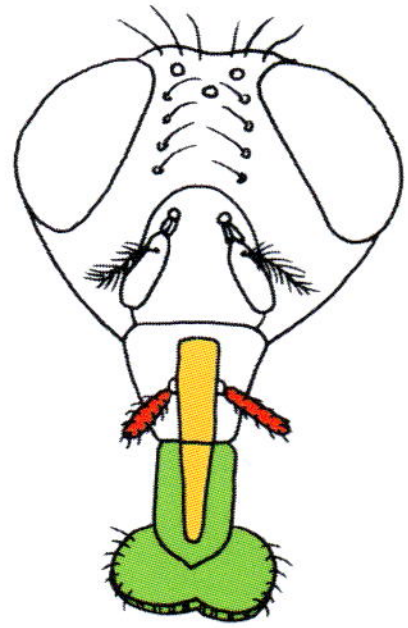

Aparato chupador (mosca)

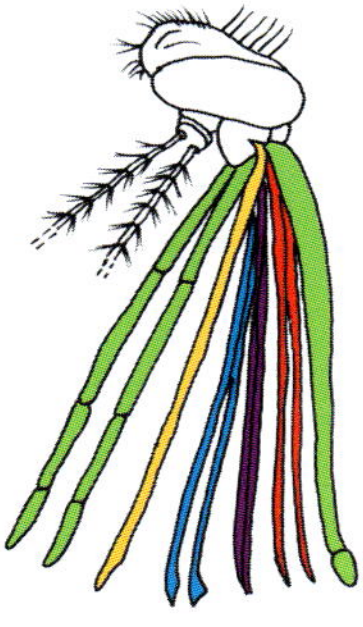

Aparato picador (mosquito)

El tórax

El tórax es una región especializada con relación a los órganos del movimiento. Está situada entre la cabeza y el abdomen, y se divide en tres segmentos principales:

– el protórax, que comprende el primer par de patas;
– el mesotórax, que incluye el segundo par de patas y el primer par de alas;
– el metatórax, con el correspondiente tercer par de patas y el segundo par de alas.

Cada segmento torácico comprende una parte dorsal, el terguito, una parte ventral, el esternito, y las partes laterales, las pleuras. Entre los terguitos y las pleuras se insertan las alas.

En el alacrán cebollero, el fémur, la tibia y los tarsos están enormemente desarrollados y dotados de fuertes músculos que le sirven para excavar.

• *Las patas*

Las patas están articuladas y se fijan a través de la coxa a cada segmento torácico entre las pleuras y el esternito. El primer par de patas, o par anterior, suele estar dirigido hacia delante, mientras que los otros dos pares (central y posterior) lo están hacia atrás. Las patas pueden ser lisas o estar provistas de espinas (cucarachas, saltamontes, moscas), sedas (escarabajos, moscas) y pelos (abejas y abejorros).

Las patas les sirven para excavar (escarabajo pelotero), recolectar (abejas), capturar (mantis religiosa), limpiar (moscas y muchos insectos), escuchar (saltamontes) o emitir sonidos (grillos), sin olvidar la función principal, que es la función locomotora.

• *Las alas*

Todos los insectos están provistos de alas, a excepción de los colémbolos y los tisanuros. Un ala está formada por dos capas tegumentarias paralelas reforzadas por una red de nerviaciones longitudinales y transversales a través de las cuales circulan los nervios, las tráqueas y la hemolinfa. Las cu-

Diferentes formas de patas

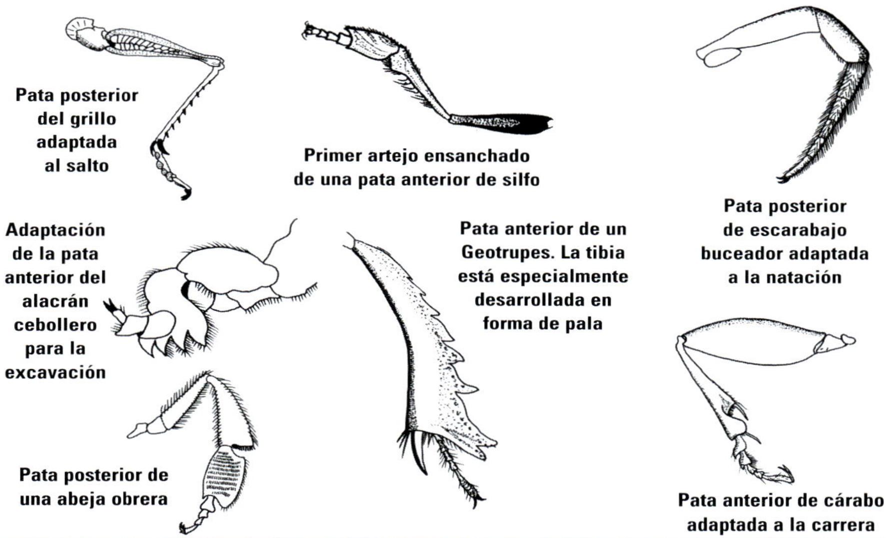

Pata posterior del grillo adaptada al salto

Primer artejo ensanchado de una pata anterior de silfo

Pata posterior de escarabajo buceador adaptada a la natación

Adaptación de la pata anterior del alacrán cebollero para la excavación

Pata anterior de un Geotrupes. La tibia está especialmente desarrollada en forma de pala

Pata posterior de una abeja obrera

Pata anterior de cárabo adaptada a la carrera

Diferentes formas de alas

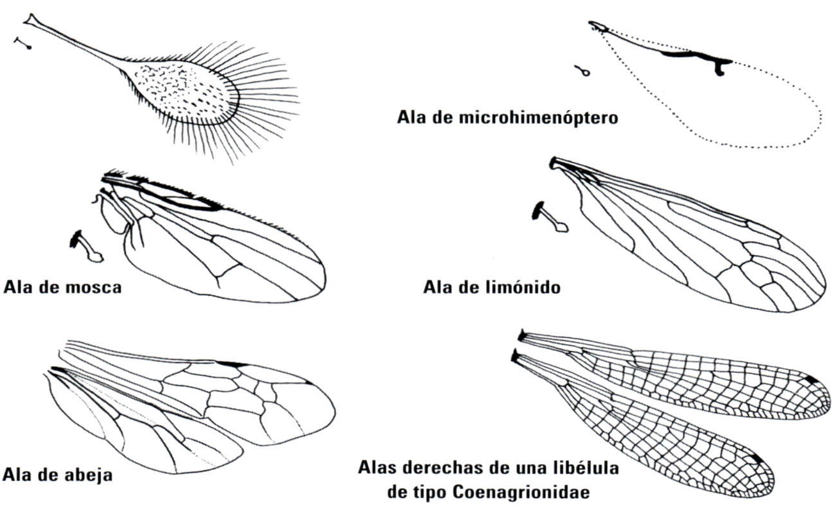

Ala de microhimenóptero

Ala de mosca

Ala de limónido

Ala de abeja

Alas derechas de una libélula de tipo Coenagrionidae

El órgano reproductor del macho de la libélula está situado sobre el segundo segmento del abdomen, siendo un elemento determinante en la identificación de especies.

carachas, los saltamontes y las libélulas tienen una nerviación compleja, mientras que las moscas y los homópteros poseen una nerviación mucho más sencilla. Ambos pares de alas son, por lo general, distintos y difieren según los órdenes.

El abdomen

Esta tercera parte del cuerpo de los insectos presenta tanta diversidad como las dos anteriores. Contiene la casi totalidad de vísceras y comprende 11 segmentos, diferenciados en mayor o menor grado según los órdenes. El orificio genital femenino suele estar entre el 8.° y el 9.° segmento abdominal, mientras que el del macho está situado entre el 9.° y el 10.° segmento. El último segmento, el undécimo, puede llevar un par de apéndices largos y articulados, los cercos (efémeras, perlas), o bien un par de «pinzas», como en las tijeretas. El ano está situado sobre la cola o el telson. Los apéndices ligados a la reproducción son las piezas genitales o genitalia.

Piezas copuladoras y genitalia

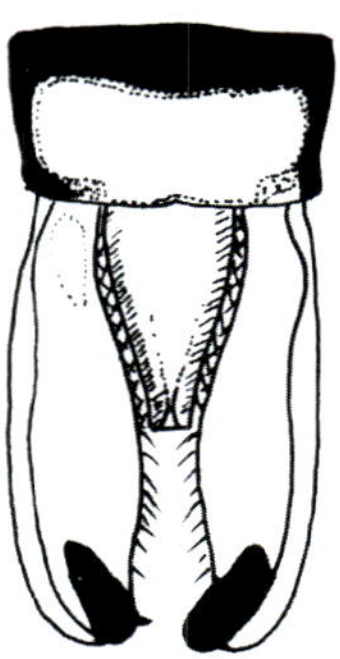

Pieza copuladora de una libélula del género *Aeschna* (odonato)

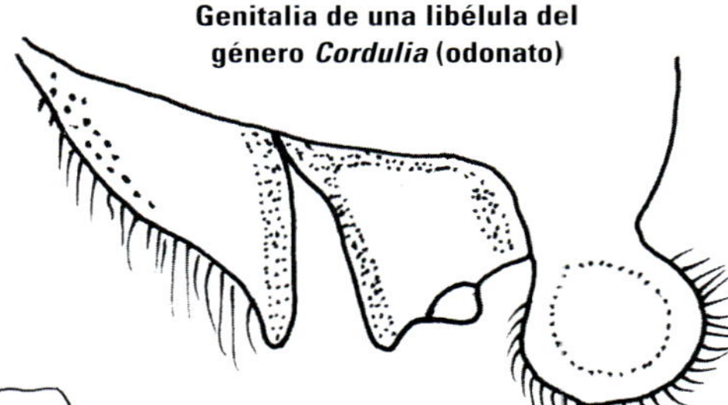

Genitalia de una libélula del género *Cordulia* (odonato)

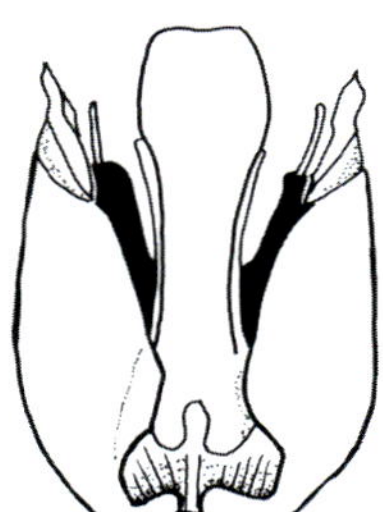

Genitalia de *Milesia crabroniformis* (díptero)

Anatomía interna

El abdomen asegura la función metabólica: la digestión, la excreción, la circulación, la respiración y la reproducción.

La digestión y la excreción

En las especies primitivas, la digestión se realiza a través de un tubo digestivo sencillo mientras que en el resto este tubo está más evolucionado. Básicamente consta de tres partes: intestino anterior e intestino medio (función mecánica), e intestino posterior (función digestiva). El intestino anterior comprende la boca, que recibe los alimentos dilacerados e impregnados de saliva, la faringe, una verdadera bomba de succión muy desarrollada en los insectos succionadores, el esófago y el «uche», reservorio de alimento que se desarrolla en los insectos succionadores y en los succionadores-picadores. La «molleja» es un potente estómago que asegura la trituración de los alimentos duros de carnívoros y herbívoros. Las glándulas salivales (salivarium) se sitúan en el tórax y la cabeza, y los canales salivales terminan a la altura de la hipofaringe. El intestino medio es la zona en la que se segregan las enzimas y donde los alimentos ingeridos son absorbidos y digeridos. El intestino posterior, parte terminal del tubo digestivo, asegura el que las sustancias nutritivas sean absorbidas y el agua reabsorbida. El tubo digestivo de los distintos tipos de insectos está adaptado a su dieta alimenticia. Así, podemos distinguir entre omnívoros, carnívoros, saprófagos, coprófagos, fitófagos, xilófagos, frugívoros, granívoros, micetófagos, así como los que se alimentan de néctar y de polen.

La función excretora se realiza a través de los tubos de Malpighi, los riñones de los insectos. El número de tubos es constante para cada orden: saltamontes y grillos (100), libélulas y perlas (50 a 60), neurópteros (6 a 8) y dípteros (4).

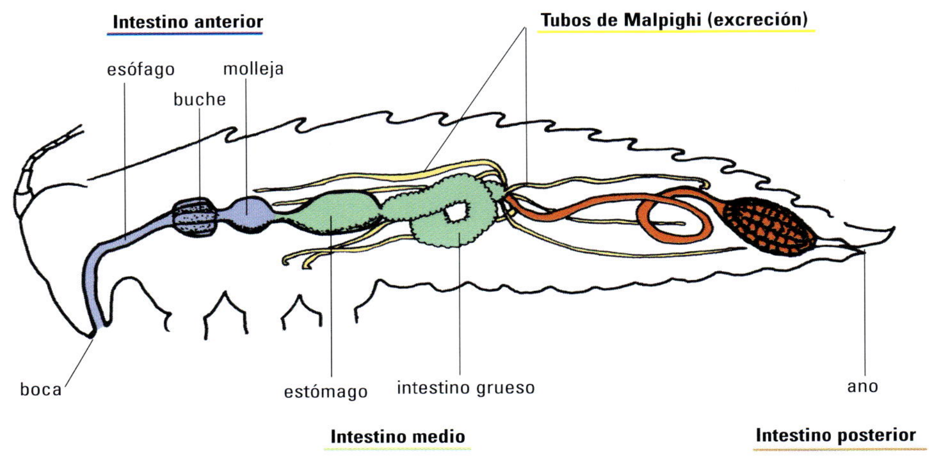

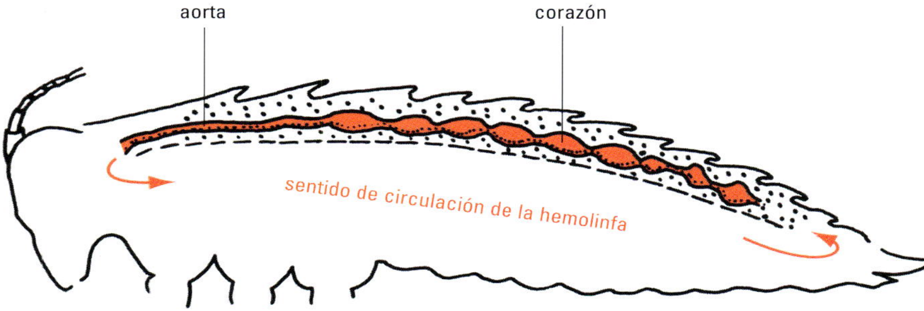

La circulación

El aparato circulatorio consta del corazón, los órganos pulsátiles y la sangre. El corazón y la aorta, en posición dorsal, constituyen el vaso sanguíneo principal que propulsa la sangre desde atrás hacia delante. La sangre, rica en proteínas, no circula a través de vasos, sino que rellena los espacios interviscerales. Su color (amarillo, verde o rojo) puede en algunos casos variar según el sexo.

La respiración

La respiración de los insectos se realiza a través de las tráqueas, que se ramifican hacia dentro y se abren al exterior en forma de pequeños orificios (estigmas). Este sistema de tráqueas asegura los intercambios gaseosos de todos los órganos. Cuando los estigmas no son funcionales, la respiración es entonces cutánea, con una sencilla difusión de los gases a través del tegumento (piel). En los insectos acuáticos, numerosas larvas (libélulas, perlas, chinches, frigáneas...) y algunos imagos (coleópteros, hemípteros) están adaptados al agua dulce. Unos (díticos, hidrófilas) emplean el oxígeno gaseoso, mientras que otros (típulas, silfos, crisomelas) utilizan el aire contenido en los tejidos (canales aeríferos) de las plantas acuáticas. El paso del aire también puede hacerse por difusión (respiración cutánea) a tra-

Las falsas branquias de los insectos del género *Hydropsyche* son expansiones externas de las tráqueas capaces de extraer el oxígeno disuelto del agua.

La respiración traqueal (sección transversal)

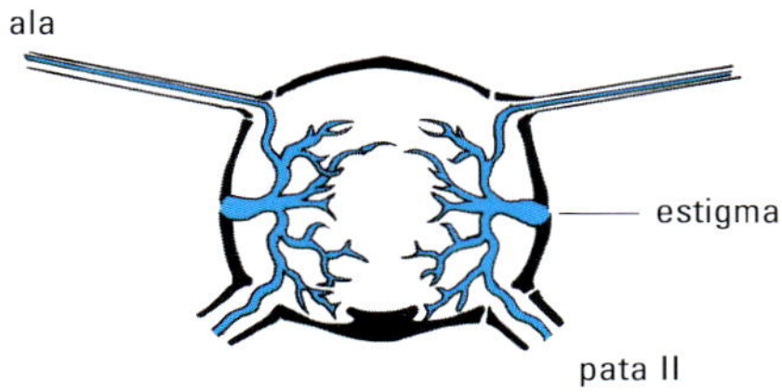

vés del tegumento (simúlidos, quironomos). Asimismo, existe también una respiración branquial como en los peces. Las branquias externas son entonces muy numerosas, como ocurre en los tricópteros (*Rhyacophila* e *Hydropsyche*).

El sistema nervioso

El sistema nervioso, muy desarrollado, se compone de un cerebro, de un ganglio subesofágico y de un cordón nervioso ventral. El cerebro se localiza en torno al esófago. El ganglio subesofágico es una gruesa masa nerviosa unida al cerebro que inerva las mandíbulas, las maxilas, el labium y los músculos de la cabeza. El cordón nervioso central desciende a lo largo del cuerpo en posición ventral.

Los insectos cuentan con numerosos órganos sensoriales distribuidos por todo el cuerpo: antenas, palpos y tarsos. También cuentan con sedas táctiles, gustativas, olfativas, mecánicas (variación

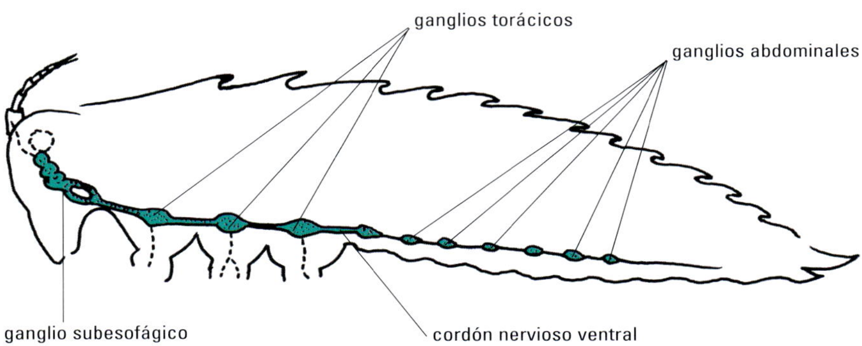

Sistema nervioso de una larva de mosca (*Volucella*)

Sistema nervioso de un dítico

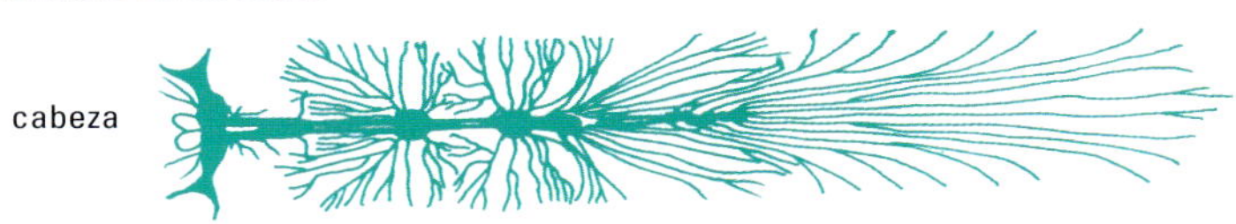

de tensión) y fotosensibles. Los ocelos (ojo sencillo o fotorreceptor) no conforman una imagen, sino que informan al insecto sobre el contexto exterior. Son el origen del tono muscular y juegan un importante papel cinético durante el vuelo. Los ojos son muy sensibles a los movimientos, formando una imagen poco fidedigna descompuesta en una serie de puntos.

La reproducción

La reproducción de los insectos es, por lo general, sexuada, con un dimorfismo más marcado en el imago que en la larva. Los machos pueden presentar adaptaciones a nivel de los cercos y de los genitalia para sujetar mejor a la hembra durante la cópula, como en el caso de la libélula (cerco y cercoides transformados en ganchos) o la mosca escorpión (desarrollo de una pinza). Con una estructura compleja, los genitalia juegan un papel importante en la determinación de las especies. En algunos casos (generaciones de verano de los pulgones, insectos palo), la reproducción es partenogenética, es decir, que la hembra genera nuevos individuos sin que el óvulo haya sido fecundado.

Para poder reproducirse, los individuos de ambos sexos deben buscarse y encontrarse, para lo cual emplean estrategias muy perfeccionadas que han funcionado maravillosamente bien durante mucho tiempo. Por lo general, el más activo es el macho. La atracción de los insectos afecta a los órganos de los sentidos: olfato, oído, emisión luminosa y visión. En las mariposas del grupo de los bombícidos, por ejemplo, los órganos odoríferos de las hembras emiten sustancias olorosas volátiles (feromonas) que las antenas pectinadas de los machos captan a veces a varios kilómetros de distancia.

Acoplamiento de gorgojos: la hembra es entre dos y tres veces más grande que el macho.

EL DESARROLLO DE LOS INSECTOS

Si la morfología no ha conseguido llamar la atención del profano, sí lo hará la amplia diversidad que los insectos manifiestan en lo que respecta a su desarrollo y que alcanza su punto culminante en la metamorfosis.

Una vez realizada la fecundación, se forma el huevo. Éste puede ser esférico, alargado, cónico, de pared lisa, estriada, rugosa, viscosa, muy ornamentada y también de todos los colores. La hembra suele poner los huevos sobre un soporte: sobre plantas, tallos, hojas, flores, bajo las piedras, sobre otros insectos (parasitismo), en el agua, el fango, la arena, la madera, los excrementos... Tras varios días de incubación, el huevo se convierte en una pequeña larva que puede consumir o no el envoltorio y que buscará afanosamente el sitio mejor adaptado para su crecimiento. La larva pasa por una serie de mudas antes de alcanzar la edad adulta. Después de 4 a 20 mudas, según las especies, que pueden producirse a lo largo de varios meses o varios años, la última muda dará lugar al imago, listo para reproducirse.

Apilados unos sobre otros, los huevos verdes de la mariposa *Araschnia levana* se asemejan a pequeños tallos.

DESARROLLO DE UN INSECTO CON METAMORFOSIS INCOMPLETA: LA LANGOSTA

Primera larva (L1)

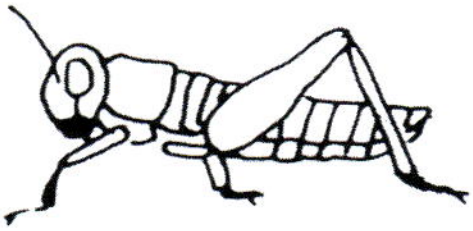

Tercera larva (L3)

Quinta larva

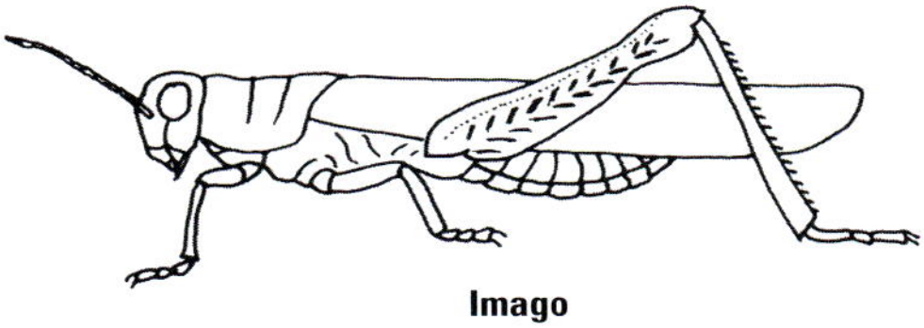

Imago

Dado su crecimiento por mudas, el paso de un estado a otro hace al insecto sumamente vulnerable.

Una vez más, los insectos muestran una gran diversidad a la hora de desarrollarse. Basándonos en esto podemos distinguir entre insectos ametábolos, heterometábolos y holometábolos:

– En los ametábolos, no existe metamorfosis y el individuo adquiere progresivamente, a lo largo de mudas sucesivas, todos los elementos del imago hasta la pubertad (apterigotas). Las mudas se continúan incluso tras la muda del imago.

– Los heterometábolos tienen una metamorfosis incompleta y se dividen en paurometábolos (ortópteros) y en hemimetábolos (odonatos), según que el hábitat y la dieta alimentaria sean idénticas o no en la larva y el imago.

– Los holometábolos sufren una metamorfosis completa (coleópteros, lepidópteros, dípteros, himenópteros y neurópteros).

La metamorfosis

La metamorfosis de los insectos holometábolos es algo mágico: es el cambio irreversible indispensable para el completo desarrollo del individuo y la culminación de su ciclo vital. Se inicia con la muda ninfal, se continúa con el estadio de ninfa y termina en la muda del imago. En realidad, está definida por el conjunto de tres fenómenos sucesivos: el desarrollo de los órganos del imago (histogénesis), la destrucción de los tejidos larvarios (histolisis) y, finalmente, la transformación celular común a la larva y al imago. En el huevo, el embrión ya fabrica las células que servirán para formar el imago, aunque éstas permanecerán en reposo durante toda la vida larvaria. Únicamente aparecerán en el paso de ninfa a imago, puesto que son el origen del desarrollo de los órganos propios del imago (patas, alas...). Durante el estadio de ninfa, las células se desarrollan, los apéndices toman forma y la pared de la ninfa se hincha hasta el punto de dejar adivinar, bajo su transparencia, la configuración final del imago. La última muda, en la que se produce una reorganización total, da lugar a una pupa (moscas), una ninfa (cárabos) o una crisálida (mariposas).

Desarrollo de un insecto con metamorfosis completa: la mariposa

I

I El desarrollo embrionario

A partir del huevo fecundado, depositado sobre la planta huésped, se forma la oruga.

II El desarrollo larvario

Una vez fuera del huevo, la oruga se alimenta de las hojas de la planta. Su cutícula no extensible la lleva a cambiar de piel: es la muda larvaria. Este fenómeno se producirá varias veces a lo largo de su vida hasta llevarla al último estadio antes de la transformación en ninfa.

II

III El comienzo de la metamorfosis

Antes de transformarse, la oruga asciende por el tallo, se fija por el extremo de su abdomen y teje un hilo de seda en el que se envuelve. Una vez que la oruga está fija a la planta, comienza la metamorfosis con la formación de la crisálida. Es el paso a ninfa.

IV El final de la metamorfosis

La crisálida permanecerá fija e inmóvil durante varios días o varios meses antes de convertirse en imago, que es el insecto perfecto. Durante este periodo, la crisálida reorganiza todos sus elementos celulares para formar los órganos del adulto. Es el paso a imago. La mariposa se libera de su envoltura, se fija a una planta y propulsa la hemolinfa por todo el cuerpo para darle su tamaño funcional y endurecer la cutícula.

La metamorfosis

Algunas adaptaciones de los insectos

Los polinizadores

Actualmente, se estima que más de la mitad de los insectos son fitófagos. Los dípteros (moscas) y los himenópteros (avispas, abejas, abejorros) son los dos órdenes de insectos mejor representados en la polinización cruzada de las angiospermas. Contrariamente al viento, a la lluvia y al agua de los ríos, que transportan de forma aleatoria el polen hasta el pistilo receptor, los insectos actúan con precisión asegurando prácticamente la polinización. Tienen, por lo tanto, un papel importante en la reproducción de las especies vegetales.

Ophrys insectifera

La polinización de las orquídeas

De entre todas las plantas con flores, las orquídeas han desarrollado múltiples y sofisticadas estrategias para atraer a los insectos. Producen sustancias alimenticias (néctar y polen), sustancias olorosas próximas a las de las hembras de los insectos polinizadores (estímulo olfativo) y desarrollan flores de aspecto similar a estos últimos, hasta el punto de que ciertas especies han llevado la especialización del labelo hasta un mimetismo casi perfecto (estímulo óptico). Pero para que la polinización en sentido estricto tenga lugar, no basta con la atracción en sí misma, sino que deben intervenir otros factores: el polen debe estar maduro en el momento en que el insecto está presente y el periodo de floración debe coincidir con el periodo de aparición del imago. En el caso de muchas orquídeas ha quedado demostrado que existe un beneficio recíproco entre la flor y el insecto. Otras orquídeas, sin embargo, deben recurrir al «ingenio» para atraer a un insecto que no consume ninguna parte de la planta. Es el caso de *Ophrys insectifera*, una pequeña orquídea que vive en las laderas calcáreas y que recurre al reclamo visual para ser polinizada por el himenóptero *Gorytes mystaceus*.

Las agallas

Las agallas son proliferaciones anormales de tejidos de un vegetal provocadas por un parásito (virus, bacterias, gusanos y artrópodos). Los insectos son, con mucho, los principales agentes cecidógenos, estimándose en 1.000 el número de especies que provocan agallas (tisanuros, hemípteros, himenópteros, coleópteros, lepidópteros y dípteros). Las agallas que con más frecuencia podemos encontrar son: las agallas del rosal (*Diplolepis rosae*), el enrollamiento del peciolo de las hojas del álamo por el pulgón (*Pemphigus spirothecae*) y el notable engrosamiento de los tallos del cardo de los campos (*Cirsium arvense*) por un díptero tripétido (*Urophora cardui*). El haya común presenta hojas con agallas ovoides, muy duras, puntiagudas y rojizas, siempre situadas sobre los nervios, provocadas por la picadura de pequeños dípteros cecidómidos (*Mikiola fagi*). Las partes aéreas son las más parasitadas, aun cuando también existen agallas sobre las raíces.

El cinípedo de la agalla del rosal provoca unas espectaculares agallas sobre el escaramujo.

Los insectos sociales

Los principales insectos que forman grandes sociedades se incluyen en dos órdenes: los himenópteros (hormigas, abejas, abejorros, avispas) y los isópteros (termitas). Los individuos que conforman estas colonias, muy a menudo monoespecíficas, son incapaces de vivir de forma aislada, ya que están condicionados por el intercambio de alimento (trofalaxia) y por la alimentación en común de las larvas. Esta vida social implica tareas específicas que conducen a la formación de castas.

También podemos encontrar agrupaciones estacionales o esporádicas, que no implican organización de vida en sociedad, sino más bien un fenómeno social. Es el caso de las mariquitas, que se agrupan por millares en la alta montaña bajo piedras, o incluso las chinches de la especie *Pyrrhocoris apterus,* fáciles de observar cuando se calientan cerca de las escaleras de las casas.

Esta agrupación de chinches de la especie *Pyrrhocoris apterus* no es una asociación estacional propiamente dicha, sino una manifestación de su instinto gregario.

La migración de los insectos

A semejanza de los vertebrados y de las aves, algunas especies de insectos emigran, como las mariposas, las mariquitas o las moscas. Entomólogos suizos han demostrado que la migración de las moscas (sírfidos) se desarrolla sobre un frente de más de 2.000 km de longitud y una profundidad de 1.400 km y estiman que el fenómeno migratorio tiene una amplitud europea, incluso mundial. Contrariamente a estas migraciones llamadas activas, existe un fenómeno migratorio poco conocido de orden pasivo, lo que se llama «plancton aéreo». Y es que, bajo la acción de los vientos, muchos insectos que se elevan a alturas relativamente importantes en el cielo, son desplazados a largas distancias desde sus hábitats originales (los pulgones, los microdípteros y los insectos de pequeño tamaño, expertos voladores). Este fenómeno hace que nos preguntemos si las especies observadas son o no realmente autóctonas. ¿Cuál es el porcentaje representativo de insectos autóctonos en el transcurso de una estación? ¿Son las distribuciones homogéneas? ¿Podemos considerarlos como un indicador biológico y servirnos de ellos para establecer pronósticos? Es difícil dar respuesta a todas estas preguntas.

TRUCOS Y CAMUFLAJES

El origen de la palabra *mimetismo* se encuentra en el griego *'imitación'*, que implica una idea de semejanza. De una manera general, es uno de los elementos para tener en cuenta en el funcionamiento biológico de una población o de un grupo de insectos. Es también un indicador de diversidad ecológica y genética. El mimetismo comprende necesariamente un modelo, que emite estímulos, un mimo, que se asemeja al modelo, y alguien que se deja engañar: la víctima. Esta semejanza se basa en la copia de los colores (homocromía), la copia de las formas o ambas a la vez.

Desde la fase de huevo, hasta la fase final de imago, durante un tiempo que varía entre unos meses hasta varios años, los insectos suelen ser muy vulnerables. Muchos de ellos son fitófagos, pero también los hay insectívoros, como lo pueden ser las aves, los reptiles, los batracios y los mamíferos. En este caso, todos los insectos luchan por sobrevivir y sólo los mejores tienen éxito. Para evitar ser presas de otros animales, pero también para atraer a sus potenciales víctimas, los insectos han desarrollado toda una serie de estrategias, como el camuflaje, el engaño y la imitación, a semejanza de otros animales. Parecerse a otro animal para no ser devorado, o bien confundirse con el entorno para no ser visto, son los objetivos de algunas especies para asegurar las generaciones futuras.

En los desvanes aparece en ocasiones una chinche de aproximadamente 1 cm (*Reduvius personatus*) que suele pasar inadvertida gracias a la cantidad de polvo con la que recubre todas las partes de su cuerpo. Y como éste, podríamos dar numerosos ejemplos que ilustrarían la gran diversidad de estrategias desarrolladas por los insectos.

No nos dejemos engañar. La imitación es asombrosa en esta especie de alas casi desprovistas de escamas. La mariposa *Sesia apiformis* muestra una semejanza extraordinaria con el abejorro. No sólo imita el hábito o la librea de éste, sino que también imita su forma de moverse, el zumbido de las alas y el modo de agitar las antenas.

Esta mariposa, asociada, entre otras especies, al abedul, era originalmente blanca. Debido a la desaparición del liquen blanquecino por el aumento de la contaminación industrial, la corteza del abedul cambió de color y se volvió negra. Por un fenómeno de mutación, la mariposa evolucionó hacia una nueva forma melanizante para confundirse con el tronco ennegrecido.

La larva de esta mariposa de la familia de los geométridos, *Biston betularia*, se sostiene en reposo sobre los dos pares de falsas patas abdominales, consiguiendo con ello una gran inmovilidad que le hace confundirse perfectamente con el entorno.

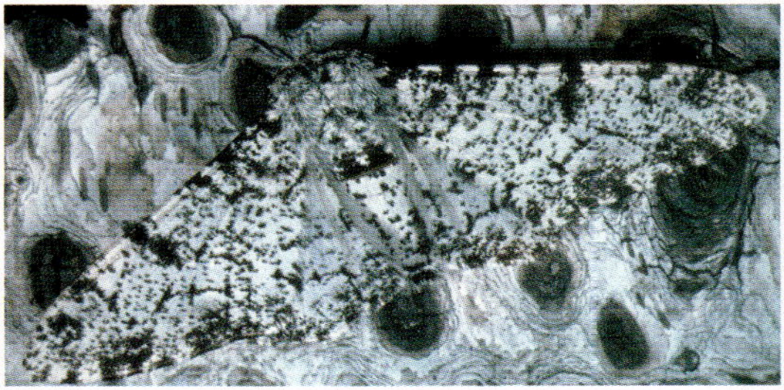

UN CAMUFLAJE PERFECTO: LOS INSECTOS PALO

Estos insectos se confunden hábilmente con su entorno natural ya que presentan la misma coloración que el follaje sobre el que viven. Dada su total inmovilidad, adquieren el aspecto de una ramita, sin levantar sospechas entre los depredadores. Además, los insectos palo muestran un ritmo cromático variable entre el día y la noche.

La semejanza entre insectos diferentes
Es el caso del auténtico mimetismo y puede clasificarse en tres grandes tipos:

- **Una especie vulnerable se asemeja a otra protegida, no comestible o que desprende mal olor.** Las especies vulnerables, al imitar a las protegidas, han adquirido mediante selección unas marcas (manchas, ocelos, forma del ala...) que avisan al posible depredador de que no son consumibles. La influencia del medio por los estímulos olfativos comporta modificaciones en la coloración, hasta el punto de crear tipos. Así, una región geográfica puede ser definida por el color que exhiben las alas y los élitros: negro y rojo para América del Sur, negro y verde para África y Asia. Las mariposas-avispa (género *Sesia*), pequeñas mariposas de alas transparentes, recuerdan por su aspecto a las abejas, avispas y abejorros. El mismo fenómeno podemos observar en las esfinges *Hemaris fuciformis o H. tytius*. Las orugas de la especie *Stauropus fagi* recuerdan por su aspecto a una araña vista de frente y a una hormiga vista de perfil. Las orugas de algunas mariposas también muestran una coloración amarilla anaranjada con anillos negros que constituyen un elemento disuasorio para sus enemigos naturales.
- **Dos o más especies no comestibles muestran semejanzas.** Una misma coloración puede afectar a varios órdenes o géneros diferentes (coleópteros, hemípteros, himenópteros, lepidópteros).
- **Mimetismo parasitario.** Los himenópteros, probablemente los más imitados, y las moscas del grupo de los sírfidos parecen ser expertos a la hora de camuflarse. Así, las moscas *Eristalis* imitan a las abejas, las *Temnostoma* se confunden con las avispas y los *Criorhina*, los *Eriozona*, e incluso los moscardones del género *Volucella*, con los abejorros y abejones. En estos últimos, las larvas parasitan los nidos y los imagos se asemejan a los abejorros parasitados.

En esta oruga de noctua-langosta *(Stauropus fagi)*, la cabeza está dirigida hacia atrás, las patas están desarrolladas como las de un adulto y los últimos segmentos abdominales están proyectados hacia delante como partidos en dos. Todas estas torsiones tienen como finalidad escapar de sus depredadores.

Entre los himenópteros, las avispas, las abejas y los abejorros son los insectos más copiados por los dípteros (sírfidos) y las mariposas. Aunque todo el mundo sabe cómo es una abeja (arriba), resulta fácil confundirla con la mosca *Eristalis*.

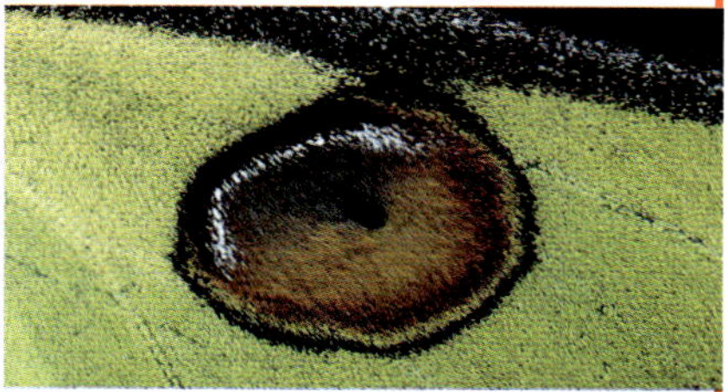

No resulta difícil asustar al enemigo con esta imitación tan perfecta de un ojo. Muchas mariposas y orugas, como el caso de *Argema mittrei*, emplean esta astucia para asustar a sus depredadores.

Los dípteros del género *Volucella* son grandes sírfidos cuyas larvas viven en los nidos de abejorros y abejones. La forma y el color de *Volucella zonaria* recuerdan a los de los abejorros.

Las avispas y los abejorros (abajo) presentan prácticamente la misma librea: el tórax es negro, con puntos amarillos, y el abdomen presenta anillos negros y amarillos, a veces rojos. Al parecer, estas formas y colores son disuasorios para los depredadores.

El parecido con el medio circundante

Ya hemos apuntado anteriormente que los insectos que viven en un hábitat determinado suelen adquirir el color de éste: así, los saltamontes de color verde viven entre la vegetación baja de las praderas o en el follaje de los árboles, mientras que los saltamontes asociados a terrenos desnudos suelen presentar colores pardos y grisáceos. Las mariposas, las orugas, e incluso las puestas de huevos y las crisálidas, se confunden con el color y la estructura de la corteza de los árboles. Así, algunas langostas se confunden con el liquen de las rocas o la arena, y varios individuos pueden presentar variaciones claras u oscuras según el tipo de hábitat en el que viven. Una planta común, la artemisa, sirve de refugio a una oruga de noctua (*Cucullia*) casi invisible, que imita el color y la forma de las inflorescencias marchitas de la planta. Las orugas de la esfinge ocelada (*Smerinthus ocellata*) borran sus contornos adquiriendo una postura particular. Su cuerpo es verde en el dorso y marrón sobre la parte inferior, de modo que es prácticamente invisible, tanto desde arriba (se confunde con el color verde del follaje) como desde abajo (confundiéndose con ramas y tallos). Las crisálidas de color pardo claro, con estrías y puntuadas de gris, como las del género *Zerinthia*, están fijas al eje de los tallos secos de las plantas. Algunos insectos disimulan una parte de su cuerpo. Otros reproducen sobre cada ala posterior un ojo (ocelo) y una antena (prolongación fina del ala), que imitan una cabeza, invirtiendo de este modo la imagen del animal. Al imitar una falsa cabeza, el animal ofrece al depredador un órgano no vital de su anatomía. Las homocromías pueden ser fijas o cambiantes, como en el caso del insecto palo. Las alas de ciertas mariposas, como *Callimorpha dominula*, ofrecen motivos superpuestos y contrastados de diferentes colores que imitan falsos ojos. Una mayor intensidad de luz en las alas, los élitros o el cuerpo, puede ofrecer un aspecto completamente diferente, como un cuerpo aplastado o un contorno difuminado.

Callimorpha dominula

Las falenas se sujetan con fuerza a las corteza para disimular el espesor de su cuerpo.

El mimetismo abarca distintos aspectos: incluso los sonidos son imitados. Un díptero con las alas modificadas proporciona un zumbido idéntico al de un himenóptero. El comportamiento es imitado en algunas especies mirmecófilas capaces de reproducir el modo de desplazarse de las hormigas. El olor, si no fuese reproducido (feromonas) por otros insectos, no podría asegurar la tolerancia de los insectos

Oruga de esfinge ocelada bajo una hoja de sauce.

sociales parasitados. Se conoce también un caso entre las luciérnagas en el que la hembra de una especie copia las señales luminosas de otra especie para atraer al macho y devorarlo. El mimetismo no es algo intencionado, buscado por el insecto, sino que a lo largo millones de años, los insectos se han copiado unos a otros para poder sobrevivir y controlar las poblaciones en un mundo tan diversificado y casi siempre hostil.

La forma y el color de las alas de *Phalera bucephala* imitan a una ramita recién cortada mostrando la madera clara.

Lista para la metamorfosis, la oruga de *Cerula vinula* fabrica su capullo incorporando a la seda pequeños fragmentos de corteza y líquenes a fin de ocultarse mejor en las hendiduras de la corteza.

Los insectos no siempre son fáciles de observar, ni siquiera por un entomólogo experimentado. En la fotografía, *Biston strataria* juega con las asperezas de la corteza y los colores de los líquenes para pasar inadvertida.

Los bordes ondulados de las alas de la gastropaca *(Gastropacha quercifolia)* recuerdan a los de las hojas crenuladas del roble, imitando el color cobrizo de las hojas secas. La posición de las alas anteriores y posteriores imita a una hoja muerta, una más de entre la hojarasca.

OBSERVACIÓN Y ESTUDIO DE LOS INSECTOS

EN LOS SISTEMAS NATURALES

POR QUÉ

Muy próximos a nosotros, aunque ignorados la mayor parte de las veces, los insectos representan la más formidable diversidad biológica terrestre, ofreciendo para los espíritus curiosos y a los investigadores un considerable interés. Ya se trate de insectos «útiles» o de insectos «dañinos», tienen biologías complejas y diversificadas que han sido de provecho para la sociedad humana en el pasado y lo seguirán siendo en el futuro. Los trabajos sobre ecología de poblaciones son recientes y los estudios en su medio natural han puesto de manifiesto el papel y la importancia que juegan entre los seres vivos de cada ecosistema.

DÓNDE

Son raros los lugares a los que no han llegado los insectos. Todos los sistemas, ya sean naturales o modificados (lagos, ríos, bosques, cuevas, viviendas, galerías subterráneas, medios marinos, altas cumbres...) están colonizados por ellos. El aire atmosférico en el que se desplaza el plancton aéreo está formado también por un gran número de insectos. Las corrientes aéreas contribuyen a la dispersión de los insectos y a su migración.

***Araschnia levana* es una de las pocas mariposas diurnas que presentan un fuerte dimorfismo estacional.**

Cuándo

Podemos estudiar los insectos durante todo el año y en cualquier época. La mayoría de ellos completan su ciclo durante la estación cálida, entre marzo y octubre. Otros, sin embargo, viven en invierno y se desarrollan durante el periodo más frío y húmedo. Lo mejor es estudiar los insectos en el momento en que son más activos. Al tratarse de animales de sangre fría, reaccionan directamente ante las condiciones físicas de su hábitat. La lluvia no es un elemento que favorezca su observación, ya que permanecen ocultos entre la vegetación o bajo las piedras. Por el contrario, los días soleados que no resultan demasiado calurosos ni tormentosos resultan ideales. Una noche sin viento, sin luna o con nubes, con una temperatura suave y una higrometría un poco elevada resulta perfecta para observar los insectos nocturnos. El microclima de un hábitat varía en el transcurso de la jornada y las poblaciones se suceden según estas variaciones.

***Alucita pentadactyla* es una pequeña mariposa de alas plumosas, muy recortadas, reducidas a los nervios principales.**

Cómo

El observador está necesariamente obligado a proveerse de métodos y utensilios para poder analizar las poblaciones de insectos en un lugar concreto. Muchos entomólogos y ecologistas han puesto a punto una serie de útiles para la observación directa e indirecta de los insectos. Estudiarlos significa tomarse el tiempo de comprender sus menores gestos, sus desplazamientos, sus jugueteos, las diferentes relaciones que organizan su vida... Leer los *Souvenirs entomologiques* del entomólogo francés Jean-Henri Fabre constituye ciertamente una de las mejores invitaciones posibles para comprender la pasión por la observación, la preocupación por el detalle, el sentido de la deducción, la necesidad de experimentación y –por qué no– el amor por los insectos. Pero esto no basta. Es necesario aplicar métodos rigurosos de análisis, como la estadística, que nos proporcionen, a partir de una muestra tomada en la naturaleza, la imagen más representativa posible de la estructura de una población.

Para observar y capturar un insecto primero hay que comprender cómo funciona y evoluciona un medio vegetal a lo largo del día y en el transcurso de las estaciones. La mitad de los insectos son fitófagos y tener conocimientos de botánica, incluso de fitosociología, permite acotar rápidamente y con precisión el hábitat de uno o varios insectos.

Acabado el invierno, bajo la influencia de los primeros rayos de sol que calientan la superficie del suelo, aparecen nuevas plantas sobre la delgada cubierta vegetal, rica en colémbolos y larvas de insectos. El desarrollo de las plantas va modificando progresivamente este hábitat hasta formar una vegetación densa, que proporciona sombra al suelo y condiciona en gran medida el tipo de insectos que vivirán en la zona. Para un insecto, estas colinas soleadas del principio se van transformando poco a poco en un vasto «bosque estratificado» dado el distinto tamaño de las especies vegetales que cohabitan en un mismo sitio. Es un poco el resumen de lo que una persona podría experimentar si observase crecer un bosque durante un mes.

El suelo del bosque, producto de la descomposición de los organismos vivos y de la reestructuración de las moléculas químicas, es la base de la fertilidad de los suelos agrícolas.

LA OBSERVACIÓN AL NATURAL

Para el principiante, el primer paso para acercarse a los insectos es recorrer los caminos y los linderos un poco a la aventura, capturando todo aquello que se mueva sin hacer distinciones. Rápidamente, se dará cuenta de que algunos insectos son más rápidos que otros y son capaces de esquivar la red. Con un poco de práctica no resultará difícil aumentar las capturas. No obstante, algunos insectos, como los dípteros callifóridos, los múscidos, himenópteros y algunos coleópteros, dotados de gran viveza, pueden seguir mostrándose esquivos incluso tras largos años de experiencia. Muy a me-

Los coleópteros del género *Geotrupes* recortan grandes fragmentos de excrementos que entierran en galerías.

nudo, las primeras salidas suelen transformarse en grandes caminatas. Esta técnica, que se basa en observaciones un tanto aleatorias, permite descubrir los comportamientos de los insectos y hacer un muestreo bastante completo de todos los órdenes de insectos. Sin embargo, acabará cansando al naturalista, ya que sólo le podrá proporcionar las especies más comunes.

Teniendo ya un poco de experiencia, resulta más interesante planificar las capturas. De este modo, se optimiza el tiempo y se consiguen más insectos raros. Basta para ello con observar al insecto en su escondite, adivinarlo detrás de una hoja, descubrirlo bajo una corteza, frotar las hojas y los tallos para asegurarse de su presencia... Y una vez descubierto, esperar un poco antes de capturarlo para poder saber algo más sobre su biología.

El muestreo continuado

Contrariamente a las plantas, los insectos, sobre todo los de pequeño tamaño, tienen la costumbre de huir en cuanto advierten la presencia humana. Esto hace que las observaciones no siempre sean fáciles. Desde la perspectiva de conocer mejor la población de un hábitat determinado, la técnica de muestreo se revela de gran utilidad. No es fácil para un científico definir con precisión la población de un biotopo, pero sí puede conseguir una estimación por medio de trampas que puede construir de acuerdo al tipo de estudios que desee realizar. No existe la trampa «universal», ya que las adaptaciones son demasiado numerosas y estaríamos tentados de decir que existen tantas trampas como entomólogos. Pero sí podemos proporcionar algunos sencillos ejemplos, fáciles de poner en práctica y no muy caros. Existen dos tipos de trampas: las trampas de intercepción y las trampas de atracción.

Las trampas de intercepción

Como su nombre indica, se trata de artilugios que interceptan indistintamente cualquier insecto en movimiento, ya sean voladores o terrestres.

• *La trampa de Malaise*

Así llamada por el nombre de su inventor, este tipo de trampa sirve para interceptar la fauna que transita por la zona. Consiste en una tienda piramidal de tejido muy ligero con los laterales abiertos. Una pared central obliga a los insectos en vuelo a subir a lo largo de ésta haciéndoles caer en un frasco situado en lo alto de la trampa.

Insectos interceptados: insectos pequeños de cualquier orden, principalmente dípteros, himenópteros, neurópteros y homópteros.

Interés: Consigue capturas interesantes, a menudo invisibles para el entomólogo, al tiempo que permite capturar especies raras que apenas se desplazan, como los estrepsípteros (parásitos de avispas polistas y de avispas que excavan su nido en la tierra).

• *La «trampa de emergencia»*

Este tipo de trampa es una pequeña pirámide de base rectangular abierta, colocada sobre el suelo y con los cuatro laterales cubiertos con una tela oscura que impide el paso de la luz. La trampa, bien fija al suelo, no puede ofrecer ningún punto débil por el que puedan escapar los insectos que se encuentran en el interior de la pirámide. La punta está obstruida por un tarro que recoge a los insectos.

Interés: La ventaja que presenta este artilugio es que no sólo informa acerca de la presencia de adultos, sino que también indica el verdadero biotopo de las larvas, cosa que no hacen otro tipo de ingenios. Por otra parte, dado que conocemos el área de la base de la pirámide, podemos calcular el número de insectos por unidad de superficie e incluso la biomasa de una especie de insecto por metro cuadrado según las características escogidas del suelo.

• *«La trampa de cristal»* o **window-trapp**

Consiste en un recipiente lleno de agua sobre el que se coloca un cristal. Los insectos que vuelan tropiezan con el vidrio que no ven y caen en los recipientes situados debajo. Previamente, se ha añadido un producto humectante (lavavajillas líquido) que impide escapar a los insectos.

Insectos interceptados: pequeños dípteros como empíridos, dolicopódidos y quironomos.

Interés: este tipo de artilugio se emplea en zonas pequeñas, como orillas de charcas y pantanos, para capturar especies de insectos en sus idas y venidas a cortas distancias.

• *La red de Surber*

Se compone de dos marcos metálicos cuadrados, uno de los cuales se coloca sobre el lecho del río y el otro, perpendicular, lleva la red «nasa». Al introducir la red, se agita el agua, removiendo los guijarros y el sustrato para hacer salir los insectos de modo que sean transportados por la corriente hasta el fondo de la red.

Insectos interceptados: larvas de neurópteros, frigáneas, libélulas, moscas de mayo, dípteros...

Interés: tradicionalmente utilizada en ríos con corriente para capturar los macroinvertebrados y establecer el índice de calidad biológica generalizado. Es muy práctico de usar y da muy buenos resultados.

LAS TRAMPAS DE ATRACCIÓN

Estos artilugios se emplean para capturar los insectos de forma selectiva y deben ser colocados en condiciones muy concretas. El tipo de reclamos que emplean se relaciona con el régimen alimentario de los insectos, la atracción sexual, la atracción visual...

• *La trampa para coprófagos y necrófagos*

Los insectos coprófagos pueden capturarse colocando un barreño lleno de un conservante, como monoetilenglicol (líquido de refrigeración para los automóviles), colocado sobre el suelo y recubierto con una rejilla de malla bastante grande por la que puedan entrar los coleópteros. Sobre esta rejilla se colocan excrementos de vaca o caballo.

• *Las bandejas coloreadas o trampa de Moericke*

Estas bandejas emplean simultáneamente el color, el agua y la reverberación de la luz. Consiste en barreños cuadrados de plástico, de 30 cm de lado y 10 cm de alto, perforados a 2 cm del borde para evitar que rebosen. Colocados a diversas alturas y en todos los estratos de la vegetación, desde el suelo hasta la copa de los árboles, permiten capturar poblaciones de insectos a diferentes niveles de los estratos herbáceos. De este modo, se pueden atrapar insectos a alturas que resultan impracticables para el entomólogo (8, 10 o 20 m).

• *La trampa de la botella aérea*

Este cebo lo emplean fundamentalmente los especialistas en coleópteros. Sólo se necesita una botella, a la que debemos dar forma de nasa, e introducir en ella una mezcla preparada previamente con cerveza y fruta fermentada (plátano, p. ej.). Los ingredientes y las preparaciones son a veces celosamente guardados por los especialistas. Estos artilugios resultan muy eficaces para capturar cetonias, que viven cerca de la copa de los árboles. La única dificultad estriba en colgar la botella de una rama lo suficientemente alta, para lo cual podemos servirnos de una caña de pescar, a la que habremos atado una cuerdecilla con un peso. Una vez colocada la cuerda basta con atar la botella e izarla hasta la altura deseada.

• *La trampa luminosa*

La trampa luminosa se compone de un grupo electrógeno que alimenta una bombilla de vapor de mercurio de 125 vatios. Ésta, colocada sobre un trípode y éste a su vez sobre una sábana blanca (para aumentar el efecto), despide rayos ultravioletas que atraen fundamentalmente a las mariposas, pero también a los dípteros, los coleópteros, las chinches... Este artilugio, de amplio espectro, se emplea sobre todo para poner de manifiesto la riqueza específica de las mariposas nocturnas de un lugar determinado.

• *La trampa para coleópteros con botes Barber y cebo*

Es la trampa por excelencia de los especialistas en carábidos. Consiste en una pequeña cubeta esférica de plástico de 7 cm de profundidad, que se introduce en una lata de conservas enterrada. Los cebos se colocan en el fondo de la cubeta y varían según las especies que se quieren capturar: babosas y caracoles para atrapar *Cychrus*, lombrices para los carábidos de gran tamaño, y carne podrida para los sílfidos y los necróforos.

• *La trampa «nasa» con cebo para insectos acuáticos*

Una nasa de tela de mosquitera se sumerge en agua empleando como cebo carne podrida, pescado, gambas pasadas o ranas. Con este tipo de trampa se pueden atrapar numerosos insectos, larvas e imagos, como los ditíscidos y los hidrofílidos. También existen trampas luminosas acuáticas adaptadas a la nasa en las que el reclamo es, evidentemente, la luz.

El muestreo, etapa pesada y laboriosa, es, sin embargo, indispensable en los estudios de población de insectos, ya que proporciona datos estadísticos.

• *La cámara de «emergencia»*

No es una trampa en sí misma. En realidad, se trata de un terrario formado por una caja de madera, con ventilación lateral, puesto que las paredes son de rejilla fina, y que se coloca en un lugar templado, en el exterior (bajo un tejadillo, por ejemplo). La práctica consiste en recoger madera seca, paja, ramitas de árbol que hayan estado al menos un mes sobre el suelo, tallos de hierbas secas... En definitiva, cualquier vegetal susceptible de albergar larvas o imagos. En primavera, cuando los imagos hayan finalizado su ciclo de desarrollo, se mostrarán y quedarán atrapados en la cámara. Ya sólo tendremos que cogerlos.

EL MATERIAL DEL ENTOMÓLOGO

La indumentaria del entomólogo es similar a la de cualquier otro naturalista: debe vestir ropas oscuras y amplias, provistas de algunos bolsillos para poder guardar el cuaderno de campo con las observaciones, algunos frascos y cajitas. También es conveniente llevar una mochila resistente, con bolsillos, para guardar cajas, herramientas y productos tóxicos.

LOS INSTRUMENTOS DE CAPTURA

El conjunto de instrumentos que se emplean para atrapar insectos reviste una gran diversidad. Una parte de este material constituye el equipo básico común para capturar cualquier tipo de insecto, pero se completa con un material adaptado a cada orden o forma de insectos (larva o adulto). A excepción hecha de algunos utensilios ya comercializados, el entomólogo suele fabricarse su propio material, adaptándolo a sus propias necesidades. A continuación ofrecemos algunos ejemplos de instrumentos apropiados para los órdenes más frecuentemente estudiados.

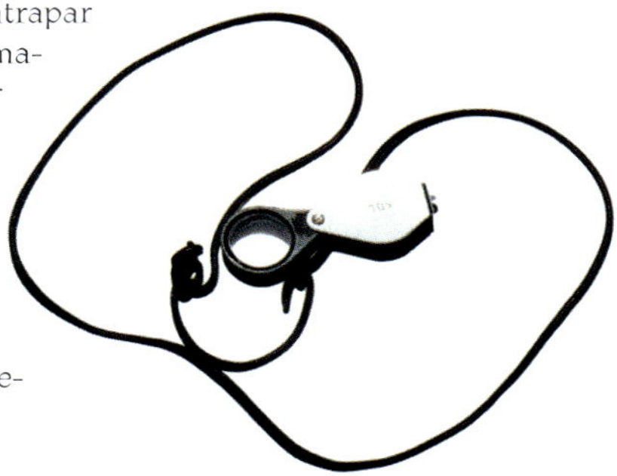

La lupa (de 15x como mínimo) resulta indispensable, ya que permite determinar algunas especies directamente sobre el terreno.

• *Para coger mariposas*

La clásica red cazamariposas, o manga entomológica, se compone de un círculo de metal fijo a un mango telescópico de bambú o de aluminio. Una vez capturada, la mariposa se introduce en un frasco con cianuro, tetracloruro de carbono o éter acético, según la familia o la especie a la que pertenezca. A continuación, cada mariposa se coloca con cuidado en un rectángulo de papel transparente que se pliega en diagonal para darle forma triangular. Esta operación no tiene otro objeto que proteger a la mariposa del roce, que estropearía considerablemente sus alas y desprendería los apéndices, útiles para la determinación. El paso siguiente es anotar en este envoltorio la leyenda con el lugar de la captura, la fecha y otras observaciones importantes. Agrupadas en una caja provista de desecador, las mariposas pueden permanecer así almacenadas durante varios meses, incluso varios años, antes de exponerse. Al principio, puede suceder que dañemos a las mariposas de tamaño medio al cogerlas entre el dedo índice y el pulgar, antes de introducirlas en el sobrecito transparente. Pero es sólo cuestión de práctica. Los microlepidópteros, mariposas de unos pocos milímetros de longitud, se tratan de forma diferente, dada su extrema fragilidad, introduciéndose en pequeños tubos rellenos de algodón para los que reservaremos un lugar fresco y húmedo dentro de la bolsa.

• *Para coger coleópteros*

Los especialistas en coleópteros han desarrollado numeroso material. Ejemplo de ello es una red especial construida sobre la base de la manga entomológica. La red propiamente dicha es de tela rígida, mientras que el aro es de un metal resistente, capaz de soportar los movimientos bruscos que es necesario efectuar para cazar a estos insectos entre la vegetación de las praderas, terrenos baldíos, arbustos y zarzas. El «paraguas japonés» es otro artilugio formado por un marco rectangular plegable sobre el que descansa una tela sólida (del tipo tela de colchón). Lo emplean fundamentalmente los especialistas en coleópteros, hemípteros y neurópteros y se utiliza sobre todo en la técnica de vareo, que consiste en efectuar golpes secos con una mano sobre las hierbas y con la otra recoger, con ayuda de la tela, los insectos que caen. Simultáneamente al «paraguas» se emplea también el aspirador de boquilla. Éste se compone de un cilindro de plástico transparente (reservorio) cerrado por ambos extremos por un tapón perforado en su centro por el que penetra un tubo transparente. Por una parte, se acerca el tubo al insecto y, por el otro, se aspira al insecto, que se introduce limpiamente en el reservorio. Este método permite capturar rápidamente individuos de pequeño tamaño, frágiles, que corretean por el suelo, los troncos de los árboles o incluso sobre la tela del «paraguas» o de la red. Existen diversos tipos de aspiradores adaptados a los distintos insectos que se pretenden capturar. La azadilla y la descortezadora son herramientas clásicas de jardinería que permiten rastrillar todo tipo de suelos (suelo compactado de los caminos, suelos pedregosos...). Los insectos capturados suelen introducirse en frascos rellenos en dos terceras partes con

Introducir al insecto capturado en la red dentro del frasco con cianuro exige cierta habilidad.

serrín de madera de pino embebido en éter acético. Para los insectos de color claro es preferible emplear gas sulfuroso.

• *Para coger ortópteros (saltamontes y langostas)*

Basta con la manga entomológica, el frasco con cianuro y unas cajas para ordenarlos.

• *Para coger dípteros e himenópteros*

Los especialistas en dípteros suelen emplear una pequeña red, de tipo cazamariposas, para capturar los insectos sobre las hojas y las flores, así como el aspirador de boquilla para recuperar los dípteros que han quedado prendidos en la red. Para recoger los insectos del aspirador se necesita un frasco con papel absorbente cortado en tiras y embebido en éter acético. Las moscas y los himenópteros de pequeño tamaño suelen secarse muy deprisa una vez muertos. Para transportarlos, lo mejor es colocarlos con ayuda de unas pinzas en cajitas pequeñas dispuestas dentro de otra caja mayor ligeramente humedecida con algodón, espuma u hojas verdes.

El maletín de campo permite conservar y transportar los insectos en buen estado.

ALGUNAS RECOMENDACIONES

- El material debe estar siempre en buen estado.
- No aumentar las dosis de productos y evitar que entren en contacto con el insecto.
- No escatimar a la hora de llevar cajas, más vale que sobren.
- Comprobar en cada salida que llevamos todo el material necesario, incluidas una pequeña lupa y unas pinzas.
- Un insecto debe ser capturado con las máximas precauciones.
- Etiquetar adecuadamente las capturas.
- No olvidar nunca la libreta de campo, en la que anotaremos todos los datos más importantes.

• *Para coger insectos acuáticos*

Los entomólogos especializados en insectos acuáticos emplean una red muy rígida con una barra de metal de acero inoxidable o aluminio y un mango duro y flexible que permite raspar el fango de charcas y estanques. La red, propiamente dicha, puede ser de tela de yute o de otro tejido fuerte que asegure la evacuación rápida del agua. Un colador pequeño resulta útil para acceder a lugares difíciles, como las orillas.

A este equipo hemos de añadir un material básico que siempre debe estar metido en la mochila: cajitas pequeñas, tubos de diferentes diámetros, un cuchillo, algodón cardado, algodón hidrófilo, productos para matar a los insectos, un pincel, un par de pinzas flexibles (útiles para capturar los insectos sin dañarlos), una lupa, una navajita y una brocha pequeña, sin olvidar la indispensable libreta de campo en la que consignaremos todas las informaciones que juzguemos útiles (término municipal, localidad, altitud, descripción del biotopo, número de individuos capturados, condiciones de captura...). Todo este equipo puede completarse con una cámara fotográfica, una brújula, un altímetro, un anemómetro, un higrómetro, un termómetro... Desde hace relativamente poco tiempo, algunos entomólogos han incorporado también un GPS para registrar directamente las coordenadas geodésicas de los lugares de captura e integrarlas en una base de datos informática con el fin de elaborar mapas de distribución de especies a escala regional o nacional.

El material de laboratorio

Una vez efectuada la recolección, empieza para el entomólogo el trabajo de gabinete, que consiste en preparar, identificar, incluir los insectos en la colección y registrar los datos. Para ello necesita también un material especializado: material óptico y material para preparar los insectos.

Para identificar correctamente las especies se estudia su morfología y, especialmente, las piezas genitales. Las operaciones técnicas necesarias se realizan a una escala tan pequeña que es importante contar con una potente lupa binocular de gran aumento (entre 10x y 80x). Se recomienda emplear zooms para hacer más fácil el trabajo. Todo este material debe ser lo más ergonómico posible, ya que el entomólogo pasa mucho tiempo seleccionando, muestreando y determinando.

El equipo de laboratorio varía según se trate de un entomólogo sistemático o especializado, pero básicamente se trata de material de disección y preparación. El material de disección se compone de una aguja para disociar, un escalpelo, un microescalpelo, un porta-agujas, un par de tijeras rectas, unas pinzas rectas, unas pinzas en L, un pincel fino, unos platillos de vidrio (para observar en alcohol piezas genitales, mandíbulas o el individuo completo) y un frasco lavador lleno de alcohol de 70°. El material de preparación de los insectos se com-

La selección de muestras es un paso previo a la identificación.

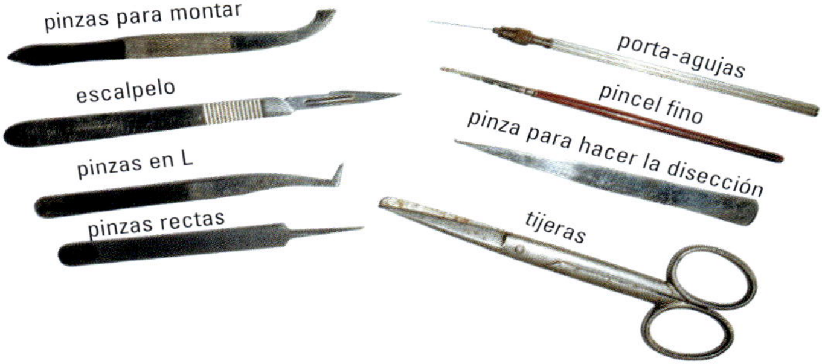

pone de extendedores para desarrollar las alas (mariposas, saltamontes, libélulas...) y extendedores para coleópteros. Los especialistas en lepidópteros disponen como mínimo de tres tamaños de extendedores, agujas y alfileres entomológicos de distintos tamaños, tiras de papel transparente para mantener desarrolladas las alas de los insectos, etiquetas, cartulinas blancas a rayas para pegar los insectos pequeños (gorgojos, cárabos, larvas) y pegamentos (esmalte de uñas transparente o pegamento para papel).

El material de colección

Se compone de etiquetas de cartón en las que se indica el nombre de los insectos, clasificados de acuerdo con la sistemática, alfileres especiales para fijar las etiquetas al fondo de las cajas, frascos Sauvinet (pequeña ampolla de vidrio provista de una aguja para recibir los líquidos de conservación), frasquitos con pastilla de paradiclorobenzeno, cajas para almacenar provisionalmente insectos y cartones para incluir definitivamente en la colección a los insectos ya preparados. Estas cajas se comercializan en tres tamaños diferentes que se utilizan en función del grosor de los insectos. Los productos más empleados en la conservación de las colecciones son la creosota de haya y la esencia de mirbana (nitrobenceno).

El montaje de esta pequeña mosca de 3 mm de longitud requiere el empleo de una lupa binocular.

La preparación de los insectos

Una vez en casa, los insectos se sacan de los frascos y se colocan en un recipiente ancho que permita clasificarlos de forma ordenada. Si no disponemos de tiempo suficiente para este trabajo podemos disponerlos en pisos, secarlos y almacenarlos en cajas en espera de ser clasificados. Los ejemplares ya determinados se montan en alfileres entomológicos y se colocan ordenadamente. Los que precisen de extendedores deben ser objeto prioritario de atención (mariposas, libélulas, saltamontes, perlas, frigáneas...). Antes de extenderlos habrá que limpiar bien aquellos que muestren tierra, vegetales o arena adherida. Para limpiar las patas, las antenas y toda la superficie del cuerpo basta con un pincelito de cerdas duras mojado en alcohol.

Una vez efectuado el montaje del insecto, procedemos a extenderlo. Este proceso consiste en pinchar el alfiler en la ranura, extender bien las alas sobre las bandejas y luego levantarlas de manera que el borde inferior del ala anterior quede perpendicular al eje del extendedor. Seguidamente, fijamos con alfileres una tira de papel transparente cortada al ancho de la placa del extendedor. Junto al insecto, también con alfileres, colocaremos inmediatamente la etiqueta, escrita ccn tinta china o por ordenador. En la etiqueta deben quedar reflejados: la fecha, el lugar de origen, la altitud y el nombre de la persona que ha capturado el insecto. Para evitar que durante el procesc de secado aparezcan esporas de hongos o puestas de otros insectos, los extendedores deben almacenarse en un lugar cerrado, seco y protegido de la luz. Para acelerar el proceso de secado podemos colocar los extendedores en una estufa de baja temperatura. Pasados quince días, los insectos se retiran con cuidado de los extendedores y se colocan en una caja de cartón hasta la hora de ser clasificados.

Conservados en un lugar seco, dentro de una caja hermética, los insectos guardados en estos sobrecitos triangulares pueden aguantar durante mucho tiempo sin deteriorarse.

Para poder preparar adecuadamente los insectos se necesita un equipo mínimo de material entomológico.

La identificación de los insectos

La identificación es la operación más apasionante, pero también la más delicada, ya que nos exige un gran rigor. Es recomendable que un especialista revise y confirme nuestra clasificación, ayudándonos a subsanar nuestros posibles errores. En la etiqueta de determinación debe constar el nombre del insecto, su sexo y también el nombre del que lo ha clasificado. No existe ninguna obra de identificación que abarque todos los insectos, ya que éstos son numerosos y no se conocen bien en su totalidad. De manera que para estar seguros de que trabajamos con rigor no sólo hemos de recurrir a tratados de entomología difíciles de abordar por un principiante, sino que además hemos de consultar las publicaciones que aparecen en revistas especializadas concernientes a la familia, el género o la especie. Para poder efectuar investigaciones personales siempre podemos recurrir a las bibliotecas especializadas. En la actualidad, la informática y el acceso a Internet nos permiten mantener contactos con entomólogos de todo el mundo a través de foros y encontrar más fácilmente referencias y consejos.

La inclusión en la colección

La colección entomológica puede ser de distintos tipos: sistemática, estética, ecológica, biológica o incluso pedagógica. En cualquier caso, necesita de una caja especial de madera, recubierta de papel, y hermética, con una cara de cristal. En una esquina de esta caja colocaremos un frasquito Sau-

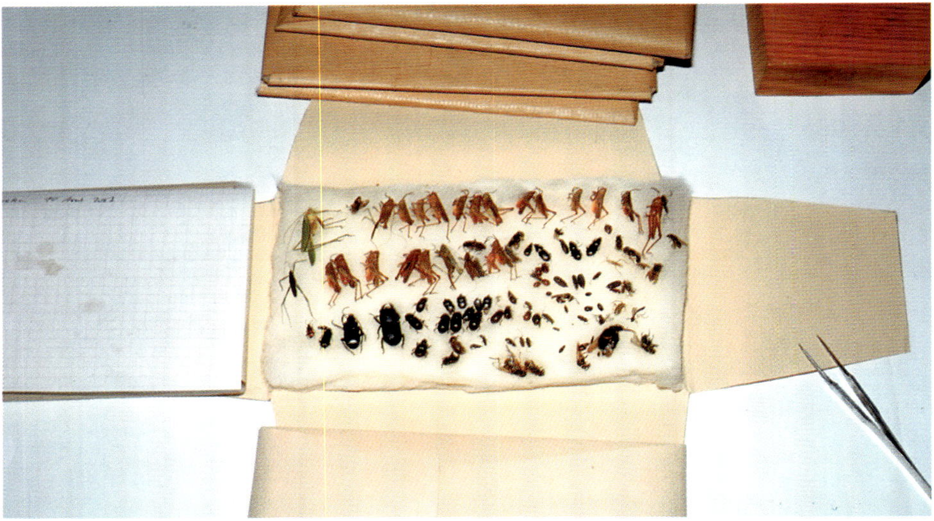

La ordenación de los insectos en capas o pisos es un medio rápido y eficaz para conservar en buenas condiciones las capturas que deban esperar un tiempo a ser preparadas y clasificadas.

vinet relleno con creosota de haya o esencia de mirbana y una bola de paradiclorobenzeno. Esta colección se convertirá en la herramienta de trabajo del entomólogo. En ella incluiremos los ejemplares macho y los ejemplares hembra, las aberraciones, las crisálidas, las pupas, las larvas y todo aquello que proporcione algún dato probatorio en la determinación de una especie o un complemento al conocimiento de su biología.

El tratamiento de los datos de campo

El registro de los datos de campo es la última operación que conduce a clasificar e interpretar las informaciones anotadas en nuestra libreta de campo. El primer paso es hacer una lista de los insectos recogidos y completar las observaciones con los datos geográficos (localización exacta, altitud...) y ecológicos. La informática nos permite actualmente preparar ficheros, bases de datos y mapas precisos de localización.

Ciertamente, un microordenador, una lupa binocular, las cajas de cristal para insectos y las obras especializadas de consulta son un material caro que no está al alcance de todo el mundo. Sin embargo, la motivación que acompaña al entomólogo en sus inicios puede llevarle a buscar soluciones como el ¡hazlo tú mismo!

La cría de insectos

Todo entomólogo, aficionado o profesional, se enfrenta tarde o temprano con la técnica de la cría de insectos. Dado su pequeño tamaño, su fragilidad y la facilidad con la que pasan inadvertidos, no resulta fácil observarlos correctamente. Ésta es la razón por la cual la cría se convierte casi en una necesidad. Criar un insecto es una forma de descifrar poco a poco su comportamiento. De hecho, para tener éxito en esta empresa resulta primordial saber reproducir las mismas condiciones que las encontradas por los insectos en la naturaleza para desarrollarse. La cría permite no sólo reconocer todos los estadios del desarrollo de una especie, desde la fase de huevo hasta el imago, sino también obtener individuos en perfecto estado, facilitar la toma de fotografías y detectar parásitos en los insectos capturados en la naturaleza y después criados en terrario. Finalmente, la cría se emplea en agricultura cuando se quiere producir en grandes cantidades insectos auxiliares de cultivos para luchar contra los insectos perjudiciales en el marco de la lucha biológica. Así, se ha procedido a la cría de numerosos tricogramas para combatir al barrenillo.

El material necesario para la cría de insectos es bastante rudimentario, pero puede llegar a ser sofisticado, como lo es en los laboratorios. Para criar insectos acuáticos habrá que escoger un acuario y equiparlo con algunos materiales básicos de oxigenación del agua.

Las técnicas de cría son tan numerosas que no podríamos abordarlas todas aquí. Por lo tanto, animamos al lector a que consulte las obras de referencia sobre los órdenes y especies que desee criar, entre las que citamos en el apartado bibliográfico

La colección de insectos tiene una importancia científica capital: representa el patrimonio vivo de la biosfera y constituye la base ineludible de todos los trabajos de sistemática. El principiante deberá crear su propia colección si pretende trabajar con rigor. Algunos especímenes se emplean en estudios genéticos practicándoseles extracciones de ADN.

LOS INSECTOS
Y SUS HÁBITATS

Los bosques

Los bosques ocupan más del 32% de la superficie de la Tierra y desempeñan un triple papel: nos abastecen de madera, como materia prima y material de combustión, y además son una protección contra la erosión y la contaminación, al tiempo que proporcionan al hombre un lugar de esparcimiento. Pero por encima de todo, los bosques constituyen un ecosistema particularmente rico e interesante en el que la composición de los seres vivos varía en función de la situación geográfica, la altitud, el clima, la naturaleza del suelo y la exposición solar. De llanura o de montaña, de clima continental o mediterráneo, de naturaleza granítica o calcárea, los bosques son medios muy diversificados con condiciones de vida muy diferentes que coloniza una multitud de insectos, desde los musgos hasta las copas de los árboles. El interior de los árboles secos presenta un microclima particular que reúne a todo tipo de insectos, desde los que se desarrollan bajo la corteza (corticolas) hasta los que penetran en la albura podrida, impregnados de esporas de hongos. En el caso concreto de un bosque continental centroeuropeo, la riqueza específica de artrópodos es de aproximadamente 6.000 especies, de las cuales más de 5.000 son insectos. Un roble, por ejemplo, puede estar colonizado por más de 500 especies de insectos que, en el caso de pinos y piceas, asciende a 1.500 e incluso 2.000. Dentro de ellos podemos distinguir dos categorías: insectos fitófagos e insectos depredadores.

Los insectos son responsables del 1% de los daños causados a los bosques. Así, podemos citar al barrenillo tipógrafo *(Ips typographus)* que destruyó más de 600.000 m^3 de bosque en Suiza entre 1947 y 1948, y *Lymantria monacha,* que de 1917 a 1927 devastó alrededor de 600.000 ha de bosques de piceas en Checoslovaquia. Otro ejemplo es la lagarta peluda *(Lymantria dispar),* mariposa nocturna cuyas orugas atacan los robledales mediterráneos, o *Calliteara pudibunda,* que algunos años prolifera sobre los robles hasta el punto de destruir todas sus hojas.

Los insectos xilófagos, y en especial sus larvas, tienen un papel importante acelerando la descomposición de la madera. Pero no todas las especies arbóreas sufren la misma degradación a causa de los

Los senderos que separan masas arbóreas constituyen un lugar ideal para observar numeroso, insectos forestales.

El oviscapto de esta hembra de *Tipula paludosa* dispone de un resorte capaz de expulsar los huevos a más de un metro de distancia.

insectos: en el haya, son responsables de un 40% de la degradación, mientras que en el roble este porcentaje desciende hasta el 25%. El resto se debe a la acción de otros organismos, como hongos, bacterias y otros invertebrados forestales.

¿Qué buscan los fitófagos?

- Brotes (microlepidópteros, dípteros y cecidomias)
- Frutos y semillas (microlepidópteros y gorgojos)
- Flores (alecúlidos, himenópteros y dípteros)
- La savia que se derrama sobre las ramas (cochinillas, pulgones y chinches)
- Hojas (mariposas, tentredos e insectos gallícolas [cinípedos])
- Cavidades (dípteros y silfos)
- Hongos cortícolas (mariposas y coleópteros)
- Corteza y madera seca (escolítidos, lucanos, capricornios, buprestos, himenópteros [*Sirex*], mariposas y dípteros [típulas])
- Lechos de hojas secas (colémbolos, coleópteros y larvas de numerosas especies)
- Raíces (homópteros)

Las poblaciones de todos estos insectos fitófagos están reguladas por depredadores y parásitos. Los carábidos del género *Calosoma* son insectos de gran tamaño especializados en los lepidópteros desfoliadores. Los Silphidae cazan bómbices y tentredos entre las hojas. Los cecidómidos devoran cochinillas. La larva del díptero dolicopódido *Medetera* se alimenta de las larvas de xilófagos y las crisopas lo hacen de pulgones.

Protea

Araschnia levana

Araschnia: araña, en griego, por la red de líneas que muestra bajo las alas; *levana, prorsa:* diosas romanas que presidían los nacimientos.

Un bello ejemplar adulto de la forma *A. levana* sobre el siempre curioso zapato de Venus.

- **DESCRIPCIÓN:** Esta especie, con dos generaciones anuales, muestra un particular dimorfismo estacional. Fue descrita por primera vez en 1758 por Linneo, quien identificó dos especies: *Araschnia levana* (mariposa anaranjada) y *Araschnia prorsa* (mariposa negruzca). Posteriormente, se decidió agruparlas en una única especie polimorfa, pero conservando, eso sí, la distinción en dos «variedades», *levana* y *prorsa*. En 1955, H. J. Müller puso de manifiesto el origen biológico de dos formas relacionadas con la influencia de la luz. Visible en primavera, la forma anaranjada procede de las orugas que se han alimentado durante los meses del año en que los días empiezan a acortarse, es decir, desde finales de julio hasta finales de septiembre. Los adultos que aparecen en primavera se aparean a su vez para dar una nueva generación de orugas que se alimentarán durante los meses en que los días se alargan, entre finales de abril y finales de junio. Los adultos son, por lo tanto, de color negruzco.
- **BIOLOGÍA Y COMPORTAMIENTO:** Por otro lado, podemos observar un comportamiento diferente entre ambas formas. Los adultos de la forma primaveral revolotean sobre los linderos soleados y húmedos de los bosques de frondosas. Los de la forma estival, sin embargo, prefieren las zonas más profundas del bosque, donde generalmente hay menos luz. Las orugas negras con pilosidades rojas viven agrupadas en las matas de ortigas hasta alcanzar la madurez larvaria; antes de dispersarse para transformarse en crisálidas. Los adultos se alimentan del néctar de plantas umbelíferas y compuestas que crecen en los linderos de diversas plantaciones.
- **CARACTERÍSTICAS PARTICULARES:** De origen oriental, esta mariposa prosigue su avance hacia el oeste de Europa (costa atlántica). Se desconoce en Bretaña, Provenza y Córcega, pero ya ha alcanzado el norte de España.

La transparencia de los huevos indica que ya se ha producido la eclosión.

Forma *A. prorsa* adulta.

Sírice gigante

Urocerus gigas
Uro + Cerus: que lleva cuernos en la parte posterior; *gigas:* gigante.

• **Descripción:** Su cuerpo es de color negro, con el abdomen y las antenas amarillas. Es similar a un abejón.
• **Biología y comportamiento:** Las hembras de esta especie buscan árboles enfermos para depositar en ellos entre 50 y 350 huevos. La puesta se efectúa en varias fases de unos diez minutos cada una: la hembra perfora la corteza con su largo ovipositor (17 mm) y deposita cuatro o cinco huevos superpuestos y recubiertos con esporas de hongos a una profundidad media de 1 cm. Las esporas están contenidas en una bolsa del abdomen. Esta técnica de puesta hace que la hembra sea muy vulnerable a los ataques de los predadores. Sus especies arbóreas preferidas son los abetos y los árboles caídos expuestos al sol. Durante un ciclo típico de tres años pueden llegar a producirse 10 mudas larvarias. En el primer estadio, la larva se alimenta de los hongos contenidos en la galería de puesta. Tras la primera muda, se alimenta de madera y avanza 1 cm antes de invernar. En primavera, tras la tercera muda, la larva cuenta con bolsas que contienen esporas de hongos y continúa excavando la galería 8 cm más hacia el núcleo del tronco. Entra en diapausa una segunda vez y, ya en primavera, retoma sus obras de perforación y avanza 8 cm más pero en dirección a la periferia del árbol para transformarse en ninfa y asegurar una salida más fácil al imago.
• **Características particulares:** Este himenóptero pertenece al suborden de los Symphyta, es decir, a las especies cuyo abdomen no está estrechado en la base. Las larvas se asemejan a pequeñas orugas debido a unas ventosas que presenta bajo el vientre, pero se diferencian de ellas por el número de pares de ventosas, superior al de las orugas (seis en lugar de cuatro).

El sírice gigante, provisto de un taladro y de un largo oviscapto, resulta inofensivo.

Risa (avispa icneumónida)

Rhyssa persuasoria

• **Descripción:** Es ésta una especie elegante y muy articulada, con el cuerpo de color negro y manchas blancas, largas patas marrones y grandes antenas negras. Su abdomen está estrechado en la base y se une al tórax por un pequeño estrangulamiento. Las hembras poseen un gran ovipositor (entre 40 y 60 mm) y las larvas son ápodas.

• **Biología y comportamiento:** Esta especie es un conocido parásito de larvas de insectos xilófagos que viven en troncos caídos de piceas. Estos troncos son ricos en larvas de capricornios (gén. *Cerambyx*) y de himenópteros (sirícidos). La hembra de *Rhyssa persuasoria* detecta con ayuda de sus órganos sensoriales las larvas situadas en la madera a 3 o 4 cm de profundidad. Ayudada de su largo oviscapto, perfora profundamente la madera y, seguidamente, la cutícula de la larva, depositando en ella uno de sus huevos. La hembra invierte alrededor de media hora para poner cada huevo en una larva. Una ardua tarea para poder asegurar su descendencia. La larva no tarda en aparecer, alimentándose de los tejidos vivos de la larva a la que parasita.

• **Características particulares:** Hay que destacar el instinto que guía a las larvas de esta especie. En realidad, el adulto tiene una existencia tan corta (unos pocos días) que no tiene tiempo para enseñarla a alimentarse. Este insecto se ha empleado con éxito en la lucha biológica llevada a cabo en Australia para mantener a raya las poblaciones de una especie de *Sirex*. Una generación de *Sirex* puede asegurar el desarrollo de tres generaciones de *Rhyssa*.

La risa se utiliza en la lucha biológica contra grandes himenópteros.

Pequeño capricornio

Cerambyx scopolii
Cerambyx: en griego, insecto de grandes cuernos;
Scopoli: naturalista italiano.

• **Descripción:** Por analogía con los cuernos de las cabras, se los conoce vulgarmente como capricornios o longicornios. Las antenas son mucho más largas en el macho que en la hembra. Tiene una actividad diurna y es completamente negro. Mide entre 15 y 30 mm.

• **Biología y comportamiento:** La hembra realiza la puesta bajo la corteza de distintos árboles, entre ellos los árboles frutales. Las larvas devoran la albura antes de hundirse en la madera hasta alcanzar el corazón del tronco. Al finalizar el ciclo larvario, que puede durar hasta tres años, la larva (de 50 mm) prepara una cámara ovalada en la que se metamorfoseará a principios del invierno. El adulto sale de esta cámara rompiéndola con sus mandíbulas.

• **Características particulares:** Las larvas obstruyen la entrada de la cámara ninfal con una lámina de carbonato cálcico que segregan por los tubos de Malpighi.

Escarabajo cardenal

Pyrochroa coccinea
Pyro: fuego; *chroa:* color; *coccinea:* bermellón.

• **Descripción:** El escarabajo cardenal es un insecto de 12 a 15 mm de longitud, con los élitros rojos y aterciopelados. La cabeza, las antenas y las patas son negras. Las larvas son aplastadas, con dos espinas caudales, miden entre 25 y 30 mm y tienen una cabeza grande.

• **Biología y comportamiento:** Los huecos de los árboles muertos constituyen el medio ideal para numerosos insectos xilófagos, desde los que se alimentan sólo de la corteza hasta los que llegan a penetrar en la albura. El escarabajo cardenal vive bajo la gruesa corteza de los árboles situados a la sombra en lugares húmedos. Las larvas se alimentan de lignina y algunos invertebrados. Los imagos se pueden observar sobre las flores de umbelíferas y rosáceas.

• **Características particulares:** De las sucesivas oleadas de insectos que descomponen la madera de haya, el escarabajo cardenal llega en la tercera oleada de la serie de coleópteros.

Hormiga roja

Formica rufa
Formic: hormiga; *rufa*: roja.

• **Descripción:** La hormiga roja es de gran tamaño (entre 4 y 9 mm para las obreras y entre 9 y 11 mm para las reinas y los machos), con la cabeza y el tórax de color rojo más o menos intenso. Precisamente en estas zonas, y en las patas, presenta órganos auditivos. Las antenas son geniculadas y las mandíbulas están atrofiadas en los machos, pero desarrolladas en las hembras y las obreras. Existe dimorfismo a nivel del tórax en las tres castas. Son insectos sociales muy organizados que han desarrollado un sistema de castas con una reina y unos machos fértiles, y obreras estériles. La reina puede vivir hasta 15 ó 20 años, mientras que las obreras sólo viven 5 ó 6 años.

• **Biología y comportamiento:** Las hormigas rojas construyen unos domos impresionantes, de 1 m de altura por 1,30 m de circunferencia, tan integrados en el bosque que pasan inadvertidos. Esta construcción se continúa por debajo del suelo, a una profundidad de 1 m. Las colonias son tan populosas que suelen sobrepasar los 500.000 individuos y cada hormiguero puede fundar hasta 100 domos anejos. Las larvas y las ninfas se desarrollan en el domo de acículas, donde reina un microclima caracterizado por una temperatura alta (entre 25 y 30 °C), un aire saturado de ácido fórmico y 30 a 40 veces más rico en dióxido de carbono que el aire ambiente.

Otra originalidad que presenta este insecto es el intercambio de alimento o trofalaxia, y que es el origen de su organización social. Las hormigas se intercambian el alimento estimulándose mutuamente la cabeza con ayuda de sus antenas. En ocasiones, este intercambio de alimento se establece con especies diferentes de hormigas, incluso entre mirmecófilos. Estos últimos son especies «aceptadas» en el hormiguero y que pueden vivir en él sin ser molestadas. Un estafilínido y una pequeña avispa han descubierto la forma de estimular a las hormigas rojas para que cedan su alimento y lo explotan en su propio beneficio.

Las hormigas rojas pican con un aguijón unido a una glándula venenosa. Este veneno contiene ácido fórmico, una sustancia que utilizan las hormigas de común acuerdo como señal de alarma ante la presencia de un intruso, y que comprende no menos de 30 feromonas de alerta.

Las hormigas se comunican entre sí emitiendo unos sonidos comparables a un chirrido y que resultan perfectamente audibles para el ser humano.

Las obreras aseguran los cuidados permanentes a las jóvenes larvas y ninfas.

• **CARACTERÍSTICAS PARTICULARES:** La importancia del nido de las hormigas rojas es un fiel indicador de la degradación de un bosque. Así, cuanto menor sea el número de nidos por hectárea y menor sea el tamaño del nido, mayor será la degradación del medio forestal. Podemos pasar de 5 nidos por hectárea a menos de 1. Los expertos saben desde hace mucho tiempo que un bosque con una buena población de hormigas sufre menos ataques de parásitos. Al ser grandes consumidoras de orugas desfoliadoras, se emplean en la lucha biológica desplazando hormigueros enteros cuando lo permite la densidad de éstos por hectárea.

Con cerca de 500.000 obreras, la hormiga es el mayor constructor de nuestros bosques. La presencia de hormigueros es una prueba de que el bosque goza de buena salud.

LOS REBAÑOS DE PULGONES

La alimentación de las hormigas rojas se compone de presas animales, del mielato que producen los pulgones y de semillas ricas en lípidos. Los insectos constituyen el 80% de sus presas. Por orden de importancia decreciente los pulgones son preferidos a los dípteros (bibiónidos, sírfidos y múscidos), a los himenópteros, a los coleópteros y a los lepidópteros (microlepidópteros tortrícidos). Las hormigas buscan principalmente sus presas entre las 13 y las 17 h. Una de sus particularidades es que ordeñan a los pulgones: estos últimos segregan por su extremo abdominal una sustancia azucarada que se derrama por las hojas del vegetal. La hormiga, ayudada de sus antenas, estimula al pulgón para que expulse a través del ano unas finas gotitas azucaradas que absorbe rápidamente y almacena en su aparato digestivo. Se estima que una obrera recoge unos 6 mg de esta sustancia en 24 horas, es decir, casi 50 g por individuo y año.

Escarabajo dorado

Carabus auronitens
Carabus: en griego, escarabajo; *auro:* dorado; *nitens:* brillante.

• **Descripción:** Es uno de los más bellos representantes de la gran familia Carabidae. Los élitros son de color verde dorado brillante, con cuatro líneas negras, mientras que las patas, las antenas y las piezas bucales son rojas.
• **Biología y comportamiento:** De hábitos nocturnos, este insecto carnívoro, provisto de largas mandíbulas, se alimenta de lombrices, babosas y otros invertebrados. Habita principalmente en bosques (hayedo y hayedo-abetal) de llanura y de media montaña (2.500 m). En invierno podemos encontrarlo fácilmente en los tocones podridos, mientras que en verano se oculta bajo las piedras desarrollando una gran actividad. Se trata de una especie estrictamente silvícola, sensible a las oscilaciones térmicas y a la humedad del estrato herbáceo. Esta especie es muy común en los bosques húmedos de toda Francia, donde también se la conoce con el nombre de jardinero.
• **Características particulares:** Su digestión es extra-oral, es decir, que después de haber atrapado a sus presas, les inyecta unos jugos gástricos que predigieren los tejidos antes de succionarlos. En ocasiones, absorben tal cantidad de líquido que el abdomen sobrepasa ampliamente los élitros.

Incapaz de volar, pero adaptado a la carrera, gracias a sus largas y finas patas, este escarabajo se alimenta de miriápodos, babosas y gusanos.

Barrenillo tipógrafo

Ips typographus
Ips: en griego, gusano que se alimenta de madera; *typographus:* tipógrafo.

- **Descripción:** Se trata de un pequeño coleóptero (4-5 mm) de color oscuro, con la cabeza hundida en el tórax y más o menos erizado de pelos.
- **Biología y comportamiento:** Vive en galerías que construye dentro de árboles caídos o debilitados. Cada galería está formada por un orificio de entrada, galerías de puesta y orificios de aireación. Una vez introducidos bajo la corteza, los machos estridulan para atraer a las hembras. Éstas son las encargadas de horadar las galerías de puesta. La larva, a su vez, practica una pequeña galería perpendicular a la principal que irá agrandando progresivamente según crezca, de ahí su forma ensanchada.
- **Características particulares:** Una parte de los criterios de identificación de los escolítidos se basa en las crenulaciones de la punta de los élitros y en la estructura de las galerías.

La enfermedad holandesa del olmo

Desde 1970 se asiste a un desarrollo espectacular del debilitamiento del olmo debido a una afección provocada por el hongo patógeno *Ceratocystis ulmi.* Esta afección, conocida como enfermedad holandesa, afecta a árboles de todas las edades salvo a aquellos de menos de diez años. Este hongo obstruye los vasos de la madera e impide que el agua llegue hasta las hojas, provocando su marchitamiento y la muerte posterior del árbol. Pero ¿cómo el ataque de un hongo sobre un árbol puede llegar a extenderse por todo el país? A través de dos pequeños coleópteros: el barrenillo grande del olmo *(Scolytus scolytus)* y el barrenillo pequeño del olmo *(Scolytus multistriatus)*. Estos escolítidos transportan las esporas de hongos a los árboles sanos en primavera y al final del verano. Atraídos por los olmos infestados, se dirigen hacia la base de las ramas y penetran bajo la corteza para excavar una galería y realizar en ella su puesta. Las larvas devoran la corteza hasta su transformación en ninfa y los imagos serán los encargados de transportar las esporas hasta otros árboles.

LAS ZONAS HÚMEDAS

Los insectos no sólo han colonizado los medios terrestres. Las aguas vivas y las aguas estancadas, pantanos, ríos y estanques, son otros medios a los que los insectos han sabido adaptarse.

Desde que nace hasta que muere, un río cambia de estructura y de textura debido a factores físicos, químicos y biológicos. Entre el torrente de montaña y la confluencia de un río, hay diversos aspectos que varían considerablemente: la corriente y el caudal de agua, la temperatura, el oxígeno, la luz, la calidad físico-química del agua y el microplancton. Cuando este río atraviesa una pradera, un campo de cultivo, un bosque o una población, integra a su vez las características de cada uno de los sistemas que atraviesa (cal, sílice, contaminaciones diversas). Los principales órdenes que caracterizan este ecosistema son: las perlas, las frigáneas, las efémeras y las libélulas, así como dípteros (simúlidos, quironómidos, psicódidos), homópteros, coleópteros acuáticos (Elmidae, Helodidae, Hydraenidae) y megalópteros (*Sialis*).

También las aguas estancadas están sometidas a diversos factores físicos y químicos que condicionan la presencia de las especies de insectos: temperatura, acidez, alcalinidad, radiación solar, naturaleza del sustrato, salinidad y materias nutritivas disueltas que forman parte de la dieta alimenticia de los invertebrados acuáticos... Los lagos y estanques, grandes reservorios de agua dulce, se caracterizan por tener una zona profunda privada de luz, donde no es posible el desarrollo de la vegetación, y una zona marginal, más favorable para este desarrollo. La acción térmica del sol puede faltar en el fondo de algunos lagos demasiado profundos. Las charcas son pequeñas extensiones de agua, de poca profundidad, que sí se benefician de la acción del sol. Las turberas y pantanos formados tras

La turbera, la pradera húmeda y el lago albergan una entomofauna especializada.

El río es el territorio por excelencia de las perlas, frigáneas y efémeras.

la colmatación, por la vegetación, de un lago de montaña o un valle, generan unos tipos de hábitats muy diferentes, pero que resultan ideales para el desarrollo de numerosas especies de insectos. En las turberas ácidas de montaña, donde los esfagnos son a veces los únicos vegetales existentes, se han desarrollado diversas especies de insectos, como zapateros de los esfagnos, algunos odonatos, como la cordulia ártica o la libélula *Aeschna cyanea,* pequeños díticos (*Hydroporus longicornis* y *melanocephalus*) y dípteros dolicopódidos (*Hydrophorus nebulosus*). Como consecuencia del gran desarrollo agrícola, los bosquecillos y praderas han sufrido una fuerte regresión siendo sustituidos por cultivos de todo tipo. Muchas zonas húmedas, no aptas para el cultivo, han sido acondicionadas como estanques para pesca o caza, incluso como zonas recreativas. Los insectos menos especializados han ido abandonando sus antiguos hábitats colonizando poco a poco las zonas húmedas de los valles que han pasado a convertirse en los oasis de estos grandes espacios abiertos. Otros insectos, aunque no se reproducen en estos medios, sí acuden a ellos en busca de alimento. Las zonas húmedas han pasado a ser focos de poblaciones de insectos muy diversificadas, donde el medio acuático y el terrestre están completamente colonizados por animales terrestres, anfibios y acuáticos.

El «gusano del fango» es la larva de un díptero quironómido.

EL NENÚFAR BLANCO: UN VEGETAL COLONIZADO POR DIVERSOS INSECTOS FITÓFAGOS

Este nenúfar constituye un verdadero refugio para numerosos insectos. Sobre las hojas emergidas podemos encontrar una chinche (*Macrosteles*), un díptero (*Hydromyza*), una larva minadora y un crisomélido (*Galerucella nymphaeae*). También el tallo es del agrado de dos microlepidópteros (*Paraponyx* y *Nymphula*), mientras que en las flores podemos ver al díptero *Notiphila* y en el rizoma a las larvas del crisomélido *Donacia crassipes.* La hoja es el territorio de dos libélulas: *Erythromma najas* y *Leucorrhinia caudalis.* Estos fitófagos conviven con dos chinches predadoras: *Gerris argentatus* y *Mesovelia furcata.*

Libélula azul

Calopteryx virgo
Calo: bella; *pteryx:* ala; *virgo:* virgen.

La hembra deposita sus huevos sobre las plantas.

- **Descripción:** Esta libélula mide 50 mm de longitud y las alas son de color azul verdoso metálico en el macho, mientras que en la hembra son de color pardo con una mancha blanca. El cuerpo es verde metálico, con las patas negras y provistas de largas sedas rígidas.
- **Biología y comportamiento:** La cópula en las libélulas es particularmente acrobática, ya que, contrariamente a otros insectos, el orificio genital del macho no se encuentra a la altura de las piezas copuladoras y la hembra se ve obligada a contorsionarse para poder unirse a él.
- **Características particulares:** El género *Calopteryx* es uno de los representantes más antiguos de los odonatos. Este orden se divide en anisópteros, que son los que mantienen las alas extendidas en reposo, como *Aeschnia,* y en zigópteros, que son los que repliegan sus alas sobre el cuerpo, como es el caso de *Calopteryx.*

Velia

Velia caprai
Velia: vela; *capr:* especie de pez.

- **Descripción:** Este insecto apenas sobrepasa los 8 mm de longitud. De aspecto grisáceo, tiene el abdomen de color amarillo claro y las alas presentan puntos blancos. Cada especie presenta formas macrópteras, braquípteras y ápteras.
- **Biología y comportamiento:** Estos insectos se desplazan sobre el agua del mismo modo que los zapateros, aunque sus patas son mucho más cortas. Se alimentan de los insectos que caen a la superficie del agua. Se ocultan en las zonas apartadas de los ríos, formando pequeños grupos de varios individuos pero sin llegar a crear colonias. Cuando cazan son arrastrados por la corriente río arriba pero regresan al mismo punto, cerca de la orilla.
- **Características particulares:** Debido a la gran sensibilidad de sus patas, este insecto es capaz de detectar las menores vibraciones que produce un insecto al caer o al debatirse en la superficie del agua.

Las manchas de la velia están formadas por pelos sedosos que despiden reflejos al darles la luz.

Perla

Perla maxima
Perla: término asignado por Geoffroy en 1764; *maxima:* grande.

• **Descripción:** Es la mayor de las especies de perlas. Su cuerpo es blando y sus alas, que mantiene recogidas en reposo, son de color gris parduzco, con una densa nerviación. Las larvas poseen dos cercos en el abdomen.
• **Biología y comportamiento:** Poco ágiles, las perlas no suelen alejarse mucho de su hábitat, por lo que constituyen buenos indicadores biológicos. Durante el día, los imagos permanecen inmóviles sobre las piedras y los troncos de los árboles. Su corta vida se limita a la cópula, que tiene lugar en tierra. La hembra pone los huevos y los aglutina sobre su cuerpo antes de alcanzar el medio acuático.
• **Características particulares:** Los imagos no se alimentan. Las perlas viven principalmente en aguas con fuerte corriente de ríos y torrentes de montaña. Algunas especies, sin embargo, viven en la llanura.

Moscas de mayo, efémeras

Epeorus sp.

• **Descripción:** De pequeño tamaño (apenas sobrepasan los 25 mm), las moscas de mayo son insectos frágiles que poseen cuatro alas transparentes reticuladas y tres cercos característicos sobre el abdomen, tanto en el imago como en la larva. *Epeorus* es un caso raro de efémera que sólo tiene dos cercos. Las branquias son siempre abdominales y son particularmente útiles para la determinación.
• **Biología y comportamiento:** La cópula se inicia en pleno vuelo y finaliza en el suelo. La hembra deposita sus huevos de uno en uno volando por encima del agua. La fase larvaria dura entre uno y varios años y da lugar a un subimago, caso único entre los insectos, que deberá sufrir una última muda antes de dar el insecto perfecto. Los medios colonizados por las efémeras son las aguas estancadas y los ríos.
• **Características particulares:** Las eclosiones masivas de *Polymitarcis,* a mediados de julio, pueden llegar a cubrir el suelo cerca de algunos ríos alcanzando varios centímetros de espesor.

En Europa se conocen cerca de cincuenta especies de efémeras.

Escorpión de agua

Nepa cinerea
Nepa: escorpión; *cinerea:* ceniciento.

Las patas anteriores del escorpión de agua están adaptadas a la captura de presas, mientras que sus piezas bucales están transformadas en un poderoso rostro picador-succionador.

- **Descripción:** El escorpión de agua es una chinche de cuerpo muy aplastado y color gris pardo, que mide entre 17 y 22 mm y llama la atención por la forma especial de sus patas anteriores. La nerviación de la base de las alas inferiores y la parte superior del abdomen son de color rojo anaranjado. En su extremo abdominal presenta un órgano especial, un sifón respiratorio. Como todas las chinches, tiene un rostro corto y recurvado con el que puede infligir una violenta picadura cuyo efecto no dura mucho.
- **Biología y comportamiento:** Este insecto vive en aguas estancadas, en charcas y zanjas con abundante vegetación y suelo fangoso. Nunca se aleja de la superficie del agua. Tras el acoplamiento, que tiene lugar en primavera, la hembra deposita su puesta en la parte sumergida de las plantas. Sus huevos tienen la particularidad de presentar en el extremo siete apéndices respiratorios que están en contacto con la capa de aire más cercana. Los imagos aparecen en agosto, tras haber sufrido cinco mudas. Las larvas y los imagos se alimentan de pequeños invertebrados. Esta especie, que sólo produce una generación anual, puede llegar a ser abundante en algunas épocas del año.
- **Características particulares:** El sifón es un tubo respiratorio que sustituye a los estigmas torácicos y abdominales, los cuales han dejado de ser funcionales. El escorpión de agua posee bajo el abdomen dos conductos cubiertos de pelos hidrófobos que transportan el aire hasta las primeras tráqueas abdominales. Como el dítico, el escorpión de agua utiliza el aire gaseoso de la atmósfera. Sus inmersiones suelen durar poco tiempo y el animal renueva con frecuencia su provisión de aire.

Sialis, mosca del fango

Sialis lutaria
Sialis: nombre de un pájaro; *lutaria:* que vive en el fango.

• **Descripción:** El sialis mide entre 12 y 15 mm y puede alcanzar una envergadura de hasta 26 mm. Sus alas, de color grisáceo, suelen estar replegadas sobre el abdomen y presentan una compleja nerviación. Las antenas son largas y el cuerpo negro y velludo.
• **Biología y comportamiento:** La hembra deposita los huevos en masa (entre 500 y 2.000) sobre los árboles y las cañas. Las pequeñas larvas caen al agua y nadan hasta la primera muda. Más tarde, bajan al fondo, hasta 12 metros de profundidad, donde se alimentan de larvas. Durante el primer año efectúa siete mudas y al llegar el invierno se introduce profundamente en el suelo y entra en estado de diapausa. Al año siguiente, efectúa otras tres mudas antes de desplazarse hasta la tierra blanda de la orilla para transformarse en ninfa. Los imagos hacen su aparición en abril.
• **Características particulares:** Los siálidos son los únicos representantes del orden de los megalópteros en Europa.

Esfinge ocelada

Smerinthus ocellata
Smerinth: cuerdecilla; *ocellata:* ocelado.

• **Descripción:** La esfinge ocelada mide entre 7 y 9 mm de envergadura. Las alas anteriores y el abdomen son abigarrados, de color rosa verdoso. Las alas posteriores son de color rosa rojizo, con un amplio margen amarillo y un ocelo azulado con el reborde negro.
• **Biología y comportamiento:** La esfinge ocelada es una especie bastante frecuente en las charcas rodeadas de arbolado. La hembra deposita sus huevos (entre 150 y 200) sobre el envés de las hojas del sauce o del álamo, del abedul y también del manzano. Las orugas, que aparecen al cabo de cuatro a seis semanas, se confunden con el follaje, ya que son verdosas y con líneas blancas. La crisálida se desarrolla durante el invierno y la mariposa hace su aparición en la primavera siguiente.
• **Características particulares:** En reposo, la esfinge ocelada mantiene sus alas entreabiertas y en posición horizontal, con el extremo del abdomen levantado. Se caracteriza por la atrofia de su trompa.

Libélula emperador

Anax imperator
Anax: jefe; *imperator:* emperador.

• **Descripción:** Es una de las mayores libélulas que viven en Europa. Su identificación resulta bastante sencilla: el macho mide entre 76 y 84 mm de longitud (de 12 a 13 cm de envergadura) y en la madurez, su tórax verde se vuelve azul intenso, con una banda central negra que dibuja un motivo característico. La hembra, ligeramente más pequeña, es verdosa y está dotada de ovopositor.

• **Biología y comportamiento:** Esta especie es generalmente la primera en establecerse sobre lagunas, charcas y pequeños estanques de jardín. Las larvas, de gran tamaño, son fácilmente reconocibles (abajo, a la izquierda) y tanto ellas, como los insectos adultos, son temibles carnívoros que cazan al acecho. Las primeras se alimentan de alevines, renacuajos, larvas de insectos y otros invertebrados, mientras que la dieta alimenticia de los adultos se compone de pequeñas moscas, saltamontes, mariposas y otras libélulas más pequeñas. Los machos, más llamativos, marcan su territorio y lo defienden contra cualquier intruso; durante el verano incluso se puede escuchar el ruido que producen sus alas en los combates que entablan sobre la superficie de los estanques. Las hembras son más discretas y depositan los huevos en los tallos de las plantas anfibias (potamogeton, nenúfares, miriófilos). Las larvas aparecen al cabo de tres a seis semanas y el ciclo completo se efectúa en uno o dos años.

• **Características particulares:** Las larvas de las libélulas carecen de estigmas respiratorios. El sistema de tráquea termina fuera del agua en unas expansiones filamentosas: las traqueobranquias, cuyas membranas captan el oxígeno disuelto en el agua. Este oxígeno, ya en estado gaseoso, es distribuido por todo el cuerpo por el sistema de tráqueas.

Donacias

Donacia sp.
Donax: caña.

Las donacias son crisomélidos con una forma característica que recuerda a los cerambícidos.

• **Descripción:** Su cuerpo, oblongo y deprimido, suele ser de color metálico y liso sobre el dorso. Por debajo, sin embargo, está revestido de una pubescencia hidrófoba. Los élitros son puntuados y presentan vivos colores (verde, rojizo, gris azulado). Los fémures son abultados y, según las especies, presentan entre uno y cuatro dientes. En todas las donacias, el primer segmento abdominal cubre la mitad de la segmentación del abdomen.

• **Biología y comportamiento:** El periodo de puesta dura unos quince días. La hembra fecundada en primavera deposita sobre las raíces gruesas de las plantas entre 40 y 50 huevos que envuelve en una sustancia gelatinosa. Tras diez a veinte días de incubación, aparecen las larvas, que buscan con avidez las raicillas. Estas larvas miden entre 11 y 13 mm de longitud y son redondas, con la cabeza retráctil, tres pares de patas y dos uñas sobre el penúltimo segmento abdominal que le sirven para caminar. Además, son capaces de bombear el oxígeno de las plantas por medio de dos estiletes situados sobre el abdomen. Para la fase pupal construyen sobre las raíces un capullo relleno de aire, negro por fuera y blanco por dentro, del que emergerá la ninfa y después el imago tras veinte a veinticinco días. Estos animales viven sobre diversas plantas acuáticas: lirios, carrizos, nenúfares, espadañas, meniantos, sagitarias y juncos.

• **Características particulares:** La identificación de estos insectos no siempre resulta fácil. Su cuerpo contiene una sustancia ácida que oxida los alfileres entomológicos y los cubre de cardenillo.

Zapatero

Gerris sp.
Gerres: pececillo.

• **Descripción:** Esta chinche, vulgarmente llamada zapatero, posee unas patas largas y filiformes que le confieren un aspecto muy similar al de una araña. Su cuerpo es alargado y grisáceo, con la cabeza cónica, y los ojos están en contacto con el protórax. Mide entre 8 y 18 mm, según las especies, y sus antenas tienen cuatro artejos. Se desplazan torpemente en tierra firme, pero en el agua son excelentes patinadores. Su primer par de patas es muy corto y le sirve para agarrarse o asir a sus presas, mientras que los tarsos de los otros dos pares de patas constituyen sus principales puntos de apoyo y ayudan a que el cuerpo flote.

• **Biología y comportamiento:** Los huevos son depositados sobre las piedras o las plantas flotantes. Una vez fuera del huevo, las jóvenes larvas se agrupan en torno a los padres para formar importantes colonias en zonas apartadas de ríos y arroyos. Cuando se sienten amenazados, tanto los adultos como las larvas huyen en todas direcciones e incluso llegan a saltar.

• **Características particulares:** Pocos son los insectos que, como el zapatero común, son capaces de deslizarse sobre la superficie del agua. La unión de las moléculas de agua crea una tensión superficial que reacciona de diferente forma según el objeto. Si éste se moja o es hidrófilo, la película se rompe, el objeto es engullido y la película se forma de nuevo. Si, por el contrario, el objeto no se moja o es hidrófobo, la película resiste y el objeto permanece sobre la superficie si el peso no es excesivo. En los zapateros, los artejos de los tarsos contienen pelos hidrófobos que segregan una sustancia capaz de repeler las moléculas de agua. Las uñas hidrófilas situadas sobre el quinto artejo están situadas en un refuerzo y no en su extremo, con el fin de evitar romper la superficie.

Los zapateros son capaces de detectar la presencia de una presa en el agua por las ondas que se propagan en su superficie.

Escarabajo buceador

Dytiscus marginalis
Dytiscus: buceador; *marginalis:* orlado, ribeteado.

• **Descripción:** Es uno de los mayores coleópteros de agua dulce de Europa, llegando a alcanzar hasta 35 mm de longitud. Su cuerpo es robusto, más ancho en la parte media de los élitros, y de color verde oscuro con reflejos plomizos. Los bordes de los élitros y del coselete son amarillos. Los élitros de las hembras presentan unas profundas estrías en dos tercios de su longitud, mientras que los de los machos son lisos. Los tarsos de estos últimos presentan discos provistos de ventosas que utilizan durante el apareamiento para sujetar a la hembra. Los tarsos posteriores poseen largos pelos que aumentan la superficie natatoria. El escarabajo buceador está además dotado para el vuelo.

• **Biología y comportamiento:** No es raro verlos en primavera, en las aguas claras de los bancos de hierbas, cazando pequeños animales acuáticos, o incluso observar a la hembra depositar sus huevos en las plantas acuáticas. Las larvas aparecen tras diez días de incubación y son tan depredadoras como las larvas de libélula, alimentándose de gusanos, larvas de tritones, renacuajos, pequeños peces y otros invertebrados de pequeño tamaño. Tras efectuar tres o cuatro mudas, la larva abandona el medio acuático y se desplaza a tierra firme, a un lugar arenoso, para transformarse en ninfa. Ésta permanece todo el invierno en una pequeña cámara antes de convertirse en imago, el cual tardará unos ocho días en estar preparado para volar.

• **Características particulares:** El escarabajo buceador adulto no es realmente un insecto acuático, ya que es incapaz de absorber el oxígeno disuelto en el agua. En realidad, lo que posee es un reservorio de oxígeno gaseoso bajo los élitros. Sin las numerosas salidas que realiza a la superficie para renovar el aire, se ahogaría.

Las larvas de escarabajo buceador y de libélulas ocasionan numerosas pérdidas de alevines en las piscifactorías.

Macuba o mosca de olor

Aromia moschata
Aromia: con escudo; *moschata:* almizclada.

• **Descripción:** Este escarabajo de talla media (entre 15 y 35 mm) es bastante fácil de reconocer por sus élitros, de color verde con reflejos cobrizos, sus largas antenas proyectadas hacia delante y sus fémures y parte inferior del cuerpo de color azul. El macho posee un fuerte olor característico.

• **Biología y comportamiento:** La larva excava unas galerías irregulares en las ramas o en los tocones de mimbreras o sauces, y coloniza a veces álamos y alisos. Cuando hay tormenta, los imagos corretean sobre la corteza de los sauces. Con tiempo lluvioso, se entierran en el humus de los sauces ya viejos, permaneciendo inmóviles y con las antenas replegadas a lo largo del cuerpo. Sin embargo, cuando hace bueno, buscan activamente el néctar de las flores de umbelíferas y rosáceas (Spiraea), así como la savia que se derrama sobre las ramas de arces y abedules. Por lo general, se observan en prados húmedos, orillas de los ríos y pantanos en los que crecen abundantes sauces.

• **Características particulares:** La sustancia emitida por las glándulas de los machos es una transformación química del ácido salicílico contenido en la madera de las salicáceas y de ciertas rosáceas, por ejemplo, la reina de los prados.

La mosca de olor no admite confusión con ningún otro longicornio.

Caballito del diablo

Pyrrhosoma nymphula
Pyrrho: fuego; *soma:* cuerpo; *nymphula:* pequeña ninfa.

- **Descripción:** Esta especie pertenece a la familia Coenagrionidae, que agrupa a todas las libélulas con las siguientes características: cuerpo desprovisto de reflejos metálicos y alas hialinas pedunculadas, replegadas en reposo paralelamente al eje del cuerpo. Esta libélula tiene el cuerpo rojo, las patas negras, una cabeza negra y peluda y un tórax negro con dos líneas rojas sobre el dorso. De esta familia, es la única especie de cuerpo rojo de nuestra fauna del oeste europeo.
- **Biología y comportamiento:** Las larvas se desarrollan en las aguas mansas de ríos, estanques y pantanos. En la vegetación de las orillas cazan pequeños invertebrados de todo tipo. Los imagos permanecen cerca de los hábitats larvarios.
- **Características particulares:** Los Coenagrionidae depositan sus huevos en los tallos de las plantas. Su originalidad radica en el hecho de que la hembra desciende a lo largo de la parte emergida de la planta, traspasa la superficie del agua y continúa su progresión hacia la base sumergida. La puesta puede durar más de cuarenta y cinco minutos. Esto quiere decir que la libélula, que no está preparada para respirar el aire disuelto, es capaz de mantenerse en apnea.
Las larvas de libélula tienen una particularidad morfológica adaptada a la prensión. El labio inferior, o labium, posee tres piezas articuladas cuyos palpos labiales terminales están modificados como uñas móviles (el dispositivo completo se llama «máscara»). Cuando el animal intenta coger a su presa, despliega rápidamente su máscara como si fuese la lengua de un camaleón. Este mecanismo se basa en una contracción brusca de los músculos abdominales que permite un aumento de la presión sanguínea y, por tanto, el despliegue del labium.

La hembra de esta especie de libélula, una de las más abundantes de Europa, arrastra al macho bajo el agua durante todo el tiempo que dura la puesta.

LAS DUNAS Y EL LITORAL

Un complejo de dunas no sólo se puede dar en la zona litoral de los mares y océanos, sino también en la zona continental (afloramiento de capas arenosas, orillas de grandes ríos). Las condiciones físicas comunes son la sequía, el calor y la movilidad del suelo. En el litoral, el recubrimiento por plantas adaptadas de largos rizomas, como el carrizo y distintas gramíneas, aseguran la fijación de la arena. Desde la playa hacia el interior, los insectos se organizan según las condiciones del medio y el grado de salinidad. Los objetos abandonados en las playas son rápidamente colonizados por algunos insectos: los restos en descomposición de las zonas dejadas al descubierto por la bajamar suelen atraer a numerosas moscas estrifosomas y de la familia Coelopidae, así como a diversos coleópteros: estafilínidos, tenebriónidos (*Phalaria, Aegialia*) y carábidos (*Eurynebria complanata*). Las maderas flotantes son también microhábitats apreciados por todas esas especies que se protegen del calor durante el día. Las cicindelas, las libélulas y la mosca-asilo (*asílidos*) acostumbran a buscar sus presas entre la zona intermareal y la duna, lo que se llama duna blanca o duna embrionaria. En esta franja de tierra, en la que aún son importantes las salpicaduras de las olas, se des-

La duna blanca alberga una flora y una fauna características.

arrollan algunas plantas con flores que atraen a los insectos de la zona, como dípteros, avispas y la especie *Psylliodes mascida.* Dos noctuas (*Hyphilare littoralis* y *Arenostola elymi*) se desarrollan sobre *Elymus arenarius.*

En la zona intermareal abundan algunas especies de moscas (efédridos y coelópidos).

Esta zona marginal de la duna está sometida a la acción del viento y a una fuerte oscilación térmica entre el día y la noche, con una vegetación reducida a unas pocas matas de gramíneas. Estas plantas asociadas (plantas psamófilas) se propagan extensamente mediante rizomas; sobre ellas encontramos insectos como: *Bembix, Ammophila, Philopedon, Broscus, Phaleria, Labidura riparia, Brachypelta atterima, Pachytelia villosella* y las larvas de abejorro. Sobre la remolacha marítima (silvestre) vive también un gorgojo (*Cleonus fasciatus*). La duna fija, mucho más protegida, ocupa una superficie mayor y se conoce como duna gris por la coloración que presenta la arena como resultado de la descomposición de la cobertera vegetal. La vegetación que la caracteriza comprende matas de espino amarillo, hierba, praderas secas y arbolado. La hierba sufre en verano una fuerte desecación, pero con las primeras lluvias del otoño recupera su color verde gracias al musgo. Esta zona está colonizada por diversos coleópteros, como carábidos y otros emparentados con el «gusano de la harina» (*Phyllan, Melanimon*), así como por la especie de langosta *Oedipoda caerulescens*. En los refugios arbustivos de espino amarillo, por ejemplo, se desarrollan elatéridos, *Nebria*... y en las zonas de arbolado: geométridos, noctuas, notodóntidos y la hormiga león (*Myrmeleon formicarius*). A veces, la duna gris aparece interrumpida por importantes depresiones en las que se alcanza el nivel freático; en estas aguas salobres se desarrollan algunas especies características del grupo de los carábidos y especies como *Nebria salina* y *Agonum marginatum*.

Contrariamente a la zona de la playa y de la duna blanca, que acogen especies muy especializadas, la duna gris es un hábitat que agrupa numerosas especies procedentes del ámbito continental. Además, puede convertirse en un refugio alternativo para insectos termófilos que han perdido sus hábitats pero que tienen capacidad para instalarse en otro lugar.

Esfinge del euforbio

Deilephila euphorbiae
Deile: crepúsculo; *phila:* amante de; *euphorbiae:* euforbio.

• **Descripción:** Mariposa de hábitos crepusculares, mide entre 70 y 80 mm de envergadura. Las alas anteriores son de color amarillo claro y gris oscuro, mientras que las alas posteriores presentan una franja rojiza. Las orugas son muy vistosas, puntuadas de blanco y con líneas rojas sobre un fondo negro. Las antenas son blanquecinas.
• **Biología y comportamiento:** La hembra deposita sus huevos separadamente sobre las hojas del euforbio y de la mercurial, en los bordes de los campos o sobre terrenos arenosos termófilos secos, tanto en la llanura como en la montaña. Las orugas se metamorfosean en el suelo, bajo el musgo, dentro de una envuelta que tejen ellas mismas.
• **Características particulares:** Los esfíngidos se caracterizan porque sus alas dibujan la forma de un delta cuando están en reposo. Las orugas están provistas de un cuerno en posición dorsal en el extremo del abdomen.

Cicindela marítima

Cicindela maritima
Cicindela: del latín, *candere:* brillar; *maritima:* del mar.

• **Descripción:** Mide entre 10 y 15 mm y sus élitros son de color bronce, con reflejos púrpuras o verdosos y una mancha amarillenta en forma de gancho. La cabeza sobresale ampliamente del cuerpo y está dotada de largas mandíbulas con dientes finos y afilados. Las patas son largas y finas, con numerosas espinas.
• **Biología y comportamiento:** A la menor señal de peligro, las cicindelas salen volando rápidamente para posarse unos metros más allá. Las larvas son carnívoras, como los imagos, y se mantienen al acecho en galerías verticales de las que sólo sobresalen sus mandíbulas. La hembra es sujetada por el macho durante la cópula, manteniéndose en esta posición durante toda la puesta.
• **Características particulares:** En la zona litoral podemos encontrar este insecto sobre la playa y en la duna blanca, en lugares cálidos y soleados.

Abejorro batanero

Polyphylla fullo
Poly: varios; *phylla:* hoja (por alusión a las antenas del macho); *fullo:* batanero.

• **Descripción:** Mide entre 32 y 40 mm. Sus élitros son negros y están cubiertos de pequeñas escamas y pelos blancos. La parte inferior del abdomen está recubierta de una densa y larga pilosidad.
• **Biología y comportamiento:** Esta especie vive en distintos nichos ecológicos, según la fase de su desarrollo biológico. La larva se desarrolla en las raíces de los carrizos que ocupan la duna blanca, mientras que el imago se alimenta de las acículas de pino que tapizan la duna gris. En las horas del crepúsculo, los adultos se muestran muy activos y se desplazan volando hasta los carrizos de la duna blanca.
• **Características particulares:** Este carábido produce durante el crepúsculo una fuerte estridulación. Coloniza las arenas del litoral, las zonas arenosas de los ríos y también se puede observar en los pinares de montaña.

Avispa excavadora

Bembix rostrata
Bembic: torbellino; *rostrata:* rostro.

• **Descripción:** Este insecto, de 15 a 25 mm de longitud, se asemeja a una enorme avispa gris verdosa, con un gran rostro amarillo. Los fémures son negros y las tibias y tarsos amarillos. Estos últimos están provistos de largos pelos que aumentan su superficie y forman una especie de pala con la que excava el terreno. Su aguijón está poco desarrollado.
• **Biología y comportamiento:** El nido, excavado en arena blanda con una sorprendente rapidez, mide unos diez centímetros y no es recto, sino ligeramente inclinado. Gran depredador, esta avispa paraliza a sus presas, que suelen ser moscas, y las ofrece a su progenie. Se calcula que cada larva precisa de unas cincuenta presas.
• **Características particulares:** Se desarrolla en dunas o graveras abandonadas expuestas al sol. Sus poblaciones podrían sufrir una regresión si las dunas continentales siguen desapareciendo al ritmo actual.

PRADERAS, PRADOS Y SETOS

La pradera puede definirse como una formación vegetal herbácea y densa, bastante alta, con un desarrollo completo, cuyo dinamismo natural hacia un estadio arbóreo se ve frenado por la práctica regular de la siega y los pastos. Es el resultado de roturar los campos, pero tiende a formar un bosque si el hombre abandona las prácticas de cultivo. Se caracteriza por el predominio de plantas herbáceas, principalmente gramíneas. Las praderas alpinas, situadas por encima del límite forestal, suelen ser superficies naturales cubiertas de hierba que se sitúan a cierta altitud y se emplean como pastos, ya que están recubiertas de nieve durante la mitad del año. Las praderas situadas bajo el límite de los árboles son de interés agrícola: las más altas, de relieves accidentados, se emplean exclusivamente para pastos, mientras que las situadas a menor altitud se explotan para el heno, camas de animales y pastos. La altitud, el tipo de rocas y la exposición solar son los factores que van a condicionar la vegetación, hasta el punto de modificar también las poblaciones de insectos. A gran altitud, algunos cárabos especializados comparten el espacio con dípteros limónidos, tipú-

La alternancia de prados y setos constituye un sistema ecológico con una enorme diversidad biológica en la que la actividad agrícola juega un importante papel.

Las praderas son las principales fuentes de néctar y polen de los insectos antófilos.

lidos braquípteros o mecópteros boreus, que viven bajo la nieve. En altitudes medias, independientemente del tipo de pradera, dominan los siguientes grupos zoológicos: coleópteros, colémbolos, dípteros, homópteros (cicadelas y pulgones) e himenópteros (abejas y abejorros). A continuación se sitúan los heterópteros (chinches), las mariposas y los ortópteros. Podemos distinguir entre los insectos polinizadores, los consumidores de néctar y polen, los fitófagos (elatéridos, gorgojos, crisomelas y tentredos), succionadores (pulgones), necrófagos e insectos predadores (moscas y microhimenópteros). Entre la primavera y el otoño, la pradera evoluciona y las floraciones cambian también, proporcionando distintos alimentos a los insectos según la época del año.

En las superficies cubiertas con césped se desarrollan vegetales de pequeño tamaño de origen natural. Suele encontrarse a cierta altitud, sobre las rocas graníticas o calcáreas. Las mesetas, taludes y planicies calcáreas ofrecen las condiciones idóneas para distintos tipos de césped de estructura abierta. Los factores comunes son el calor y la sequía, a los que se adaptan las especies termófilas como los himenópteros *Bembix*, las mariposas y los asílidos.

Cuando las praderas se anegan, forman los pantanos, las ciénagas y las zonas de turbera. Estos hábitats condicionan la aparición de poblaciones que optan por estos medios pudiéndose desarrollar en otros, así como otras poblaciones, sumamente especializadas que sólo pueden alcanzar su desarrollo completo en estos biotopos y únicamente en ellos.

Los setos son formaciones de árboles, arbolillos o arbustos, de crecimiento libre o sometidos a poda, de altura diversa, que se emplean en los cercados y que dan en primavera unas floraciones espectaculares, sumamente atrayentes para los insectos polinizadores: abejas, abejorros, moscas... El seto agrupa, pues, tanto especies forestales (longicornios, cetonias) como especies frugívoras y granívoras.

Abeja melífera

Apis mellifera
Apis: abeja, en latín; *mellifera:* que lleva miel.

• **Descripción:** La abeja es de color marrón, con una pilosidad amarilla sobre el tórax y el abdomen. La reina (entre 15 y 18 mm) es ligeramente más grande que la obrera (entre 11 y 13 mm) y el macho (entre 13 y 16 mm), que parece, sin embargo, más fuerte con los ojos contiguos sobre lo alto de la cabeza.

• **Biología y comportamiento:** Posee cuatro alas membranosas unidas por un yugo, por lo que parecen una sola ala. Por esto se confunden a veces las moscas peludas y las abejas. La abeja vive en sociedades de unos 80.000 individuos, con una sola reina, algunos machos (zánganos) y numerosas obreras. Cada uno tiene su función: las obreras construyen el nido, lo limpian, cuidan de las larvas y almacenan el néctar y el polen; los zánganos sólo están presentes en primavera y en verano, periodo en el que fecundan a la reina. La reina pone los huevos, depositando uno en cada celda: la celdilla pequeña corresponde a las obreras, la mediana a los machos y la grande corresponde a las futuras reinas. Cuando estas últimas están próximas a eclosionar, expulsan a la antigua reina de la colmena junto con una parte de las obreras.

• **Características particulares:** Una abeja puede recorrer entre 4 y 5 km a una velocidad de 30 km/h batiendo las alas a una frecuencia de 200 veces por segundo. La obrera se ve a veces obligada a combatir con sus congéneres o con otros insectos. Para defenderse dispone de un aguijón formado por dos dardos móviles que encajan el uno dentro del otro. Estos dardos presentan una especie de gruesas espinas que contienen el veneno. Una abeja que ha picado a su oponente está condenada a la muerte, ya que en su huida, estas espinas se desprenden y desgarran su abdomen.

La explotación de las abejas por el hombre se remonta a la Prehistoria.

Abejorro zapador

Bombus terrestris
Bombus: abejorro; *terrestris:* terrestre.

• **Descripción:** Los abejorros se asemejan a grandes abejas con abundante pelo. La reina mide entre 20 y 22 mm, la obrera de 10 a 17 mm y el macho entre 14 y 15 mm. El cuerpo es negro, con dos bandas de color amarillo dorado, una sobre el coselete y la otra sobre el segundo segmento del abdomen. Éste termina en un penacho de pelos blancos.

• **Biología y comportamiento:** El abejorro construye sus nidos en el suelo, especialmente en antiguos nidos de mamíferos. Una colonia puede estar formada por hasta 600 individuos. Las hembras fecundadas en otoño serán las primeras en salir durante la primavera para buscar el emplazamiento del nido.

• **Características particulares:** Los abejorros son grandes polinizadores que visitan el frambueso, la salvia, el cardo y diversos árboles frutales.

Grillo común

Gryllus campestris
Gryllus: grillo; *campestris:* de los campos.

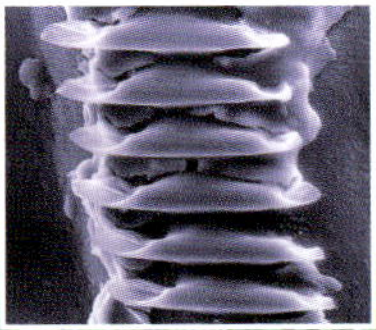

• **Descripción:** Este grillo mide entre 20 y 26 mm y es de color marrón oscuro, casi negro. Los élitros presentan una marcada nerviación, muy sinuosa, con dos grandes manchas amarillas en la base. El abdomen termina en dos cercos alargados y ciliados. La hembra está provista de un ovopositor más ancho en su extremo. Los fémures posteriores son rojos por debajo.

• **Biología y comportamiento:** Las hembras ponen sus huevos en los excrementos de caballo, las boñigas de vaca y el estiércol fresco. A partir de aquí, el desarrollo es muy rápido. Estos escarabajos colonizan todo tipo de medios, pero algunas especies prefieren las praderas húmedas o los biotopos muy secos.

• **Características particulares:** Las larvas y los imagos viven en una galería que excavan en el suelo de campos y praderas secas y soleadas. El grillo común se alimenta de gramíneas y pequeños insectos.

Escarabajo estercolero

Aphodius fimetarius
Aphodos: lugar donde hacer las necesidades; *fimetarius:* estiércol.

• **Descripción:** Se trata de pequeños escarabajos alargados, con la cabeza y el coselete negros, y los élitros rojos. Las antenas constan de nueve artejos.
• **Biología y comportamiento:** Las hembras ponen sus huevos en los excrementos de caballo, las boñigas de vaca y el estiércol fresco. El desarrollo posterior es muy rápido. Estos escarabajos colonizan todo tipo de medios pero algunas especies prefieren las praderas húmedas o los biotopos muy secos.
• **Características particulares:** Estos insectos resisten bien el frío, hasta el punto de que podemos encontrarlos en el norte de Europa y en la alta montaña. Aunque la mayoría son estrictamente coprófagos, también los hay polífagos y saprófagos. Algunas especies están ligadas a un solo tipo de excrementos, mientras que otras lo están a varios.

Cigarrilla

Cicadella viridis
Cicadella: cigarra pequeña; *viridis:* verde.

• **Descripción:** Se trata de una pequeña cigarra de unos 7 a 9 mm de longitud, de color verde, con la cabeza amarilla y unas líneas amarillentas sobre los élitros. Las antenas terminan en una larga seda. Su coloración es muy variable, conociéndose ejemplares negros.
• **Biología y comportamiento:** Estos insectos frecuentan las praderas húmedas, donde forman importantes poblaciones. Deposita sus huevos sobre las hojas de los juncos, los carrizos, chopos y olmos. Entre julio y octubre pueden verse entre la vegetación, saltando en todos los sentidos cuando se sienten en peligro.
• **Características particulares:** Los ocelos están situados sobre lo alto de la cabeza, aunque se disponen de distinta forma según las especies. La familia de los jásidos es una de las más importantes y se caracteriza por presentar numerosas espinas articuladas en el extremo de los fémures.

Ícaro

Polyommatus icarus
Poli: numerosos; *ommatis:* ojos; *icarus:* Ícaro, hijo de Dédalo.

• **Descripción:** Esta mariposa, de 12 a 18 mm de longitud, muestra dicroísmo sexual: el macho tiene las alas azules, mientras que la hembra es marrón, con una franja naranja puntuada de negro.
• **Biología y comportamiento:** Se extiende desde la llanura hasta la montaña, en campos de cultivo, caminos, praderas, linderos de bosques y, en ocasiones, jardines urbanos.

• **Características particulares:** La hembra deposita sus huevos entre las flores de las leguminosas. Las orugas jóvenes, diurnas, pueden observarse cerca de las hormigas. Entran en diapausa en cualquiera de sus estadios. La crisálida se desarrolla en la tierra. Esta especie puede dar lugar a dos o tres generaciones anuales. Las larvas sólo consumen algunas especies de leguminosas, mientras que los imagos no están tan especializados y liban el néctar de muchas especies.

Necróforo

Necrophorus sp.
Necros: enterrador; *phora:* llevar.

• **Descripción:** Son insectos de gran tamaño (entre 15 y 25 mm). Los más comunes son completamente negros, con cuatro manchas rectangulares onduladas sobre los élitros. Las antenas están formadas por 11 artejos y terminan en una maza globosa que, en algunas especies, es de color naranja.
• **Biología y comportamiento:** Los necróforos tienen un vuelo potente y son capaces de percibir el olor de un cadáver situado a más de 1 km de distancia. Tras una dura batalla entre congéneres, la pareja se une para enterrar el cadáver y reducirlo a papilla, ya que será el alimento indispensable para las futuras larvas. Necrófagos, entierran pequeños animales como reptiles y batracios.

• **Características particulares:** Los necróforos poseen dos estrías estridulantes a un lado y a otro del abdomen.

Avispa papelera

Polistes gallicus

- **Descripción:** Se trata de una de las avispas más comunes. Su cuerpo, a rayas amarillas y negras, mide entre 10 y 15 mm, reconociéndose por su último esternito amarillo.
- **Biología y comportamiento:** Estas avispas viven en pequeñas sociedades anuales y monóginas, es decir, que la capacidad reproductora recae sobre una única hembra. Ésta, fecundada en otoño, pasa el invierno en un lugar resguardado y funda una nueva colonia en primavera. La colonia está formada por la reina o hembra fundadora, hembras estériles (obreras) y, cuando el nido alcanza su tamaño definitivo, aparecen los machos y las hembras fértiles. La fundación se realiza en dos fases: una primera fase, en la que la hembra busca el lugar ideal durante un periodo de madurez fisiológica, y una segunda fase en la que tiene lugar la construcción del nido propiamente dicha. La construcción del nido comienza con la construcción del pedicelo, seguida de la base de las celdas y culminando en la elevación de las celdas. Puede darse el caso de que varias hembras sean fecundadas, pero sólo una de ellas dominará y asegurará la puesta en las celdas, mientras que las demás participarán en la construcción del nido y en la búsqueda de alimento. La evolución estacional de la colonia se establece también en dos fases: la puesta normal, de la que nacen imagos completos, y la puesta abortiva, que produce imagos anormales. Por lo general, el nido se abandona o se destruye al mismo tiempo que la puesta, es decir, al final de la temporada.
- **Características particulares:** Estos insectos, al contrario que las avispas, construyen sus nidos sin envuelta, formados por un solo radio. De forma excepcional, puede instalarse una nueva sociedad en un antiguo nido. No es raro encontrar nidos colgados de los tallos, incluso bajo cobertizos o piedras.

Los nidos de estos insectos cuelgan de los tallos de la vegetación, a unos 50 cm de altura.

Luciérnaga

Lampyris noctiluca
Lampyris: brillar, fuego; *noctiluca:* relucir de noche.

En las noches calurosas de mitad del verano se pueden observar las señales luminosas de las luciérnagas.

• **Descripción:** Las luciérnagas pertenecen al grupo de coleópteros de élitros blandos, los malacodermos. El macho (entre 11 y 13 mm) puede volar y sus élitros son de color pardo oscuro. La hembra (entre 12 y 16 mm) es parda y carece prácticamente de élitros. Su aspecto es muy semejante al de la larva, que presenta ojos más pequeños y sencillos. La hembra es más oscura y los anillos del abdomen presentan un reborde rojo. Los fotóforos del macho están situados sobre el último segmento abdominal, mientras que la hembra los lleva sobre los tres últimos segmentos (ver fotografía).
• **Biología y comportamiento:** Las larvas son carnívoras y se alimentan principalmente de caracoles, a los que inoculan un veneno y, seguidamente, los consumen a través de una digestión extra-oral. Los imagos se alimentan de néctar y suelen frecuentar las praderas y los linderos de los bosques.
• **Características particulares:** Las luciérnagas tienen la particularidad de emitir luz fría (bioluminiscencia) en las horas del crepúsculo y durante toda la noche. Para ello, están dotadas de un órgano especial, el fotóforo, situado bajo la cutícula, al final del abdomen. El sistema respiratorio de los insectos bioluminiscentes está muy desarrollado, ya que la luz fría se produce por una reacción química, en la que una sustancia luminosa es oxidada por una enzima. Durante el periodo reproductor, las luciérnagas de distinto sexo se dan cita sirviéndose de estas señales luminosas, hasta el punto de que cada especie dispone de un código propio para evitar los errores de identificación.

Coracero

Rhagonycha fulva
Rhag: fisura; *onych:* uña; fulva: rojizo.

• **Descripción:** Se trata de un pequeño coleóptero de 7 a 10 mm de longitud. Sus élitros son blandos, de color pardo o negro, y no llegan a cubrir el extremo del abdomen. Las demás especies resultan más difíciles de identificar.
• **Biología y comportamiento:** Las hembras depositan sus huevos en la superficie del suelo y realizan varias mudas antes de invernar. Las larvas, cubiertas de pelo, se metamorfosean la primavera siguiente. Los imagos viven en lugares soleados, sobre las flores de los linderos de los bosques, terrenos baldíos, praderas y jardines. Se alimentan de pequeños insectos, pulgones y polen. Al final del verano también pueden observarse sobre las flores de las umbelíferas.
• **Características particulares:** Es uno de los insectos más comunes en Europa. En la montaña lo podemos encontrar hasta a 1.300 m de altitud.

Mosca bailadora

Empis tessellata
Empino: «bebo», por su larga trampa; *tessellata:* en mosaico.

• **Descripción:** Es una mosca menuda, de 9 a 12 mm de longitud, que se reconoce fácilmente por su pequeña cabeza esférica, de color negro y dotada de gran movilidad, con grandes ojos y una trompa fina y larga. Su cuerpo es de color pardo ceniciento.
• **Biología y comportamiento:** En la familia de los empídidos, los machos ofrecen a las hembras una presa para poder aparearse con ellas.

• **Características particulares:** Las larvas son predadoras y perforan el cuerpo de sus presas antes de vaciarlas. Colonizan el suelo de las praderas y los pastos. Las larvas inviernan antes de transformarse en temibles predadoras. Los imagos capturan con ayuda de sus patas anteriores pequeñas moscas que succionan con su trompa. Suelen observarse sobre las flores, especialmente sobre el espino albar.

Mantis religiosa

Mantis religiosa
Mantis: nombre griego de una profetisa.

• **Descripción:** La mantis, o insecto de santa Teresa, es un insecto verde, volador, que se reconoce fácilmente por sus patas delanteras, dobladas de forma peculiar y provistas de temibles púas. El macho mide entre 40 y 60 mm, mientras que la hembra alcanza entre 48 y 80 mm.

• **Biología y comportamiento:** Las mantis son grandes depredadoras, siendo muy frecuente entre ellas el canibalismo. La hembra construye en septiembre entre uno y cuatro nidos con una sustancia líquida que se solidifica en contacto con el aire, y que segrega a través de unas glándulas situadas junto al aparato genital. De estos nidos, u ootecas, situados al pie de las plantas y los árboles, o sobre las piedras, nacen pequeñas larvas muy semejantes al imago.

• **Características particulares:** Una ooteca puede almacenar entre 100 y 300 huevos. Éstos permanecen en su interior durante el invierno, protegidos del frío y del calor, haciendo eclosión en primavera.

Zigena de seis manchas

Zygaena filipendula
Zygaena: terrible yugo (fuertes antenas dirigidas hacia delante); *filipendula:* planta herbácea de la familia de las rosáceas.

• **Descripción:** Las zigenas son mariposas diurnas con los extremos de las antenas abultados y terminados en gancho. La cabeza y el tórax son negros y están cubiertos de pelos. Las alas son de color azul verdoso oscuro, con reflejos dorados y seis manchas rojas sobre las alas anteriores.

• **Biología y comportamiento:** A partir de un huevo amarillo limón, depositado sobre una hoja, nace una pequeña oruga verde amarillenta con manchas negras cuadradas y pequeños tubérculos. Las orugas se alimentan de la coronilla, el trébol y la vellosilla que crecen en las praderas húmedas y en la montaña. El paso a ninfa se realiza dentro de un capullo amarillo en forma de plátano que se fija a un tallo.

• **Características particulares:** Las zigenas son insensibles a los vapores de cianuro, ya que éstos circulan por su sangre.

Escarabajo minotauro

Typhoeus typhoeus
Typheus: nombre de un gigante de la mitología griega enterrado bajo el Etna.

• **Descripción:** Completamente negro, ancho y convexo, este insecto mide entre 10 y 20 mm. Sus élitros son estriados. El macho está provisto de un corto cuerno vertical en el centro del coselete y dos largos cuernos horizontales a los lados. La hembra presenta una carena transversal y dos tubérculos. Este escarabajo pertenece a la familia Geotrupidae (*geo:* tierra; *trupe:* perforar) y es coprófago.
• **Biología y comportamiento:** En primavera se pueden observar mientras vuelan torpemente o cuando se arrastran por los caminos de campos y bosques. Los geotrúpidos constituyen un grupo cuya utilidad en la naturaleza está fuera de toda duda, ya que se encargan de enterrar en el suelo los excrementos animales y humanos. En suelos duros o arenosos excavan galerías que pueden alcanzar hasta 1 m de profundidad y resultan especialmente visibles durante el otoño, especialmente cerca de las madrigueras de conejos. Durante todo el invierno, las hembras preparan el pozo central abierto en la superficie del suelo a través de varias entradas. En primavera, los machos se reúnen con las hembras y terminan la construcción. A partir de este pozo central se construirán las galerías. Una vez terminada una galería, la hembra deposita un huevo en una pequeña cámara previamente acondicionada.
• **Características particulares:** Los geotrúpidos no confeccionan pequeñas «pelotas», sino que excavan galerías.

Saltamontes lineado

Stenobothrus lineatus
Stenos: estrecho; *botros:* hoyuelo; *lineatus:* línea.

• **Descripción:** Aunque de pequeño tamaño (entre 20 y 25 mm en el caso de la hembra), es el más grande de los saltamontes cantores. Su cuerpo es amarillo verdoso, con alas fuliginosas negruzcas y una mancha blanca. El extremo del abdomen es rojo en los machos.
• **Biología y comportamiento:** Esta especie frecuenta las praderas secas calcícolas. A finales del verano se observa en las cañas secas de las gramíneas. Las ootecas, especie de nidos de los ortópteros y las mantis, son depositadas en el suelo, sobre las raíces de las gramíneas.
• **Características particulares:** Estos insectos estridulan frotando sus fémures posteriores contra los élitros. Cada especie tiene su canto propio característico.

Saltamontes punteado

Leptophyes punctatissima
Lepto: delgado; *phyes:* trabajado; *punctatissima:* muy puntuado.

• **Descripción:** Este saltamontes alcanza entre 10 y 15 mm de longitud en el macho. La hembra, ligeramente más grande, es verde y con un fino punteado negro. El ovopositor es corto, con el borde finamente dentado. Los cercos del macho terminan en punta.

• **Biología y comportamiento:** Este insecto se adapta a todo tipo de hábitats, pero por lo general prefiere los arbustos de los linderos de los bosques, los setos y los jardines. Pasa inadvertido entre el follaje, del que podemos hacerle salir golpeando las ramas. Especie polífaga, se decanta por los rosales, los frambuesos y, más raramente, por el trébol y el diente de león.
• **Características particulares:** Originario de Europa occidental, este saltamontes ha sido introducido en muchos países a través del transporte de vegetales.

Mosca escorpión

Panorpa communis
Pan: todo; *orpa:* pata; *communis:* común.

• **Descripción:** Este insecto recibe el nombre de mosca escorpión por la terminación especial del noveno segmento del abdomen del macho, que recuerda al de los escorpiones. La cabeza se prolonga en un rostro largo y bastante ancho en cuyo extremo se sitúan todas las piezas bucales. Las antenas son largas y finas. Las alas son estrechas y con una abundante nerviación, como en todos los neurópteros. Mide entre 13 y 15 mm, y su color es negro brillante con anillos amarillos. Los tres últimos segmentos abdominales del macho son de color pardo rojizo.

• **Biología y comportamiento:** La hembra deposita sus huevos (unos 50) entre la hojarasca húmeda. De ellos salen las larvas velludas (eruciformes), que se alimentan de materia en descomposición y tardan nueve semanas en alcanzar su completo desarrollo. Las larvas de mosca escorpión se observan no lejos de los nidos de hormigas, con las que cohabitan en los huecos de la corteza, en la base de los árboles. Los imagos son carnívoros y cazan al acecho en los setos. Sus presas preferidas son todo tipo de moscas y a veces pequeñas libélulas. Al coger una mosca escorpión entre los dedos, ésta se da la vuelta e intenta morder soltando una saliva negruzca.

• **Características particulares:** Insectos de metamorfosis completa, las moscas escorpión pertenecen a un orden que agrupa pocos representantes. En Europa central se conocen seis especies que se parecen mucho y se diferencian en las piezas genitales de los machos y la nerviación de las alas.

Cetonia dorada

Cetonia aurata
Cetonia: indeterminado; *aurata:* dorado.

• **Descripción:** Se trata de un pequeño escarabajo, de color variable, aunque suele ser verde brillante, con algunas manchas blancas sobre los élitros.
• **Biología y comportamiento:** El intestino de todos los escarabajos xilófagos presenta una dilatación conocida como «cámara de fermentación» que contiene fragmentos de madera y bacterias. Estas últimas tienen la misión de descomponer la celulosa de la madera en dióxido de carbono e hidrógeno.
• **Características particulares:** La larva vive en el estiércol y en la base de los troncos podridos, como el sauce. Al final del desarrollo larvario, construye un capullo con trocitos de madera aglutinados antes de transformarse en ninfa. El adulto se puede encontrar sobre las flores de saúco, las reinas de los prados, las zarzas y los escaramujos.

Gorgojo de la avellana

Balaninus nucum
Balanos: glande; *nucum:* nuez.

• **Descripción:** Este coleóptero es un gorgojo de color pardo-rojizo, que mide entre 6 y 9 mm, y se reconoce por su rostro fino, desmesuradamente largo y curvado. Sus antenas son geniculadas.
• **Biología y comportamiento:** En los cultivos de avellanos, las gorgojos ocasionan daños considerables.
• **Características particulares:** A principios del verano, la hembra escoge una avellana aún blanda del arbusto y practica una perforación, introduciendo en su interior el huevo con ayuda del rostro. La larva profundiza en la avellana y tarda un mes en desarrollarse, realizando cuatro mudas. En otoño, el fruto cae al suelo y de él sale la larva, que se entierra en una pequeña galería y permanece en diapausa hasta la primavera siguiente. La puesta cuenta con 20 a 25 huevos por hembra.

LAS CASAS Y LAS CIUDADES

Las ciudades son el claro ejemplo de hasta qué punto el hombre puede influir sobre su ambiente para dar un verdadero ecosistema artificial. Este conjunto de hábitats, la mayoría de las veces expuestos a contaminaciones de todo tipo, ofrece ese contexto tan particular al que el hombre se ha adaptado, junto con otros animales, incluidos los insectos. No hay que olvidar que las ciudades están afectadas por el conocido efecto invernadero, hasta el punto de que muchas especies encuentran en estos medios las condiciones idóneas de temperatura para vivir y reproducirse. El clima de una ciudad es más seco, caluroso, protegido y luminoso que su periferia. Los materiales que la componen –hormigón, asfalto, baldosas– absorben más calor. La temperatura ambiente de una gran ciudad puede, en casos extremos, sobrepasar en 9 °C la temperatura en la periferia.

En los sótanos fríos y húmedos poco utilizados, podemos encontrar blaps, pececillos de plata, algunos saltamontes y, a veces, la polilla de los tapones sobre viejas botellas. Algunas partes de la casa, como la cocina o las despensas, atraen a una multitud de insectos de pequeño tamaño: gorgojos, cucarachas, pececillos de plata, polilla gris de la harina, piral de los frutos secos, numerosos tenebrios, moscas del vinagre y del queso, y hormigas. Los armarios de ropa son también presa de los insectos

Los desvanes son lugares poco frecuentados por el hombre y que, sin embargo, acogen a numerosos insectos: chinches, moscas, escarabajo taladrador de la madera (*Anobium*)...

(polillas de la ropa y de las alfombras), así como las bibliotecas (piojos de los libros, pertenecientes a la familia de los psócidos). La madera seca de los muebles atrae a la carcoma. El clima de los desvanes se aproxima al del exterior, pero con amplitudes térmicas más pronunciadas: temperaturas muy altas en verano y bajas en invierno. En estos medios encontramos insectos filófagos, la conocida mosca gris de los desvanes, y también el pececillo de plata. Las plantas verdes atraen a los aleurodes, las cochinillas y los pulgones. Todos estos materiales son alimentos potenciales para un insecto.

Los contenedores de basuras son frecuentados por numerosas moscas que ponen directamente sobre los detritus. Otros insectos buscan allí sustancias dulces (abejas, moscas, abejorros) o materia en putrefacción (avispas, cárabos, necróforos). En el primer peldaño de las escaleras suele acumularse el calor, razón por la cual es frecuentado por chinches del género *Pyrrhocoris*. Las zonas residenciales atraen también a una fauna diversificada reclutada entre la población de la campaña circundante: abejas, abejorros, y otros himenópteros como las abejas cortadoras de hojas (*Megachile*), las abejas tapiceras (*Osmia*) y los antróforos. Los pulgones, las cochinillas, las hormigas, las crisopas y los sirfos se distribuyen por todas partes, pero nunca en gran número. En las ciudades podemos encontrar además otras especies introducidas a través de los alimentos, la madera y los transportes. En las inmediaciones de los aeropuertos, por ejemplo, se registran cada año casos de paludismo que utilizan como vehículo los aviones procedentes de la zona ecuatorial. Tampoco hay que olvidar que la ciudad muestra una entomología diversificada porque existen parques y jardines que acogen a numerosos insectos.

Las polillas tejen pequeños capullos con las fibras textiles que devoran.

Blaps

Blaps mucronata
Blaps: del griego perjudicar; *mucronata:* de mucro, punta.

• **Descripción:** Este insecto, completamente negro y con una fina puntuación sobre el coselete, es de gran tamaño (entre 20 y 25 mm) y posee largas patas. En las casas es más común la especie *B. lethifera,* que se distingue de *B. mucronata* porque los fémures anteriores son delgados en la base y se ensanchan bruscamente en forma de maza, mientras que lo hacen de forma progresiva en el segundo.
• **Biología y comportamiento:** Estos insectos salen de noche, ya que son lucífugos. Se refugian en lugares húmedos y se arrastran torpemente en busca de alimento. Frecuentan los sótanos, los tubos de evacuación, cubos de basura de las casas y gallineros mal cuidados. Aunque lleva una vida solitaria, se encuentra en los sótanos en gran número. Una forma de cazarlo es colocando en el suelo verduras podridas. Puede ayunar durante varios meses. Cuando se siente inquieto, adquiere una postura extraña, plantándose sobre sus patas, y al tacto, emite por el ano un líquido fétido que segrega a través de las glándulas anales. Este líquido tiene propiedades irritantes. En los animales domésticos, la ingestión de este líquido a través del alimento contaminado puede producir eczemas y lesiones. En el hombre, están documentados algunos casos de larvas expulsadas a través del ano o encontradas vivas en los excrementos.
• **Características particulares:** Los tenebriónidos, familia a la que pertenecen, agrupan a una cantidad de tipos heterogéneos que tienen como característica común la de poseer cuatro artejos en los tarsos de las patas anteriores y cinco en los otros dos pares de patas.

Capricornio de las casas

Hylotrupes bajulus
Hylo: madera; *trupes:* agujero; *bajulus:* enterrador.

• **Descripción:** Pequeño insecto de forma aplastada, patas cortas y fémures abultados, se distingue por sus antenas filiformes y la presencia, en la hembra, de un oviscapto alargado. El cuerpo es de color pardo oscuro o marrón, recubierto de una pilosidad blanquecina más densa sobre el coselete, con manchas uniformes. Los élitros son rugosos, con dos manchas vellosas blanquecinas hacia un tercio de su longitud y una tercera en la parte posterior. Este pequeño capricornio mide entre 10 y 20 mm de longitud.
• **Biología y comportamiento:** Se desarrolla en los bosques de resinosas, especialmente abetos y piceas, aunque también se ha detectado en el roble. Tras el apareamiento, que tiene lugar en pleno verano, la hembra introduce su largo oviscapto en las grietas de la corteza, las maderas de construcción, el parquet o los postes de madera, y pone entre 300 y 400 huevos. Las larvas son ápodas y hacen su aparición unas semanas después, introduciéndose en el corazón de la madera. Allí excavan unas galerías en las que permanecerán entre tres y diez años, según las condiciones del medio. El imago puede pasar inadvertido, ya que es capaz de reproducirse en las galerías sin tener que salir de la madera. Las hembras, atraídas por feromonas, prefieren dejar sus huevos en las maderas ya parasitadas por sus congéneres. La forma ovalada con bordes irregulares de los orificios de salida de los imagos es un buen indicio para detectar su presencia. Los daños pueden llegar a ser importantes sobre la madera trabajada.
• **Características particulares:** Como muchos xilófagos, este capricornio segrega una enzima, la celulasa, para digerir la madera más profunda, no descompuesta y pobre en azúcares solubles y almidón. La digestión es siempre muy lenta debido a la lentitud del tránsito intestinal.

Escarabajo de la tahona

Tenebrio molitor
Tenebrae: de las tinieblas; *molitor:* molinero.

• **Descripción:** De forma alargada (mide entre 10 y 25 mm), este tenebrio es pardo rojizo a negruzco, con los élitros estriados. La larva, conocida también como «gusano de la harina», tiene un cuerpo alargado, coriáceo y redondo, amarillento y con un anillado pardo. Este coleóptero despide un fuerte olor que echa a perder los alimentos en los que se introduce.
• **Biología y comportamiento:** El periodo de desarrollo suele depender de la temperatura y de la tasa de humedad. La hembra pone entre 250 y 600 huevos (como máximo) en pequeños montoncitos en los excrementos secos de las gallinas, en la harina y en las grietas de las paredes, antes de envolverlos en un líquido pegajoso que ella misma segrega. Tras dos semanas de incubación, aparecen las larvas. El número de mudas varía entre 7 y 20, según las condiciones del medio. El proceso es más corto cuando las larvas se desarrollan en la harina. Éstas pueden ayunar hasta ocho meses y resisten bien el calor y el frío. Originario de Europa central, este tenebrio se ha extendido por todo el planeta gracias al desarrollo del comercio, si bien prefiere las zonas templadas. Es frecuente en los lugares más apartados de las viviendas: desvanes, graneros, gallineros, camas de paja de los animales y bodegas de los inmuebles. Vive también en hábitats naturales, como los árboles muertos secos o bajo las piedras.
• **Características particulares:** Para poder resistir en hábitats deficitarios en agua, los gusanos de la harina han desarrollado un mecanismo de reabsorción del agua y concentración de orinas en los tubos de Malpighi. El gusano de la harina se cría industrialmente para la pesca y para alimentar a pequeños animales de compañía. En algunas zonas del globo se emplea para el consumo humano.

Mosca de los graneros

Pollenia rudis
Pollenia: polen; *rudis:* rudo.

• **Descripción:** Se trata de una mosca gris, de longitud variable (entre 5 y 12 mm), con el tórax recubierto de una pubescencia amarilla y sedas dispersas. Tiene alas hialinas y un abdomen llamativo, en forma de tablero irregular, peludo y con fuertes y largas sedas sobre los terguitos.
• **Biología y comportamiento:** Las larvas parasitan lombrices (*Allobophora clorotica* y *Eisenia*) y colonizan excrementos humanos. A finales del otoño, los imagos se introducen en las casas para pasar el invierno en los desvanes y cuartos no habitados. En los días soleados del invierno, las moscas salen de sus escondites y buscan en el exterior los muros calientes y los troncos de los árboles. Muchas no sobreviven y mueren antes de la primavera.
• **Características particulares:** Está documentado el caso de una persona que expulsó en sus heces varios cientos de larvas.

Pececillo de plata

Lepisma saccharina
Lepis: escama; *saccharina:* azúcar.

• **Descripción:** Su cuerpo, recubierto de escamas plateadas, termina en tres pequeños cercos erizados a modo de colas y posee largas antenas.
• **Biología y comportamiento:** El pececillo de plata suele frecuentar los cuartos de baño, los sanitarios y las habitaciones en las que no se hace vida. No es raro verlo sobre las paredes y en los rincones, allí donde hay restos de comida. Huye rápidamente de la luz con movimientos ondulatorios de su cuerpo. Puede ocasionar grandes daños en papeles viejos almacenados en sitios húmedos y sólo coloniza habitáculos en los que la humedad atmosférica sobrepase el 75%.

• **Características particulares:** El pececillo de plata es un insecto primitivo, sin alas, que apareció hace 300 millones de años y que el hombre se ha encargado de extender por todo el mundo. Es omnívoro.

Termes lucífuga

Reticulitermes lucifugus
Reticul: red; *termes:* muerto, fin; *lucifugus:* lucífugo.

• **Descripción:** Los termes viven en sociedades numerosas que agrupan castas sexuadas, machos (reyes) y hembras (reinas), y castas estériles de obreras y soldados. El cuerpo del termes es negro parduzco brillante, con las extremidades más claras y las alas fuliginosas y parduscas. El tamaño de los individuos varía según las castas: los individuos sexuados miden entre 6 y 8 mm, mientras que los estériles son mucho más pequeños (2 a 3 mm las obreras y 3 a 3,5 mm los soldados). Estos últimos tienen una cabeza más gruesa y más dura, provista de grandes mandíbulas aceradas. Las obreras carecen de ojos y sus mandíbulas son más cortas.

• **Biología y comportamiento:** Los termes son insectos xilófagos. Viven en simbiosis con protozoos (animales unicelulares) alojados en su tubo digestivo. El termes ingiere madera y la mastica, mientras que los protozoos degradan la celulosa de la madera para transformarla en azúcares. Las jóvenes larvas contraen estos animales microscópicos al alimentarse con los excrementos de los imagos. Estos últimos producen dos tipos de excrementos: madera amasada completamente digerida, que servirá para la construcción de la colonia, y una especie de papilla nutritiva líquida emitida por el recto destinada a la alimentación de las larvas. Practican la trofalaxia, es decir, el intercambio de alimento entre distintos individuos.

• **Características particulares:** Los termes son insectos que han colonizado las ciudades de forma importante, especialmente en las últimas décadas. Un individuo aislado, fuera de la colonia, no tarda en perecer.

Grutas y cavernas

Estos hábitats guardan cierta similitud con los sótanos húmedos y fríos. El aire en grutas y cavernas es rico en dióxido de carbono, y las corrientes de aire, en ocasiones fuertes y muy variables, pueden perturbar considerablemente el medio de algunas especies.
La vegetación es escasa, limitada a algas y musgos. La humedad del aire alcanza un elevado grado de saturación y la luz está ausente.
La temperatura, baja y muy fluctuante, depende del funcionamiento hidráulico de los valles que se desarrollan aguas arriba del medio subterráneo. Enfrentados a estas drásticas condiciones, los insectos han sabido adaptar su biología para poder asegurar su supervivencia.
La mayoría de estos insectos son ovíparos y tienen un largo desarrollo larvario. Su visión es muy reducida, con la casi desaparición de sus ojos compuestos, y su cuerpo está generalmente despigmentado. Por el contrario, han desarrollado unos órganos táctiles (antenas, palpos y patas), basando su alimentación en los excrementos de los murciélagos, restos vegetales y animales transportados por las corrientes subterráneas y depositados sobre las arcillas. ¿Por qué estas especies han colonizados medios tan inhóspitos cuando el clima en la superficie es mucho mas benigno? La explicación que ofrecen los científicos es la siguiente: muy probablemente, algunas de estas especies vivían en las cumbres nevadas de las montañas. Con la fusión de los glaciares y la desaparición de estas nieves perpetuas, estos insectos habrían buscado condiciones parecidas a las suyas, encontrándolas en las grutas e introduciéndose en ellas a través de las fisuras de las rocas de los macizos kársticos. Por esta razón, las especies troglobias (altamente adaptadas) buscan una atmósfera con un grado higrométrico elevado y constante. Su nuevo hábitat les habría conducido a la forma que conocemos hoy.

Dolichopoda palpata
Este pequeño y frágil saltamontes, cavernícola, mide entre 15 y 25 mm de longitud y posee antenas seis a siete veces más largas que el cuerpo. Se encuentra en las grutas de los grandes macizos montañosos meridionales de Francia, hasta Dalmacia y Sicilia.

***Aphanops* sp.**
Este coleóptero alargado mide menos de 10 mm y carece de órganos visuales, guiándose por sus largas antenas. Normalmente se observa sobre las estalagmitas o sobre los bancos arcillosos que bordean los ríos subterráneos.

Los jardines

Los huertos son verdaderos observatorios de la naturaleza que permiten observar prácticamente todos los grupos de insectos.

Los jardines son terrenos acotados donde se cultivan verduras, flores y frutos, y que muchas veces están limitados por manzanos o perales en espaldares o incluso cerezos o nogales que crecen libremente. Aunque podemos distinguir entre el jardín de esparcimiento y el huerto, en ambos casos la técnica es la misma: preparar el suelo, sembrar y recolectar en cualquier época del año. El jardín no puede considerarse como un hábitat natural, ya que es el escenario en el que se desarrolla la lucha entre la naturaleza y el jardinero, pero sí es verdad que ofrece numerosos refugios y abundantes nutrientes. Su diversidad biológica puede ser superior a la que podemos encontrar sobre una misma superficie de un hábitat natural debido a las especies vegetales que el jardinero introduce. El jardín no sólo alberga numerosos insectos, también unas variadas flora y fauna reclutadas del medio natural circundante.

El jardín tiene una estructura muy compleja, hasta el punto de que no hay dos jardines iguales. Los diversos elementos que lo conforman hacen que así sea: árboles y arbustos, madera, césped, arena,

La planta de la patata lleva sufriendo desde hace tiempo el ataque de la dorífora, o escarabajo de la patata, un coleóptero procedente del Colorado. Los tratamientos bioquímicos, sin embargo, han hecho desaparecer a estos insectos de algunas regiones.

baldosas, caminos de arena, muretes, invernaderos... Estos sustratos modificados recuerdan a los elementos que podemos encontrar en la naturaleza y que son los constituyentes del bosque, las praderas alpinas, las praderas naturales, las dunas y los acantilados. Lo que atrae a los insectos hacia los jardines es el efecto "islote" que generan, tanto mayor cuanto más alejados están de la naturaleza. Los rimeros de madera atraen a los capricornios y las chinches; un fragmento de madera ya trabajada atrae a la abeja azul de la madera (*Xylocopa violacea*), una abeja de gran tamaño que se puede observar en los días soleados de primavera. Bien conocidas por todo aquel que haya cultivado rosales, son las abejas del género *Megachile*, que construyen sus nidos cortando piezas circulares y ovales de las hojas del rosal. Los coletes son pequeñas abejas solitarias que abren sus galerías la arena, mientras que otra abeja tapicera (*Osmia*) prefiere las conchas de los caracoles para establecer su domicilio. Los estanques atraen a las libélulas y a los quironómidos. Los reservorios de agua para el riego son un lugar de puesta para los mosquitos y atraen a algunos ditiscos (escarabajos buceadores). Los árboles frutales albergan a multitud de insectos que se alimentan de néctar y polen, a numerosas orugas hilanderas (microlepidópteros) y a geométridos. Las zanahorias son atacadas por las moscas y la mariposa macaón, las semillas jóvenes por los escarabajuelos, el ruibarbo por las chinches...

Un jardín de recreo, rico en flores, es un lugar atractivo para las vanesas, las colonias de pulgones con sus respectivos predadores (crisopas), cochinillas y sílfidos. Los muretes y los cobertizos ofrecen refugios para construir nidos, metamorfosearse o pasar la noche. Con las primeras flores de la primavera se puede escuchar el zumbido característico de algunos antofóridos, especie de abejorros con largas patas plumosas. En los márgenes de los jardines, las gramíneas acogen a saltamontes y grillos.

El jardín constituye un buen observatorio de historia natural que funciona durante todo el año en condiciones ideales. Cambia constantemente de componentes y de estructura, modificando las poblaciones de insectos hasta tal punto que resulta imposible establecer un inventario completo, pues unos insectos aparecen y otros desaparecen por envejecimiento natural de los hábitats.

Dorífora del Colorado

Leptinotarsa decemlineata
Leptino: frágil; *tarsa:* tarso; *decemlineata:* diez líneas.

Los paquetes de huevos de dorífora se fijan al envés de la hoja de la patata con una sustancia que se solidifica al secarse.

• **Descripción:** Este coleóptero, de aspecto muy similar a la mariquita, mide entre 10 y 11 mm de longitud. La cabeza, el tórax, las patas y el abdomen son de color pardo rojizo; los élitros son de color amarillo anaranjado muy claro, con diez bandas negras.

• **Biología y comportamiento:** Sale a la superficie en primavera, después de llover y cuando los 20-40 cm del suelo donde ha pasado el invierno alcanzan una temperatura de unos 14 °C. Los imagos salen a finales de abril, cuando las patatas están lo suficientemente crecidas. Entre mayo y agosto, tras el acoplamiento, las hembras ponen sus huevos ovoides, en grupos de veinte, bajo las hojas. Las larvas son anaranjadas y aparecen tras diez días de incubación, devorando las hojas hasta no dejar más que los tallos. Después de tres mudas, terminan su ciclo en aproximadamente quince días. El paso a ninfa tiene lugar en la tierra y los imagos salen dos semanas más tarde.

• **Características particulares:** Nadie habría podido predecir que un pequeño coleóptero de las Rocosas, en el estado de Colorado, llegaría a ser uno de los insectos más peligrosos para las cosechas de Europa occidental en la primera mitad del siglo XX. La patata, que se introdujo en algunos países europeos sin ningún predador, ha visto diezmadas sus cosechas por esta dorífora. Pese a los denodados esfuerzos por acabar con ella a través de la lucha biológica (introducción de la pequeña chinche *Perillus bioculatus*) han sido finalmente los procedimientos químicos los que han conseguido erradicarla por completo en zonas de cultivo intensivo.

Escarabajo sanjuanero

Melolontha melolontha
Melolontha: de una palabra griega que designa un insecto con el que jugaban los niños.

Un macho adulto de escarabajo sanjuanero aparece en primavera tras pasar 4 o 5 meses bajo tierra.

• **Descripción:** El escarabajo sanjuanero y su larva, el «gusano blanco» (ver foto inferior), son insectos muy comunes. El imago, que mide entre 20 y 30 mm, presenta la cabeza y el tórax negros, con los élitros de color pardo, y está recubierto por una larga pilosidad blanca. El macho se distingue de la hembra por las antenas: largas y con siete láminas en el macho, cortas y de seis láminas en la hembra.

• **Biología y comportamiento:** A finales de abril o primeros de mayo, los escarabajos sanjuaneros surgen del suelo y se dirigen hacia los árboles para devorar las hojas. Los gusanos blancos pasan tres inviernos bajo tierra antes de alcanzar la fase de imago, que sólo vive dos meses. Las parejas se forman a la hora del crepúsculo, concentrándose por centenares en torno a los árboles. La hembra hace su puesta en un agujero de 2 cm de profundidad. Tras un mes de incubación, las larvas blanquecinas salen de los huevos y se apresuran a buscar alimento, principalmente raíces jóvenes, hasta el otoño. Con los primeros fríos, profundizan en el suelo hasta 60 cm y allí pasan el invierno. En la primavera siguiente, las larvas continúan su crecimiento hasta julio y dejan de alimentarse antes de volver a las profundidades (1 m) para transformarse en ninfas. En otoño, surgen los imagos y permanecen todo el invierno bajo tierra para emerger en abril de la cuarta primavera.

• **Características particulares:** El escarabajo sanjuanero fue hace unos decenios un insecto muy perjudicial para la agricultura, pero el empleo generalizado de insecticidas lo ha hecho desaparecer de muchas regiones.

La hembra se distingue del macho por sus antenas, menos largas que las del macho.

Mariposa de la col

Pieris brassicae
Pieris: nombre de las musas de Tesalia; *brassicae:* col.

• **Descripción:** Es una de las mayores especies de piéridos europeos, con más de 60 mm de envergadura. Los piéridos son en general mariposas blancas con un número variable de manchas negras. El macho se distingue precisamente de la hembra por la ausencia de manchas circulares negras sobre las alas anteriores.

• **Biología y comportamiento:** En primavera, las hembras depositan huevos de color amarillo anaranjado sobre el envés de las hojas de crucíferas silvestres. Tras quince días de incubación, las jóvenes orugas, verdosas, con puntos negros y ligeramente vellosas, salen del huevo y devoran las hojas. En los primeros estadios larvarios forman grupos, pero más tarde se dispersan. En el último estadio larvario dejan de comer y abandonan la planta nutricia para metamorfosearse sobre un sustrato al aire libre antes de transformarse en mariposa tres semanas más tarde. Las hembras de la segunda generación hacen su puesta a finales de julio bajo las hojas de la col. Las puestas tardías dan orugas que pueden vivir hasta las primeras heladas. El estadio de crisálida dura unos quince días bajo una presión atmosférica normal y solamente 9 días con bajas presiones (710 mm Hg).

• **Características particulares:** Las orugas se crían fácilmente y la tasa de parasitismo suele ser elevada, lo que permite conocer a estos parásitos (himenópteros y dípteros). Las vibraciones sonoras hacen que la oruga se ponga a la defensiva. Ésta se yergue sobre su parte posterior, adherida por sus últimas ventosas abdominales a un tallo, y agita en todas las direcciones su mitad anterior libre, escupiendo un líquido verdoso.

Alacrán cebollero

Gryllotalpa gryllotalpa
Gryllo: grillo; *talpa:* topo.

• **Descripción:** Este ortóptero ocasiona serios daños en los cultivos entre primavera y verano. Su aspecto es muy característico: alargado (entre 40 y 50 mm) y rechoncho, de color leonado aterciopelado, y despide un olor muy intenso. El alacrán cebollero o grillotopo tiene dos pares de alas: un par de cortos élitros y un par de alas membranosas blandas, bien desarrolladas, que repliega en abanico sobre la línea del dorso. Raramente vuela, aunque en ocasiones el macho realiza cortos vuelos, empleando las alas posteriores, en busca de la hembra.

• **Biología y comportamiento:** Este insecto, particularmente activo por la noche, excava galerías a 10-20 cm por debajo de la superficie del suelo y, atraído por la humedad, produce daños en los semilleros. En junio, el macho estridula para atraer a la hembra. Tras la cópula, la hembra pone 250 huevos en una cámara subterránea y tras veinte días de incubación, las larvas agrupadas en el nido efectúan tres mudas antes de pasar el invierno a 1 m de profundidad o bajo montones de estiércol más calientes. El desarrollo dura dos años. Vive en terrenos frescos y en praderas húmedas con suficientes elementos finos como para poder confeccionar sus galerías.

• **Características particulares:** Aunque distantes en clase y organización, el alacrán cebollero y el topo están construidos bajo un mismo plan y dispuestos para la misma clase de trabajos: las patas anteriores de ambos están adaptadas para excavar la tierra. El alacrán cebollero puede avanzar hacia delante y hacia atrás en las galerías, incluso puede nadar. Su cuerpo es hidrófobo, es decir, que el agua no penetra en él por su revestimiento impermeable.

Saltamontes verde común

Tettigonia viridissima
Tettig: cigarra; *viridissima:* verde.

• **Descripción:** Es uno de los mayores saltamontes europeos: su cuerpo largo y voluminoso supera los 40 mm en la hembra. Posee largas patas posteriores y antenas muy desarrolladas que sobrepasan la longitud del cuerpo.

• **Biología y comportamiento:** Cosmopolita, el saltamontes verde vive en las praderas, los linderos de los bosques, campos, jardines y praderas secas de césped. Se observa fundamentalmente a finales del mes de agosto y sus presas preferidas son las moscas, las orugas y otros insectos, más raramente plantas. La hembra pone sus huevos a finales del verano en la vegetación: con ayuda de su oviscapto, excava cuatro o cinco depresiones y deposita en cada una de ellas un centenar de huevos. Éstos pasan allí el invierno y eclosionan en primavera, dando pequeñas larvas ápteras muy semejantes al adulto. Sólo tras seis mudas las alas alcanzan su completo desarrollo.

• **Características particulares:** Los saltamontes están dotados de un aparato estridulante que en el transcurso evolutivo ha llevado a las distintas especies a elaborar sus propias frecuencias para reconocerse y aparearse. De hecho, los entomólogos son capaces de distinguir a las distintas especies por su canto hasta el punto de crear una clave de identificación sólo por las estridulaciones (duración, frecuencia...). Grabando los cantos es posible identificar cada especie sin tener que pasarla bajo la lupa. Es precisamente en el grupo de los ortópteros donde las emisiones acústicas están más diversificadas. El saltamontes verde puede oír gracias al tímpano situado sobre sus patas anteriores.

Cárabo dorado

Carabus auratus
Carabus: nombre griego de un insecto; *auratus:* dorado.

• **Descripción:** El cárabo dorado se distingue del cárabo de reflejos dorados por sus élitros de color verde cobrizo mate, con tres líneas negras en relieve en cada uno de ellos. Las patas y las antenas son anaranjadas.
• **Biología y comportamiento:** Frecuenta los terrenos abiertos y devora babosas, caracoles, lombrices, larvas y hongos. Activo durante el día, pasa la noche bajo las piedras o en la base de los troncos de árboles. Las larvas sufren tres mudas antes de iniciar la fase pupal en el suelo, en una cavidad pequeña. Los imagos aparecen en otoño.
• **Características particulares:** Los cárabos practican la digestión extra-oral. Al coger un cárabo, éste emite una saliva negruzca y emite un olor característico, fuerte y nauseabundo, típico del ácido butírico.

Escarabajo errante oloroso

Ocypus olens
Ocy: ágil; *pes:* pie; *olens:* oloroso.

• **Descripción:** Los estafilinos son insectos alargados, con élitros más bien pequeños, que apenas cubren dos o tres segmentos abdominales. Este insecto, completamente negro, mide hasta 25 mm.
• **Biología y comportamiento:** Se caracteriza por mostrar una actitud ya observada en otros insectos: la intimidación. Cuando se siente amenazado, alza su abdomen, separa las mandíbulas levantando la cabeza e invagina dos glándulas blancas del abdomen que despiden un olor nauseabundo. Su postura recuerda a la del escorpión en posición de defensa.

• **Características particulares:** Son insectos depredadores y, con algunas excepciones, mirmecófilos y termitófilos. *Veleius dilatatus,* una de las mayores especies europeas, vive en los nidos de los abejones. Los microestafilinos viven en las cuevas. Las larvas tienen la misma dieta que los imagos.

Pavón nocturno mayor

Saturnia pyri
Saturnia: Saturno; *pyri:* peral.

• **Descripción:** Mariposa nocturna de gran envergadura (entre 120 y 130 mm), sus alas son de color pardo grisáceo, con dibujos rosáceos y un gran ocelo en el centro que recuerdan al pavo real. Las antenas son pectinadas y largas en el macho, cortas en la hembra.

• **Biología y comportamiento:** La oruga, verde y con tubérculos azul claro, mide entre 10 y 12 cm y devora las hojas de árboles frutales y de hoja caduca (fresno, sauce, álamo). Para iniciar la fase pupal teje sobre el tronco un enorme capullo en forma de pera a 1 m de altura. El imago, desprovisto de trompa, no se alimenta, sino que recurre a las reservas acumuladas durante la fase larvaria. La hembra emite feromonas muy volátiles, capaces de atraer a los machos desde varios kilómetros de distancia.

• **Características particulares:** Antes de transformarse en crisálida, la oruga expulsa el contenido de su tubo digestivo.

Tijereta

Forficularia auricularia
Forficula: tijeras; *auricularia:* de las orejas.

• **Descripción:** Con una longitud de 10 a 20 mm, su cuerpo es aplastado y alargado, de color pardo rojizo, y el abdomen termina en un par de pinzas. Las alas posteriores son membranosas y se repliegan en abanico dos veces antes de desaparecer bajo los cortos élitros. La tijereta apenas vuela, pero se desplaza por el suelo rápidamente.

• **Biología y comportamiento:** Suelen estar ocultos en lugares frescos, donde buscan hojas, flores, frutos, semillas e insectos muertos. En octubre, la hembra pone una veintena de huevos que cuida con esmero limpiándolos a menudo. Posteriormente cuidará de las crías durante el primer año hasta que éstas alcancen la madurez sexual.

• **Características particulares:** En el medio forestal, cuando debido a la contaminación desciende el número de especies de insectos, las poblaciones de tijeretas suelen mantenerse constantes.

Aleurodes

Trialeurodes vaporariorum
Del griego *aleuron*, que significa harina; *vaporariorum:* por alusión al vapor cuando vuelan formando densas nubes.

• **Descripción:** Los aleurodes forman un pequeño grupo charnela (entre los pulgones y las cochinillas) que comprende varios cientos de especies repartidas por todo el mundo. Conocidos también como «moscas blancas», colonizan las plantas herbáceas y leñosas. La larva, muy aplastada, recuerda a la cochinilla, mientras que el imago es más similar al pulgón, con cuatro alas bien desarrolladas y cubiertas de una cera blanca segregada por las glándulas situadas bajo el abdomen. Su tamaño está comprendido entre 1 y 3 mm.
• **Biología y comportamiento:** Cuatro estadios larvarios separan al huevo del imago y cada uno de los estadios va desarrollando una insensibilidad creciente hacia los insecticidas. Además, esta especie muestra varias generaciones anuales. A menudo son característicos de una sola planta. Se perciben más fácilmente en los invernaderos y los jardines, especialmente cuando escapan formando una nubecilla blanca al darle la vuelta a la hoja. Cuando se desarrollan en masa sobre verduras o frutos, pueden llegar a alcanzar una densidad de 150 imagos (2.500 larvas) por decímetro cuadrado de superficie foliar. Estos insectos picadores succionan la savia de las plantas hasta debilitarlas. Por otro lado, asfixian a las hojas recubriéndolas de mielato. Para poner fin al ataque, el mielato sirve de soporte alimentario a diversos hongos que transmiten la fumagina.
• **Características particulares:** En la lucha biológica, los agricultores utilizan un microhimenóptero calcídico (*Encarsia formosa*) para combatir al aleurodes de los invernaderos.

Saltamontes de alas azules

Oedipoda caerulescens
Oedi: grueso; *poda:* pie; *caerulescens:* azulado.

• **Descripción:** Saltamontes de tamaño medio (entre 15 y 28 mm), es de color pardo claro, con bandas negras sobre los élitros. Se reconoce fácilmente cuando vuela por sus alas anteriores, azules y con una franja negra en el borde.

• **Biología y comportamiento:** Prefiere los ambientes secos y cálidos de numerosos biotopos: graveras abandonadas, estepas, landas, dunas y linderos de los bosques. Se alimenta fundamentalmente de gramíneas. Es sensible al frío y huye ante el menor ruido, camuflándose hábilmente entre la vegetación.

• **Características particulares:** Los pigmentos de los élitros los va adquiriendo poco a poco, en el transcurso de su vida larvaria, a partir del sustrato sobre el que evoluciona, por lo que su librea es muy variable. Su canto se limita a sonidos breves que emite sólo durante el apareamiento.

Chinche de la col

Eurydema oleraceum
Eury: ancho; *derma:* cuerpo; *oleraceum:* del huerto.

• **Descripción:** Esta pequeña chinche, de 6-7 mm de longitud, muestra una coloración bicolor, con una gran variabilidad cromática. Los élitros están puntuados de negro sobre un fondo amarillo y verde, o rojo y verde. El abdomen, las patas y las antenas varían del amarillo al negro.

• **Biología y comportamiento:** Los imagos cesan toda actividad en invierno, esperando a la primavera para poner los huevos, en dos hileras, sobre las hojas de las crucíferas. Las larvas, semejantes al adulto, permanecen sobre la planta huésped durante todo el desarrollo. Al succionar la savia, provocan necrosis que se traducen en manchas amarillas sobre las hojas. Poco a poco, las hojas se marchitan y debilitan a la planta.

• **Características particulares:** Aunque insectívora, esta chinche pica las hojas de las crucíferas y ocasiona graves daños sobre los rábanos, los nabos y las coles.

Pavo real

Inachis io
Io: diosa griega, hija de Ínaco.

• **DESCRIPCIÓN:** El imago es rojizo y mide entre 27 y 30 mm. Es fácil de reconocer por sus grandes ocelos, sus alas anteriores de color blanco rojizo y sus alas posteriores azules con una aureola crema. Las orugas son negras y con largos apéndices espinosos.
• **BIOLOGÍA Y COMPORTAMIENTO:** Se desarrolla en una o dos generaciones, incluso tres. Las hembras ponen grupos de huevos sobre las hojas de la ortiga. Las orugas son gregarias y se desarrollan en un desordenado nido de seda, mientras que las crisálidas se cuelgan de los tallos de las plantas. El imago vuela aquí y allá, atraído por las flores, especialmente por la *Buddleia*.
• **CARACTERÍSTICAS PARTICULARES:** El pavo real pasa el invierno en los desvanes y los sótanos de las casas ya convertida en mariposa, por eso no es raro verla revolotear con los tímidos rayos del sol de febrero. A menudo se la observa acompañada de la limonera, una mariposa totalmente amarilla.

Típula de la col

Tipula oleracea
Tipula: que se parece a una araña; *oleracea:* de las hortalizas.

• **DESCRIPCIÓN:** Contrariamente a las moscas de aspecto rechoncho y antenas cortas, la típula es un díptero que se reconoce por sus dos largas alas, de color grisáceo, sus largas y finas antenas, y sus frágiles patas desmesuradamente largas, capaces de desplazarle entre las altas hierbas. Mide entre 15 y 25 mm y es de color gris pardo uniforme.

• **BIOLOGÍA Y COMPORTAMIENTO:** Las típulas se concentran por centenares sobre el césped y se introducen fácilmente en las casas, atraídas por la luz. La puesta cuenta con 800 a 1.000 huevos que la hembra entierra. Las larvas se alimentan de raíces, realizan cuatro mudas y se transforman en ninfa antes de dar el imago. Causan serios daños a las gramíneas, los cereales y las legumbres.
• **CARACTERÍSTICAS PARTICULARES:** Muy común de abril a noviembre, llama la atención por sus larguísimas patas, que se rompen fácilmente por las articulaciones y que llevan colgando durante el vuelo.

Los cultivos

Contrariamente a lo que pudiese parecer, los campos cultivados albergan una fauna relativamente diversificada, a menudo invisible.

Los campos son ecosistemas agrícolas muy modificados que sufren continuas transformaciones por las técnicas de cultivo. Sobre cada uno de sus monocultivos (plantas anuales, bianuales, cerales...), el agricultor repite año tras año las mismas prácticas de cultivo. Pero no por ello, hemos de pensar que un campo carece de una fauna diversificada. Muy al contrario, se trata de un medio pionero con criterios definidos que generan una flora y una fauna características.

Cuando el agricultor abandona el cultivo de una parcela durante un año para dejarla en barbecho, este campo laborado y no tratado sufrirá una serie de transformaciones obedeciendo a las nuevas condiciones naturales y diversificará su flora y su fauna. Así, las amapolas, las matricarias y otras plantas adventicias suelen atraer a los insectos polinizadores y a los fitófagos, sin olvidar la diversificación de las especies contenidas en la parte arable del suelo inducida por la proliferación de las raíces. Un cultivo en buenas condiciones debe estar limpio y proporcionar un rendimiento al menos óptimo. Los tratamientos químicos, útiles a la vez que perjudiciales, fueron empleados indiscriminadamente hasta mediados del siglo XX, cuando se comprendió que resultaba más juicioso racionalizar los tratamientos para conciliar producción, pesticidas y contaminación.

Los insectos están muy diversificados en los cultivos, pero las especies que conforman las poblaciones, aunque muy comunes, resultan poco atractivas para un entomólogo aficionado. Una colección de pulgones, de trips, de pequeñas moscas o de microhimenópteros, no atrae al neófito. Y, sin embargo, los cultivos constituyen un sistema como cualquier otro, con la salvedad de que en ellos resulta menos agradable la captura que en otros hábitats naturales más diversificados. En los campos, podemos encontrar prácticamente todos los órdenes de insectos, y especialmente numerosas especies consideradas «útiles», como las crisopas o los *Hemerobius*, las moscas sirfus, las mariquitas y todos esos microhimenópteros, invisibles pero numerosos, que juegan el importante papel de regular las poblaciones parasitando los huevos o las jóvenes larvas. Las libélulas, por ejemplo, se observan en junio sobre el trigo o la cebada, alimentándose de pulgones y moscas.

Los cultivos en pleno campo y las labores hortícolas han sido, y siguen siendo, el foco de introducción de insectos perjudiciales para la agricultura. Los pulgones, por ejemplo, portadores de virus, los inoculan a las plantas, provocando virosis, que resulta difícil paliar. Para evitar estos males, existe un servicio encargado del seguimiento permanente de las principales especies perjudiciales y que se encarga de informar regularmente a los agricultores sobre la presencia de una especie dañina y de los medios que pueden utilizarse para combatirla. El monocultivo está, por esta razón, depreciado, ya que destruye sistemas naturales que se ha tardado mucho tiempo en elaborar. Resulta más racional establecer una alternancia de setos y bandas herbáceas, menos impactante para el medioambiente, ya que restablece la continuidad entre los sistemas. En la mayoría de los casos, son las rupturas creadas por los grandes espacios las responsables de la desaparición de las especies.

Los setos son los focos en los que se concentran los insectos auxiliares que regulan las poblaciones de insectos perjudiciales para los cultivos.

Pulgón del haba

Aphis fabae
Aphis: origen indeterminado; *fabae:* haba.

• **Descripción:** Este pulgón, de forma globosa, mide 2-3 mm y presenta una gran variedad cromática (blanco, amarillo, verde, pardo) a la vez que una variada ornamentación. Las formas ápteras miden entre 1,8 y 2,5 mm de longitud. Insecto picador, posee un rostro fino con ayuda del cual succiona la savia de las plantas.

• **Biología y comportamiento:** Así como el desarrollo de las mariposas o de los saltamontes resulta relativamente sencillo, el de los pulgones es muy particular, ya que aúna diversos tipos de reproducción, como la sexuada y la partenogenética. El ciclo comienza cuando una hembra sexuada, áptera y ovípara, pone los huevos en invierno sobre un bonetero. En la primavera siguiente eclosiona la fundadora, una hembra que dará lugar a formas ápteras, las cuales, a principios del verano, producirán hembras aladas. Estas últimas emigran a las plantas herbáceas o a huéspedes secundarias que, en este caso, son las habas. A partir de aquí, engendrarán pulgones por partenogénesis y éstos darán, hacia finales del verano, machos y hembras alados, los cuales volverán al bonetero para asegurar la puesta de nuevas generaciones. La saliva de estos pulgones es tóxica y causa, en algunos casos, deformaciones de los tejidos vegetales. Los pulgones tienen la particularidad de segregar por el ano mielato rico en azúcares que atrae a hormigas y abejas.

• **Características particulares:** Los pulgones se agrupan en grandes colonias que ocasionan serios daños de forma directa, debilitando a las plantas, e indirecta, transmitiendo virus de una planta a otra. Constituye uno de los mayores polífagos, con más de 200 plantas inscritas en su régimen alimentario.

Mosca eristalis

Eristalis tenax
Erythallis: piedra preciosa desconocida; *tenax:* obstinado, tenaz.

• **Descripción:** Esta mosca, que mide entre 11 y 16 mm, suele confundirse con la abeja. Los ojos están bordeados por dos bandas de pelos horizontales. Sus patas son negras y las posteriores son más anchas.

• **Biología y comportamiento:** Las larvas viven en materias líquidas con alto contenido en materia orgánica (estiércol líquido, aguas putrefactas). Tras quince días de incubación aparecen las larvas, cilíndricas y con unos cojinetes ventrales provistos de púas. La punta del abdomen termina en un largo sifón respiratorio extensible y retráctil.

• **Características particulares:** Las moscas eristalis son el origen de numerosas miasis internas en los animales y en el hombre.

El gusano «cola de rata», larva de la mosca eristalis, vive en aguas muy sucias y respira con ayuda de su sifón respiratorio retráctil.

Mariquita de siete puntos

Coccinella septempunctata
Coccus: del griego, diminutivo de baya roja; *septem punctata:* siete puntos.

• **Descripción:** Esta mariquita es un coleóptero semiesférico rojo, con siete puntos sobre los élitros, y la cabeza y las patas negras. El coselete presenta dos grandes puntos blancos.

• **Biología y comportamiento:** Las hembras dan dos generaciones: una de primavera y otra de verano. La puesta agrupa entre 100 y 1.000 huevos que la hembra se encarga de dispersar sobre las hojas de diversas plantas, principalmente infestadas con colonias de pulgones. Mientras dura su desarrollo (entre treinta y cincuenta días), la larva consume cientos de pulgones. El imago consume más de 250 al día mediante digestión extra-oral.

• **Características particulares:** Los imagos viven más de un año. Los periodos de calor y de frío producen en la mariquita reacciones de letargo.

Esfinge de calavera

Acherontia atropos
Acherontia: de Aqueronte, río de los infiernos; *Atropos:* una de las tres Parcas que cortaban el hilo de la vida de cada mortal.

La oruga con su característico espolón.

• **Descripción:** Las esfinges son, en su mayoría, mariposas crepusculares fácilmente reconocibles por su forma de libar en vuelo estacionario, a la manera de los colibríes. La esfinge de calavera es una de las mayores (hasta 150 mm) y más vistosas de la familia. Recibe este nombre por la mancha de pelos dorados que adorna su tórax, de color azul oscuro, y que se asemeja a una calavera. Su trompa es corta y gruesa. La oruga, que mide 150 mm de longitud y 20 mm de grosor, está dotada de un «cuernecillo» recurvado en el extremo anal de su cuerpo.

• **Biología y comportamiento:** El paso a ninfa tiene lugar bajo tierra, dentro de una cámara que protege a la crisálida. La oruga se alimenta de plantas de la familia de las solanáceas, como la cambronera, la belladona, la datura y la patata, a la que, dicho sea de paso, nunca ha causado daños aparentes. El tratamiento de este cultivo ha producido la regresión de sus poblaciones. La esfinge succiona el jugo que brota de los árboles. En otras épocas se alimentaba de la miel que extraía de viejas colmenas y que contaban con una amplia entrada. El grosor de su piel la protegería de las picaduras de las abejas. Esta mariposa es uno de los raros especímenes que emiten gritos y, aunque este fenómeno ha sido estudiado en múltiples ocasiones, sus orígenes continúan estando poco claros. Este grito, que emite cuando se siente asustada, recuerda al de un ratón.

• **Características particulares:** Como muchas mariposas nocturnas, las esfinges baten las alas antes de iniciar el vuelo para producir calor, hasta el punto de elevar 10 °C su temperatura, particularidad poco común en los animales de sangre fría.

Ejemplar adulto mostrando la famosa calavera.

Noctua pronuba

Agrotis pronuba
Agrotis: campestre; *pronuba:* novia, prometida.

• **Descripción:** La larva de esta especie es grisácea, con un tamaño que varía entre 40 y 50 mm, de aspecto terroso, a veces difícil de distinguir, y que se enrolla cuando se siente amenazada. Las alas anteriores son pardas y ocultan las alas posteriores, de color amarillo anaranjado con franjas negras.
• **Biología y comportamiento:** Muestran una o dos generaciones anuales y cada puesta cuenta con unos 1.000 a 1.500 huevos. Sólo son activas por la noche y acaban con las raíces de las gramíneas, especialmente de *Poa annua*, y otras plantas ornamentales, grandes cultivos y huertos. El apareamiento se produce sólo tras el letargo estival. Migrador regulador, el imago liba las flores.
• **Características particulares:** Las hembras de esta especie marcan un periodo de diapausa o letargo estival en el que cesan toda actividad.

C-negra

Xestia (= Agrotis) C-nigrum
Agrotis: campestre; *nigrum:* negro.

• **Descripción:** Esta mariposa, que mide entre 38 y 42 mm de envergadura, es de color pardo claro, con una marca negra en forma de «C» sobre las alas anteriores.
• **Biología y comportamiento:** Presenta la misma distribución que *Agrotis pronuba*, es decir, toda la parte occidental de Europa. Esta especie produce dos generaciones anuales (mayo y junio). Las orugas jóvenes se desarrollan en los linderos de los bosques, en los setos, sobre el follaje de los arrayanes, del abedul o de la madreselva.
• **Características particulares:** Es probablemente la más común de todas las noctuas.

ANFIBIOS

ANFIBIOS

Los anfibios, llamados también batracios, incluyen a todos los individuos cuya existencia, totalmente acuática durante la etapa juvenil (en la que respiran con ayuda de branquias), se convierte en terrestre tras la metamorfosis. Se trata de vertebrados de piel desnuda y poiquilotérmicos, es decir, con temperatura corporal variable. Son ovíparos y ponen los huevos en el agua. La piel posee abundantes glándulas, que segregan veneno activo en ocasiones.

Hay dos grupos de anfibios:

– Los urodelos: se caracterizan por un cuerpo alargado, provisto de una cola que existe ya en el periodo larvario. Habitualmente ovíparos, depositan sus huevos sobre piedras o plantas sumergidas. Las larvas poseen branquias externas y en general carecen de patas. Éstas se desarrollan progresivamente y la respiración pulmonar sustituye a la branquial.

Los adultos tienen hábitos más bien terrestres y sólo acuden al medio acuático para reproducirse. Los urodelos de Europa son principalmente las salamandras y los tritones, que pertenecen a la familia de los salamándridos.

– Los anuros: los representantes de este grupo no tienen nunca cola durante su etapa adulta. La piel, generalmente brillante, es lisa o verrugosa. Los intercambios respiratorios en los adultos se realizan fundamentalmente a través de la piel y la mucosa de la cavidad bucal. De este modo, los anuros pueden asimilar el oxígeno disuelto en el agua y permanecer mucho tiempo sumergidos. A este grupo pertenecen los sapos y las ranas, repartidos en varias familias.

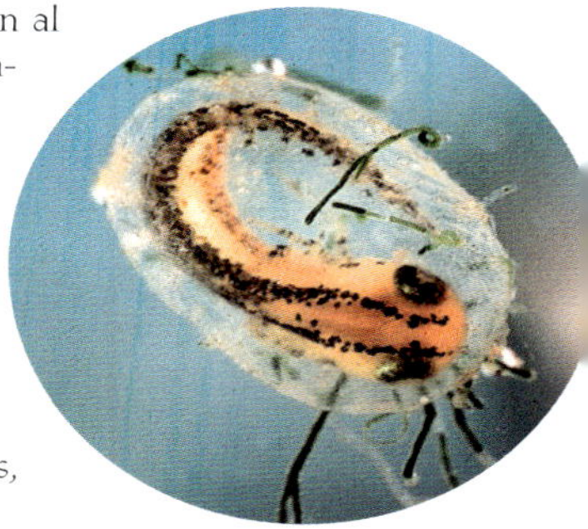

Los huevos de los anfibios cuentan con una envoltura protectora gelatinosa. En este caso, protege a un embrión de urodelo, cuya cola está ya bien formada.

Todos los urodelos, como este tritón, conservan la cola durante su etapa adulta.

La ranita verde de san Antón es arborícola. En el folclore popular asciende por las escalas de los meteorólogos. Sin embargo, no hay que fiarse de sus predicciones...

La reproducción en los anfibios: una sorprendente metamorfosis

En los anuros se produce generalmente un acoplamiento con fecundación externa. En periodo de reproducción se observan grandes concentraciones en las charcas, estanques y otras zonas húmedas, precedidas de una migración de volumen variable.

El macho se coloca encima de la hembra, la abraza con sus patas delanteras y riega con su esperma los huevos a medida que salen. El acoplamiento puede ser de dos tipos: axilar, si el macho abraza a la hembra al nivel de las axilas, y lumbar, si la sujeta por las ingles. La necesidad de acoplamiento de algunos machos es tal, que, en su apuro, ya sea por error o por ausencia de hembra en el momento propicio, se abrazan a cualquier cosa. A menudo se trata de una hembra de otra especie, aunque puede ser un objeto cualquiera, incluso la bota de un caminante. De hecho, bajo la influencia de sus hormonas sexuales, el macho alcanza tal grado de excitación que estrecha automáticamente entre sus brazos todo objeto que le frote el pecho: es el reflejo del abrazo.

Las ranas depositan sus huevos en montones grandes, mientras que los de los sapos tienen forma de largas ristras. La puesta, que flota o se fija a soportes vegetales sumergidos, es abandonada por los progenitores en el mismo instante en que éstos se separan. Los huevos están rodeados por una masa gelatinosa que les protege del frío y activa su incubación gracias al efecto invernadero. En el interior, el embrión se transforma poco a poco en un renacuajo, que eclosiona unas dos semanas después de la puesta. Se alimenta de residuos de su envoltura y micropartí-

Es muy frecuente que varios machos del sapo común intenten acoplarse con una misma hembra.

Acoplamiento axilar de la rana verde de san Antón.

Los huevos de la rana bermeja forman un amasijo gelatinoso.

Los huevos del sapo verde adoptan la forma de largos cordones gelatinosos.

culas vegetales hasta que adquiere la destreza necesaria para nadar. A partir de ese momento, se convierte en carnívoro y consume pequeños invertebrados acuáticos. También puede adoptar un régimen necrófago y alimentarse de cadáveres de peces e incluso de ranas, lo que le convierte en caníbal.

El renacuajo posee branquias internas y una voluminosa cabeza, que contiene lo esencial de sus órganos vitales. La metamorfosis comienza con la aparición de las patas: primero las traseras y luego las delanteras. A continuación, empiezan a funcionar los pulmones y desaparece la cola. El animal, todavía de pequeño tamaño, adquiere su forma definitiva (*véanse* pp. 176-177).

Los urodelos (salamandras y tritones) se reproducen de diferente manera, ya que no existe acoplamiento. Tras una parada nupcial más o menos compleja, el macho expulsa sus espermatozoides en pequeños paquetes protegidos por una delgada capa gelatinosa. Se trata de los espermatóforos, que la hembra atrapa con los labios de su cloaca y con los que se fecundarán los huevos. La fecundación es, pues, interna. Generalmente, los huevos son depositados de uno en uno en la vegetación sumergida. Cuando eclosiona, la larva recuerda ya al adulto: tiene cuerpo alargado con cola, posee branquias externas y, al contrario que en los anuros, las patas delanteras aparecen antes que las traseras.

Acoplamiento lumbar.

Identificación de los anfibios

Para reconocer a los individuos adultos, se recurre normalmente al examen de las patas, la cabeza, la boca y la piel. También son de ayuda la forma y las dimensiones del animal. En la sistemática, se observan sobre todo los extremos de las patas: proporciones de los dedos, grado de desarrollo de las palmeaduras y los tubérculos de las manos y los pies. Además, se tiene en cuenta la posición de los ojos. El tímpano, circular a grandes rasgos y situado en la parte posterior del ojo, es la característica más importante. Su diámetro y la distancia hasta el ojo varían en las distintas especies. Otro buen criterio para la identificación es la pupila. Posee una configuración característica en cada especie de anuro: puede ser redondeada, alargada, ovalada, romboidal, picuda, horizontal. En los urodelos, la pupila es habitualmente redonda. El tipo de tejidos puede aportar también valiosas pistas. Según los géneros, la piel es más o menos brillante o mate, muy verrugosa, simplemente rugosa o lisa. En cuanto a la pigmentación, varía tanto de un individuo a otro que sólo con mucha reserva puede tomarse en consideración.

Algunos datos biológicos

La piel: veneno, coloración, muda

El estudio de los tegumentos de los batracios es interesante en más de un aspecto: son sensibles a la luz, presentan abundantes y variadas secreciones y, además de su función esencial de protección, desempeñan un papel destacado en la respiración y la regulación de la temperatura interna.

La piel de los anfibios está repleta de glándulas. Unas, pequeñas, segregan al mismo tiempo moco y un veneno muy fluido de toxicidad variable. Hay otras glándulas que sólo segregan un veneno untuoso y de toxicidad comparable, por su potencia, al de la víbora.

Dado que los batracios no cuentan con ningún mecanismo para la inoculación, su veneno cumple una función meramente defensiva, que limita el número de predadores. Cuando un lagarto muerde las glándulas o corpúsculos epiteliales, llamados parotídeos, muere en unos instantes. El hombre, por su parte, puede manipular un anfibio sin peligro, si bien se recomienda no llevarse las manos a los ojos después de tocar al animal.

Un dato muy curioso es que los batracios no están inmunizados contra su propio veneno: un sapo que se tragase a un congénere de menor tamaño, por ejemplo, podría morir.

Iris verde vermiculado de negro de un sapo verde.

Algunas glándulas de la piel de los sapos (en la foto un sapo partero) segregan un veneno muy tóxico, que, no obstante, no son capaces de inocular.

Sapos y ranas (en la foto pequeña un sapo saltador de vientre manchado; en la grande una rana verde) habitan medios muy variados.

La pigmentación cambia con cada individuo y el número de estas diferencias varía de una especie a otra. Incluso un mismo individuo puede cambiar totalmente de coloración a lo largo de su vida. Así, las ranitas de san Antón se comportan como camaleones y disponen de toda una gama de colores que les permiten adaptarse al medioambiente. En este caso se trata de una homocromía muy perfeccionada, pero podemos afirmar que numerosos anfibios, cuya coloración es naturalmente constante, practican una homocromía rudimentaria: su tonalidad general es la dominante en su biotopo. Dicha coloración parece depender siempre de las hormonas liberadas por la hipófisis.

Esta larva de tritón respira gracias a branquias externas.

Por otra parte, la sensibilidad de la piel a la exposición directa a la luz es muy elevada. Como ejemplo, la piel de un urodelo cavernícola, habitualmente incolora, se pigmenta tras una exposición prolongada a la luz. Además, los anuros experimentan mudas periódicas, en especial durante el periodo nupcial, poco antes del acoplamiento. En muchos casos, se tragan la piel que acaban de mudar.

La respiración

En estos animales, los principales intercambios respiratorios se realizan a través de la piel y de la mucosa de la cavidad bucal. Por ello, las ranas pueden permanecer mucho tiempo sumergidas sin utilizar sus pulmones. Éstos, muy simplificados en los urodelos, por ejemplo,

Los anfibios (en la foto un sapo de vientre amarillo) pueden asimilar el oxígeno disuelto en el agua a través de la piel.

cumplen ante todo la función de órganos hidrostáticos y desaparecen por completo en buen número de estos animales. Para que el oxígeno y el anhídrico carbónico puedan atravesar la piel, es necesario que estén disueltos en agua. Esta limitación explica la abundancia de glándulas mucosas, que se encargan de mantener cierta humedad en la piel.

Explica también el hecho de que los anfibios busquen lugares sombreados y frescos: cuando permanecen al sol la evaporación cutánea es excesivamente intensa.

La temperatura

Mientras que los vertebrados homeotermos (excepto los que hibernan) entran en un estado patológico cuando su temperatura interna media aumenta o disminuye 2 o 3 °C, los batracios pueden soportar sin perjuicio oscilaciones en su temperatura interna que llegan hasta los 40 °C. Por el contrario, la escala de temperaturas externas que pueden tolerar sin daños queda prácticamente reducida a esos mismos 2 o 3 °C, mientras que los mamíferos y las aves soportan diferencias termométricas externas de 100 °C.

El principal factor fisiológico que rige la temperatura interna de un anfibio es la pérdida de calor por evaporación de agua a partir de la mucosa bucal y pulmonar y, en una mayor proporción, de la piel (transpiración).

En una atmósfera no saturada de vapor de agua, incluso a baja temperatura, el cuerpo de un batracio es siempre más frío que el aire exterior: a 3 °C, la temperatura corporal de una rana verde será de 1,5 °C. El hecho de que la transpiración aumente en función de la temperatura ambiente explica el proceso que experimentan numerosas especies diurnas al exponerse al sol. Así, la temperatura corporal de una ranita de san Antón que se calienta al sol sobre una hoja a 50 °C no sobrepasa los 30 a 35 °C. En el agua, por el contrario, o en una atmósfera saturada de vapor de agua, la temperatura interna es siempre igual o ligeramente superior (en 3 °C como máximo) a la del entorno (bastante más si el medio ambiente es más frío). Es la razón por la que los anfibios perecen en pocas horas en un agua cuya temperatura sobrepase los 30-40 °C.

La voz

Durante la primavera, los machos de los anuros dejan oír su voz en conciertos tan variados como intensos. Son ventrílocuos: con la boca y los orificios nasales cerrados, hacen vibrar sus cuerdas vocales, situadas justo debajo de la glotis, empujando violentamente el aire de los pulmones a la boca. En muchos casos, los machos disponen además de potentes «cajas de resonancia»: los sacos vocales. Formados por un divertículo de la cavidad bucal, permanecen flácidos en reposo y, en la mayoría de los casos, tienen forma esférica cuando se inflan de aire. Generalmente, se observa un único saco central, situado bajo la garganta, o dos sacos

La rana verde amplifica el sonido de su voz gracias a dos sacos vocales laterales.

laterales, colocados un poco por detrás y por debajo de la comisura de los labios. Según el espesor de la piel que los protege, se distingue entre sacos vocales externos y sacos vocales internos. Las hembras, que normalmente son mudas o emiten débiles gruñidos, jamás disponen de estos sacos. Al parecer, los machos de la mayoría de las especies solamente emiten su canto cuando alcanzan la madurez sexual. Por lo que respecta a la voz de los urodelos, ésta no existe o bien los sonidos son débiles y rudimentarios.

Macho de ranita verde de san Antón inflando su saco vocal.

Los hábitats

En su conjunto, los actuales anfibios, que ocupan biotopos muy diversos en la práctica totalidad de los territorios emergidos, demuestran una gran capacidad de adaptación. Con apenas algunas excepciones, urodelos y anuros adoptan hábitos acuáticos durante el periodo de reproducción. Por eso es conveniente estudiar las costumbres y los hábitats de estos animales fuera de la estación reproductora, para descubrir así la enorme variabilidad en las distintas especies: podemos encontrar todas las formas intermedias entre las acuáticas (la mayor parte de los urodelos), acuícolas (ranas verdes), arborícolas (ranitas de san Antón), humícolas no excavadoras (salamandras) y excavadoras (pelobátidos, como el sapo de espuelas y el sapo pie de azadón), y cavernícolas (numerosos urodelos). Sólo en el género *Bufo*, se aprecia una gran diversidad en la ocupación de hábitats y en los diferentes comportamientos: existen sapos excavadores nocturnos y diurnos (el enterramiento se corresponde con el tiempo de reposo, que es, respectivamente, diurno y nocturno). También existen sapos que no se entierran y otros que son escaladores.

Las ranitas de san Antón tienen hábitos arborícolas.

En principio, los anfibios no toleran el agua que posee un fuerte contenido en sal. Sin embargo, hay varias especies que pueden sobrevivir en aguas salobres, por ejemplo, en el litoral mediterráneo.

En cuanto al medio dulceacuícola, hay que distinguir entre el agua tibia y estancada y la fresca y clara, ya que los anfibios no valoran ambas de la misma manera. Los urodelos frecuentan más bien las segundas o sus inmediaciones, mientras que los anuros habitan en todas.

La mayoría de los sapos viven sobre tierra.

LOS ENEMIGOS DE LOS ANFIBIOS

La salamandra común sólo se introduce en el agua para la puesta.

LA «LLUVIA DE RANAS»

Poco después de experimentar la metamorfosis, los jóvenes anuros se refugian bajo las piedras o en los intersticios más diversos, no lejos del agua que les ha visto nacer, si la atmósfera es muy seca. Con las primeras lluvias salen en masa. En estos casos, se observan tales concentraciones de estos animales que es difícil no pisarlos. De ahí procede la leyenda de la lluvia de ranas, que Aristóteles consideraba mensajeras de Júpiter.

A pesar de la protección que les ofrecen sus secreciones, los adultos son presa de numerosos predadores, muy a menudo vertebrados y en ocasiones artrópodos, cuya sangre contiene las adecuadas antitoxinas. Entre los principales enemigos de los anfibios están las grandes zancudas (garzas, cigüeñas...), los patos, algunas culebras y los pequeños carnívoros salvajes.

En los países cálidos, a estos predadores se suman los varanos, las grandes tortugas, los cocodrilos y las arañas. Con frecuencia, las larvas y los huevos son víctimas de los insectos acuáticos, como los ditíscidos o las larvas de las libélulas, pero también de las serpientes, tortugas y aves. Entre las causas de mortalidad natural de los anfibios hay que señalar las enfermedades bacterianas y las infecciones parasitarias (gusanos, protozoos...). A veces son atacados por hongos que pueden causarles enfermedades mortales. Además, los anfibios practican de manera regular el canibalismo.

No obstante, la causa principal de la escasez de anfibios son las actividades de la especie humana: el drenaje y la desecación de zonas húmedas, la caza ilegal en el momento de la freza, el tráfico en nuestras carreteras, que puede provocar verdaderas hecatombes en el momento de la migración nupcial. El anárquico proceso de urbanización, en particular en las zonas litorales, contribuye cada vez en mayor medida a la destrucción de numerosos —y valiosos— hábitats. La agricultura

Algunas rapaces, como este halcón de los cañaverales, son predadores de anfibios.

moderna se encuentra también entre los grandes males que afectan a todos los anfibios, por la remodelación de entornos y por las intoxicaciones que causa la utilización de diversos pesticidas.

El sapo común es un consumidor habitual de lombrices de tierra.

LA ALIMENTACIÓN

Los batracios gozan de un enorme apetito. La larva joven se alimenta lo mismo de algas microscópicas que de plantas superiores, aunque poco a poco se vuelve carnívora y devora entonces pequeños invertebrados. Al final de su desarrollo, puede incluso adoptar hábitos caníbales. Esto no es más que una generalización. De hecho, el régimen alimentario de la forma larvaria varía con cada especie: algunas siguen siendo herbívoras hasta su metamorfosis, mientras que otras adoptan desde el principio un régimen carnívoro (es el caso de numerosos urodelos).

El anfibio adulto es exclusivamente zoófago. En la naturaleza, la mayoría de las especies sólo atacan a presas en movimiento. En general, las principales víctimas de los batracios son los gusanos, moluscos, artrópodos y pequeños invertebrados, además de presas diversas, desde alevines a micromamíferos.

Una vez concluida la metamorfosis, los urodelos aún se alimentan bien bajo el agua, aunque sólo algunos anuros conservan esta facultad.

Por lo general, muestran una considerable resistencia al ayuno: todos los batracios pueden aguantar varios meses sin comer.

La rana bermeja consume indistintamente gusanos, moluscos o insectos.

Los pasos subterráneos para anfibios

Desde finales de febrero a mediados de abril, los anfibios emprenden migraciones a veces espectaculares, que agrupan a varios miles de individuos, desde sus cuarteles de invierno hasta las zonas de reproducción. A continuación se produce el desplazamiento inverso, desde los lugares de puesta hacia los sectores donde se establecerán. Igualmente, se observa más tarde la dispersión de los jóvenes desde su lugar de nacimiento hacia nuevos territorios de caza. Cuando las infraestructuras ferroviarias o viales cortan uno de esos ejes migratorios, las consecuencias son trágicas para esas poblaciones, ya frágiles debido a los ataques de que han sido objeto sus hábitats. Entre las especies más amenazadas están la rana bermeja o temporaria, el sapo común y todos los tritones. Las pérdidas ocasionadas por la circulación rodada se pueden reducir mediante la utilización de túneles construidos bajo las carreteras. Los primeros pasos subterráneos concebidos para batracios fueron instalados en Suiza a partir de 1969. Entre esta fecha y la década de 1980 se sumaron a la iniciativa otros países europeos como Reino Unido o Francia. Lo deseable sería que estos «anfibioductos» se instalaran en el conjunto de las zonas de riesgo donde se producen importantes migraciones de anfibios.

Los anfibios y las creencias populares

A todos nos viene a la memoria la caprichosa imagen de la ranita barómetro: colocada en un bocal con una escala, cuyos escalones se suponía que ascendía o descendía según el tiempo que fuese a hacer. Algunas leyendas populares afirman que «a veces en la cabeza de los sapos viejos se encuentra una piedrecita. Montada en un anillo que se lleva en el dedo permite hacer frente a la maldad humana. También se cuelga del cuello para combatir las fiebres cuartanas».

Este caballito celeste no parece advertir el peligro que le amenaza

Las pequeñas libélulas están entre las presas preferidas de las ranas.

La salamandra común, o salamandra de fuego, fue elegida como emblema por el rey francés Francisco I y reproducida en el castillo de Chambord de 330 maneras diferentes. Todavía hoy se cree que este animal no teme al fuego, algo que es, evidentemente, falso.

El anfibio con peor reputación es, sin duda, el sapo. Fue muy utilizado en la magia, sobre todo para la elaboración de filtros y venenos. Se decía que este animal se alimentaba únicamente de plantas venenosas, que provocaba picores y erupciones en la piel por simple contacto, e incluso que transmitía la rabia a los perros.

LOS ANFIBIOS EN LA FARMACOPEA

En la medicina, tanto veterinaria como humana, los anfibios tienen cierto interés debido a las propiedades de sus venenos. El del sapo no sólo es un antihemorrágico y un estimulante del sistema nervioso, sino que además podría poseer virtudes para la lucha contra el cáncer. Se dice que algunos tumores considerados incurables han sanado tras la aplicación por parte de curanderos de «jugo de sapo».

Desde hace mucho tiempo los batracios están al servicio de la medicina empírica, principalmente en Extremo Oriente. La utilización médica de las ranas es muy antigua y, si hemos de creer las afirmaciones de los magos de la época de Plinio, «estos animales deberían ser considerados mucho más útiles para la sociedad que las leyes». En la Edad Media se utilizaba una cocción de rana para combatir la tuberculosis, la hipocondría y las afecciones crónicas. Cocidas con sal y aceite se empleaban para contrarrestar el veneno de las serpientes. Si se sujetaba una rana viva entre las manos, se calmaba la fiebre y los sudores. En caso de dolor de cabeza, en algunos pueblos se suplía la falta de hielo con la aplicación de una rana sobre la frente. Para la inflamación cerebral infantil, Plinio aconsejaba la aplicación del dorso de una rana sobre la cabeza. Y una rana sostenida sobre la mandíbula curaba también las molestias dentales.

Los urodelos

Se caracterizan por su cuerpo alargado y la presencia de una cola perfectamente formada, tanto en el estadio larvario como en la etapa adulta. Generalmente son ovíparos. Los huevos quedan adheridos a las piedras o a las plantas acuáticas sumergidas. La eclosión se produce tras un periodo de incubación de entre una y tres semanas. Las larvas nacen con branquias externas bien visibles, pero sin patas. Su desarrollo dura tres meses y en el curso de ese tiempo aparecen sucesivamente las patas: primero las delanteras y luego las traseras. Durante ese intervalo, la respiración pulmonar pasa a sustituir a la branquial. Ya adultos, abandonan el medio acuático para volverse esencialmente terrestres. Sin embargo, no pueden vivir en una atmósfera demasiado seca ya que morirían por desecación. Por eso se refugian en lugares húmedos (tocones, musgos, hojas muertas, piedras, cuevas, zonas pantanosas, sotobosques frescos...). Sólo regresan al agua en la época de reproducción. Los urodelos tienen todos una dieta carnívora y se alimentan de insectos, gusanos, caracoles, alevines... En Europa, agrupan principalmente a las salamandras y los tritones, pertenecientes todos a la misma familia: la de los salamándridos.

Gran parte de los tritones crecen cerca de charcas normalmente de tamaño reducido y localizadas en zonas boscosas; otros, como el tritón pirenaico y su primo de las montañas corsas, prefieren las aguas límpidas y frescas de los torrentes. En el mundo hay seis géneros y cerca de cincuenta especies. Entre las especies europeas no mencionadas en este libo y que merece la pena destacar se encuentra la salamandra de tres dedos (*Salamandrina terdigitata*), que habita sólo en el oeste de Italia. Negra en su parte superior, tiene el vientre rosado con manchas negras y la parte inferior de las patas, de la cloaca y de la cola de una hermosa e intensa tonalidad roja.

Hay que mencionar también al gigante de los salamándridos, el gallipato o *Pleurodeles waltlii*, que vive únicamente en la península Ibérica y alcanza 30 cm de largo.

Finalmente, está el extraño y famoso proteo (*Proteus anguinus*), una variedad de salamandra europea que vive en cuevas y aguas subterráneas. Su cuerpo, de color blanquecino o rosa pálido, carece por completo de pigmentación. Esta salamandra acuática pasa toda su vida en estado larvario y respira gracias a sus branquias externas. Se reproduce sin alcanzar jamás el estadio adulto de nuestras salamandras terrestres. En ocasiones, ha sido observado a gran profundidad en los ríos y lagos subterráneos de las costas orientales del Adriático. Podríamos relacionar al proteo con su primo lejano de México, al que los aztecas dieron el nombre de axolotl.

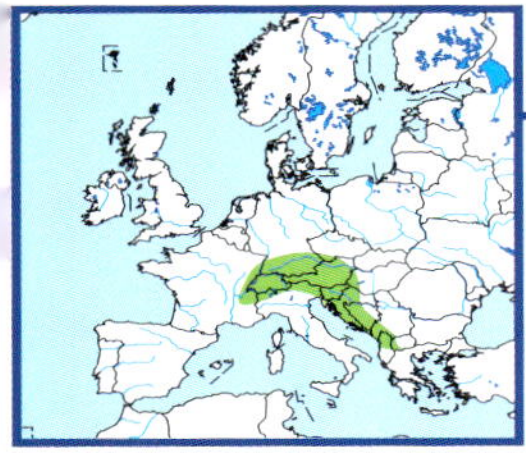

Salamandra alpina

Salamandra atra

• **Descripción:** La salamandra alpina o negra tiene el dorso de color negro brillante y luce en los flancos una serie de surcos transversales que se prolongan hacia la cola y alternan con pequeñas protuberancias. La cabeza, con ojos prominentes, es ancha y fuerte. La garganta y la parte inferior son de color gris violáceo. Excepcionalmente, esta salamandra puede alcanzar los 16 cm, aunque suele medir, como media, entre 10 y 12 cm.

• **Hábitat:** Dado que es una mala nadadora, no se mete nunca en el agua. Le gustan las laderas boscosas y húmedas y se instala cerca de fuentes y torrentes. Se la puede observar a menudo en prados húmedos. Sólo vive en la montaña, a una altitud comprendida entre 800 y 2.000 m, aunque de modo excepcional llegue al límite nival, cerca de los 3.000 m.

• **Régimen alimentario:** La salamandra alpina consume principalmente insectos, pero a veces completa su menú con pequeños invertebrados como babosas, lombrices de tierra o pequeños crustáceos.

• **Comportamiento:** Sus hábitos son sobre todo crepusculares y nocturnos. Durante el día se oculta entre las piedras, el musgo, el tapiz de hojas o las ramas muertas. En días cubiertos o lluviosos puede abandonar su refugio.

• **Reproducción:** Vivípara, pare de 15 a 20 embriones, de los que sólo entre 2 y 4 son viables. Idénticos a los adultos desde el momento de su nacimiento, son autónomos de inmediato. Durante su vida intrauterina, los embriones que sobrevivirán se alimentan de las sustancias producidas por sus congéneres muertos y absorben el oxígeno mediante branquias.

La salamandra alpina busca el frescor en las orillas de los torrentes, donde le gusta ocultarse bajo el musgo húmedo.

Salamandra común europea

Salamandra salamandra

• **Descripción:** La salamandra común es un urodelo de cuerpo rechoncho y extremidades robustas de sección circular. Puede alcanzar, y en ocasiones superar, una longitud de 28 cm. La cabeza, ancha y plana, tiene un hocico redondeado y ojos prominentes. Los dedos carecen de membranas y la piel es lustrosa y sin rugosidades. La coloración varía mucho según el entorno. El dorso, de color negro brillante, ofrece un fuerte contraste con las manchas o listas de color amarillo intenso (a veces anaranjado) situadas en distintos lugares. El tamaño y la disposición de estas marcas son muy variables. El vientre es generalmente oscuro, manchado a veces de amarillo.

• **Hábitat:** Vive principalmente en bosques y sotobosques húmedos, cerca del agua. Le gustan sobre todo las formaciones de especies caducas, en las que frecuenta los sustratos cubiertos de musgo y hojas muertas. Se refugia frecuentemente bajo las piedras, los tocones de los árboles y en las anfractuosidades rocosas.

• **Régimen alimentario:** Se alimenta sobre todo de gusanos (lombrices), insectos y sus larvas, babosas y otros invertebrados diversos que viven entre la hierba del suelo (pequeños crustáceos, arácnidos, miriápodos).

• **Comportamiento:** La salamandra común hiberna de octubre a marzo en la tierra, en una grieta entre las piedras, una cavidad del suelo o bajo un tronco de árbol viejo. Los lugares propicios para la hibernación pueden acoger a varias decenas de individuos. Exclusivamente nocturna, durante el

Salamandra común y su larva (foto pequeña). Las branquias externas del renacuajo son claramente visibles.

A la salamandra común le gustan los sotobosques húmedos.

día se protege de la luz en oquedades de muros antiguos, entre ruinas o bajo el musgo. Es un animal más bien solitario. Su piel segrega una sustancia tóxica que puede provocar una fuerte irritación de la mucosa bucal y los ojos. No es en absoluto agresiva.

• **Reproducción:** El acoplamiento, generalmente primaveral, puede tener lugar a lo largo de toda la estación. Se produce sobre todo en tierra, en especial después de una jornada lluviosa, pero también puede desarrollarse en el agua de una charca poco profunda. Ovovivípara, la hembra da a luz larvas –que deposita en el agua– provistas de branquias externas y patas. Los jóvenes, entre 15 y 20, viven de tres a cuatro meses en el medio acuático antes de regresar a tierra firme.

Una salamandra común abandona su refugio bajo un tocón.

Tritón pirenaico

Euproctus asper

• **Descripción:** Este anfibio de cuerpo macizo y rechoncho mide de 11 a 16 cm. Tiene la cabeza alargada, con un hocico redondeado y truncado. Carece de cresta dorsal y sus robustas patas no presentan membranas entre los dedos. Es un pésimo nadador. La cola está comprimida lateralmente y es casi tan larga como el cuerpo. La piel que cubre la parte superior del cuerpo es rugosa y con granulaciones. La coloración de la cara dorsal puede ser pardo grisácea o negra, a veces con algunas manchas más claras (amarillas) y una línea vertebral de tono claro (amarillo o naranja). Los flancos muestran manchas oscuras. El melanismo es frecuente a gran altura.

• **Hábitat:** El tritón pirenaico vive en lagos y torrentes de montaña y en ocasiones en ríos subterráneos. Sólo frecuenta los entornos lacustres si la temperatura del agua no supera los 15 °C. Su biotopo favorito está formado por sustratos sólidos de guijarros, con fondos cenagosos o limosos. Habita a altitudes comprendidas entre los 700 y 2.800 m, aunque principalmente en torno a 2.000 m.

• **Régimen alimentario:** Se alimenta sobre todo de larvas de insectos acuáticos característicos de aguas frías y muy oxigenadas: larvas de efímeras, tricópteros, plecópteros... Este tritón puede consumir también moluscos (ancílidos), pequeños crustáceos, gusanos o insectos terrestres.

• **Comportamiento:** Fundamentalmente crepuscular o nocturno, permanece sumergido bajo las piedras durante el día, o se oculta en tierra bajo un viejo tocón o entre las rocas. Los adultos hibernan en una cavidad del subsuelo. Suele escasear en todos los lugares donde abunda la trucha, su principal depredador.

Al tritón pirenaico le agrada el agua fría de los torrentes de montaña.

• **Reproducción:** Pone a finales de la primavera, en aguas límpidas y frías; de junio a septiembre según la altitud. Protegidos por una membrana gelatinosa, los huevos son depositados de uno en uno bajo las piedras. La incubación dura de dos a tres semanas. Debido a las duras condiciones climatológicas, la metamorfosis tiene lugar al año siguiente o dos años más tarde si están a una altitud superior a 2.500 m.

El tritón pirenaico puede habitar en algunos lagos donde el agua sea lo suficientemente fría; no debe sobrepasar los 15 °C.

El tritón de Córcega
Euproctus montanus

Este tritón corso es confundido a veces con la salamandra común, de la que se diferencia por el menor contraste de las tonalidades negras y amarillas. Estos colores varían según las zonas y los individuos: el dorso puede ser de un tono pardo oliváceo, con o sin marcas más claras, verdosas o grisáceas, que a menudo se suman a una banda muy visible que recorre la columna vertebral. El vientre es de color gris blanquecino. Los machos tienen espolones en las patas posteriores. Habita sobre todo a altitudes de entre 600 y 1.500 m, aunque puede vivir hasta los 2.100 m.

Se instala en lagos y torrentes de aguas frías y limpias –o en sus proximidades–, en los que la temperatura no supera los 15 °C. La reproducción sigue el mismo proceso que la del tritón pirenaico. El tritón corso hiberna en tierra desde septiembre-octubre a marzo-abril. A continuación, vuelve al agua para reproducirse una vez que se ha fundido la nieve, cuando la temperatura alcanza los 14 °C. La estivación de los adultos es en principio terrestre, pero también puede ser acuática en zonas tranquilas de torrentes que ofrezcan refugios entre los bloques rocosos. Su torpeza para desplazarse en tierra le ha valido en muchas regiones de Córcega el nombre de «vecchiotti», es decir «viejito».

Es endémico de la isla de Beauté.

Es frecuente observar al tritón de Córcega en las «pozzines», las turberas de montaña.

Tritón europeo

Triturus vulgaris
Tritón común

Vive hasta los 1.500 m de altitud en toda Europa, salvo en la parte meridional de Francia, la península Ibérica y el sur de Italia.

• **DESCRIPCIÓN:** Este tritón de pequeño tamaño (de 8 a 11 cm) posee una cabeza larga y redondeada, con tres surcos longitudinales muy visibles en su parte superior. En el periodo nupcial, el macho luce un lóbulo membranoso en los dedos de las patas traseras y una cresta ondulada que se extiende desde el hocico hasta el extremo de la cola. Ésta, habitualmente lisa en la fase acuática de este animal, presenta granulaciones en los individuos que pasan más tiempo en tierra.
Aunque se le confunde a menudo con el tritón palmeado, se distingue de éste por las manchas que tiene debajo de la garganta. El dorso, generalmente de color pardo con reflejos verdes, amarillos o rojizos, presenta manchas negras, redondeadas y bien delimitadas en el macho, que pueden unirse formando dos bandas laterales en la hembra. El vientre, con frecuencia de una tonalidad clara (blanquecina o amarillenta), se adorna con una banda anaranjada o rojiza en el centro y manchas negras que se extienden hasta la parte inferior de la garganta.
• **HÁBITAT:** El tritón europeo frecuenta un gran número de hábitats acuáticos, en general son aguas estancadas invadidas por la vegetación (charcas, estanques, pozas), pero también arroyos y aguas salobres. Se ha descubierto su presencia incluso en pozos.
• **RÉGIMEN ALIMENTARIO:** En tierra consume gusanos y diversos artrópodos. Su régimen es más variado en el agua: pequeños crustáceos, insectos y sus larvas, huevos de anfibios, renacuajos, larvas de

Pareja en periodo nupcial: el macho luce ante la hembra, de apariencia más modesta, su cresta dorsal y una librea contrastada.

Como a todos los tritones, al europeo le gusta aventurarse fuera del agua.

tritón (incluidas las de su especie). En ocasiones, se alimenta de alevines.

• **Comportamiento:** Fuera del periodo reproductivo, tiene hábitos terrestres. No obstante, nada bien y muy rápido. De octubre a marzo hiberna en cavidades del suelo o de las piedras, o entre las raíces de los árboles.

• **Reproducción:** Tras una hermosa parada nupcial, se produce el acoplamiento en las charcas entre abril y mayo. Desde mediados de abril a junio, la hembra pone de 100 a 300 huevos, que fija en hojas sumergidas que enrolla previamente. Eclosionan a las 4 semanas y 3 meses después tiene lugar la metamorfosis.

Huevos de tritón en proceso de división.

Con las branquias externas coronando su cabeza la larva recuerda a un pequeño diablo...

Tritones amenazados

Según la clasificación de especies amenazadas de la Unión Internacional para la Conservación de la Naturaleza, establecida en 1990, hay una serie de tritones amenazados en mayor o menor medida.

– Tritón alpino: vulnerable.
– Tritón crestado europeo: vulnerable.
– Tritón jaspeado: vulnerable.
– Tritón palmeado: precisa vigilancia.
– Tritón de los Cárpatos: precisa vigilancia.

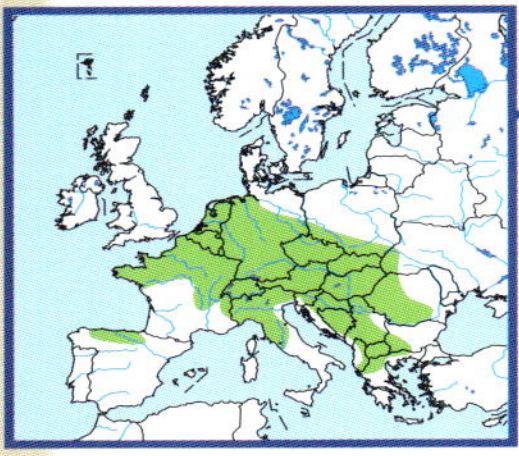

Tritón alpino

Triturus alpestris

• **Descripción:** Este tritón, que apenas mide 11 cm, es el urodelo de colores más vivos, y en particular el macho durante la fase nupcial. Su dorso es oscuro, gris o negruzco con reflejos violetas, y los flancos están cubiertos de puntos negros, que contrastan con el vientre, rojo intenso o anaranjado. La piel, lisa, se adorna con pequeñas granulaciones e incluso rugosidades en los individuos que viven en tierra. No presenta surcos longitudinales en la parte superior de la cabeza y los dedos carecen de membranas.

• **Hábitat:** El tritón alpestre vive fundamentalmente en el medio acuático (en España sólo en la Cordillera Cantábrica). Coloniza lagos, estanques y charcas hasta los 3.000 m de altitud. Aparece también en ríos de corriente lenta o pequeños arroyos. Después de la reproducción, y durante el periodo de hibernación, adopta hábitos terrestres.

• **Régimen alimentario:** Consume numerosos invertebrados bajo el agua: insectos y sus larvas, pequeños crustáceos (anfípodos como gammarus, isópodos como asellus), gusanos, así como huevos de anfibios, larvas de tritón y renacuajos. En tierra se alimenta principalmente de insectos, gusanos, arácnidos y cochinillas.

Cara ventral anaranjada característica del macho.

• **Comportamiento:** Hiberna en tierra de octubre a marzo-abril, escondido bajo piedras o raíces, entre el musgo, a veces incluso se entierra profundamente en el suelo. Todo para protegerse de las heladas. Es de costumbres nocturnas y durante el día se refugia de la luz bajo el musgo, los guijarros o la madera muerta.

• **Reproducción:** El acoplamiento tiene lugar en primavera, a partir de abril y hasta mayo-junio en las regiones de alta montaña. La hembra pone sus huevos en el agua, de uno en uno o agrupados en cordones en los lagos de altura, y además los deposita entre la vegetación acuática. La incubación dura unas dos semanas y la metamorfosis de las larvas no comienza hasta tres meses más tarde.

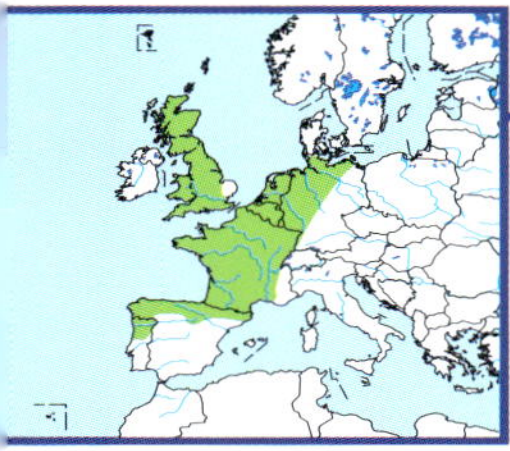

Tritón palmeado

Triturus helveticus

• **Descripción:** Mide 8 cm y es el más pequeño de los tritones europeos. Tiene tres surcos longitudinales sobre la cabeza y los dedos de las patas posteriores del macho lucen una membrana muy desarrollada de color negruzco. Durante el periodo nupcial, el macho luce una cresta de bordes poco marcados y recta, que se extiende sobre el dorso hasta la cintura pélvica y continúa en la cola. La piel es lisa. El dorso presenta generalmente un color oscuro (oliváceo o pardo) y el vientre es amarillo anaranjado.

• **Hábitat:** Ha sido visto lo mismo en aguas estancadas que en arroyos de corriente lenta, e incluso en aguas ligeramente salobres.

• **Régimen alimentario:** En tierra se alimenta de diversos artrópodos, gusanos y moluscos. En el agua, consume insectos y sus larvas, pequeños crustáceos, renacuajos y larvas de tritón (incluso las de su propia especie).

• **Comportamiento:** Fuera del periodo de reproducción puede ser acuático o terrestre. La hibernación se desarrolla en tierra desde octubre a marzo, bajo una alfombra vegetal cualquiera o en el barro.

• **Reproducción:** Según la altitud, los acoplamientos tienen lugar de marzo a mayo, en aguas poco profundas y con mucha vegetación. La hembra pone de 200 a 300 huevos entre las plantas sumergidas. La incubación dura aproximadamente un mes y la metamorfosis comienza tres meses más tarde.

El más pequeño de los tritones europeos cazando entre las plantas sumergidas.

Al tritón palmeado le gustan las aguas con abundante vegetación.

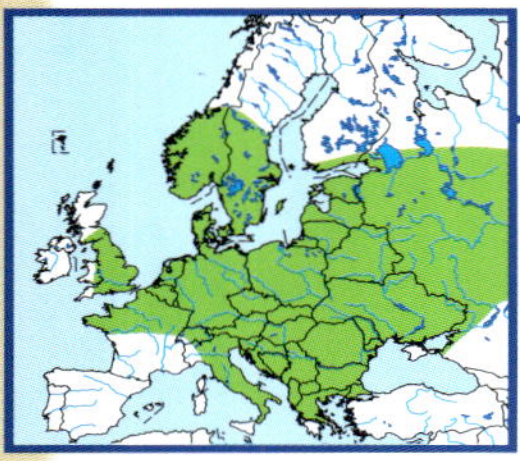

Tritón crestado

Triturus cristatus

● **DESCRIPCIÓN:** El tritón europeo de mayor tamaño mide hasta 18 cm. La cabeza, alargada, está rematada por un hocico redondeado. La cola, en forma de hoz, es casi tan grande como el resto del cuerpo. Los dedos de manos y pies carecen de membranas. Durante el periodo nupcial, el macho luce una cresta dentada muy alta, que se extiende sobre el dorso y la cola, aunque desaparece a la altura de la cintura pélvica. El dorso es generalmente de color oscuro (pardo u oliváceo) y el vientre, amarillo anaranjado, presenta manchas oscuras. También se le conoce con los nombres comunes de tritón verrugoso o encopetado.

● **HÁBITAT:** Se establece en numerosos microecosistemas de aguas estancadas, como charcas. Vive hasta los 1.500 m, en medio de una vegetación abundante. Es uno de los tritones más sensibles a la contaminación.

● **RÉGIMEN ALIMENTARIO:** En tierra o en el agua, se alimenta de pequeños invertebrados: gusanos, insectos y sus larvas, pequeñas babosas, renacuajos o pequeños crustáceos.

● **COMPORTAMIENTO:** Aunque de costumbres principalmente acuáticas, frecuenta también el medio terrestre, sobre todo en verano, periodo en el que muestra hábitos nocturnos. La hibernación comienza con las primeras heladas de octubre y finaliza en marzo. Transcurre entre las raíces de los árboles o en las oquedades del suelo o de las rocas.

● **REPRODUCCIÓN:** El acoplamiento tiene lugar en marzo-abril. Alrededor de una semana después, la hembra deposita entre la vegetación acuática de 200 a 300 huevos, que eclosionan a los 15 días. La metamorfosis se produce 3 meses más tarde.

Macho de tritón crestado en periodo de freza.

Es sensible a la contaminación y le agradan las aguas tranquilas con abundante vegetación (en especial, las elodeas).

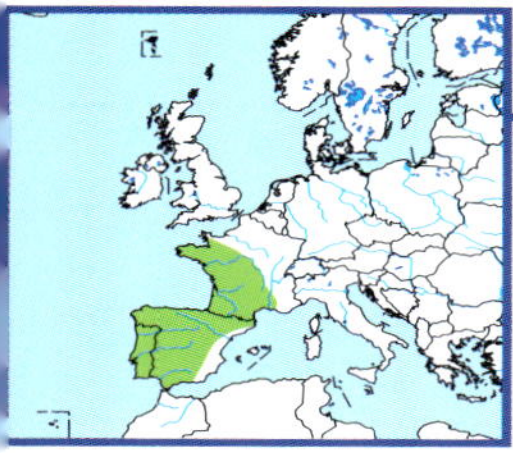

Tritón jaspeado

Triturus marmoratus

• **Descripción:** Es un tritón de tamaño grande (de 14 a 16 cm), aspecto robusto y fuertes patas, que recuerda un poco al tritón crestado. Se diferencia de él por la cabeza más grande y el extraordinario colorido. El dorso es de color verde intenso, con abundantes manchas negras. El vientre, de color oscuro, también presenta puntos negros. La hembra luce una línea dorsal anaranjada. El colorido es más brillante en los individuos que viven en tierra. No tiene los dedos palmeados y la cola es tan larga como el cuerpo. Durante el periodo nupcial, el macho se adorna con una cresta listada en negro que se extiende por el lomo y la cola.

• **Hábitat:** Biotopos variados, a baja o media altitud: charcas y pozas invadidas de vegetación, pequeños estanques, e incluso a veces pozos. Fuera del periodo de reproducción, permanecen más tiempo en tierra, buscando lugares húmedos: sotobosques frescos, praderas pantanosas y cuevas.

• **Régimen alimentario:** Se alimenta de diversos invertebrados acuáticos, como larvas de insectos, pequeños moluscos, crustáceos, renacuajos, larvas de tritón (incluidas las de su especie) o incluso alevines. En tierra consume muchos gusanos, pequeñas babosas e insectos, entre ellos, numerosas cochinillas.

• **Comportamiento:** Tras la reproducción, el tritón jaspeado regresa a tierra firme y adopta hábitos nocturnos. La hibernación se extiende de octubre a febrero en diversas oquedades, bajo las piedras o entre las raíces.

• **Reproducción:** A partir de febrero, los machos vuelven al agua, seguidos al poco tiempo por las hembras. Los acoplamientos tienen lugar en marzo. Se producen simulacros de combates entre los machos, precedidos de una danza nupcial. La hembra pone de 200 a 400 huevos, que deposita de uno en uno o en paquetes en la vegetación acuática. La puesta puede extenderse a lo largo de tres meses. La metamorfosis comienza tres meses después de los nacimientos.

La hembra carece de cresta, pero luce una elegante línea dorsal de color rojo anaranjado.

Macho de tritón jaspeado en periodo nupcial con su cresta característica.

Los anuros

Los representantes de este grupo carecen de cola en su etapa adulta. La piel, generalmente brillante, puede ser lisa o verrugosa. Está provista de glándulas que segregan una abundante mucosidad y veneno. Éste, cuya toxicidad puede ser semejante a la del veneno de las víboras, es totalmente inofensivo para el hombre, ya que los anuros no poseen ningún mecanismo para inocularlo en la sangre. El intercambio respiratorio en el adulto se realiza principalmente a través de la piel y de la mucosa de la cavidad bucal. Los anuros son capaces de asimilar el oxígeno disuelto en el agua, lo que les permite permanecer mucho tiempo sumergidos.

Se caracterizan también por su cuerpo corto y rechoncho, con las extremidades posteriores más desarrolladas que las anteriores y adaptadas al salto y la natación. Los machos cuentan con sacos vocales que amplifican su canto, al contrario de lo que sucede con los urodelos, que son prácticamente silenciosos. Los huevos, que no disponen de cubierta calcárea, son depositados generalmente en el agua, de manera aislada, en racimos o en cordones. Tras la incubación aparecen las jóvenes larvas, que experimentan metamorfosis más acentuadas que las de los urodelos. La cabeza del embrión es grande y está bien diferenciada del cuerpo, que es alargado, mientras que la cola no existe o es rudimentaria. Ésta se desarrolla poco a poco antes de ser reabsorbida. Las patas traseras surgen antes que las delanteras.

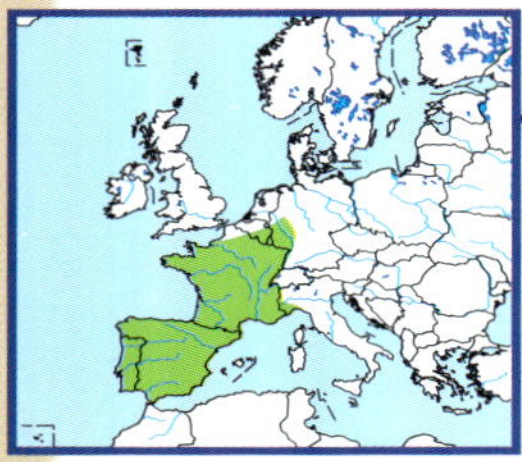

Sapo partero común

Alytes obstetricans

• **DESCRIPCIÓN:** Se trata de un sapo pequeño y rechoncho, cuya longitud no supera los 5 cm. Tiene la cabeza ancha y plana, con hocico redondeado. Los ojos, prominentes, poseen una pupila vertical, de forma más o menos romboidal. Carece de membranas en las manos y de tubérculos subarticulares. El dimorfismo sexual sólo es apreciable en las extremidades posteriores: si se coloca la pata trasera a lo largo del cuerpo, el talón llega hasta el tímpano en el macho y hasta el hombro en la hembra. El vientre, de color blanco grisáceo, está marcado por granulaciones de tono claro. La parte superior de las patas es de una tonalidad rosada, mientras que el dorso es oscuro, pardo o gris con manchas negras. Presenta una mancha de forma triangular entre los hombros.

• **HÁBITAT:** Este sapo frecuenta la vegetación baja, los montones de piedras y los muros viejos. A menudo se refugia bajo un tocón y puede vérsele en los jardines. Vive sobre todo en las llanuras, pero puede alcanzar los 2.000 m al sur de su área de distribución.

• **RÉGIMEN ALIMENTARIO:** Diversas presas de pequeño tamaño que recoge del suelo: gusanos, babosas, insectos y sus larvas.

• **COMPORTAMIENTO:** Relativamente gregario, es el único anfibio que se ocupa de sus huevos. Hiberna de octubre a marzo, entre viejas piedras o raíces. De noche emite un canto muy característico: notas aflautadas de uno a tres segundos que, aunque claramente menos potentes, recuerdan a las

El macho del sapo partero conserva con mimo los huevos puestos por la hembra durante las tres semanas que precisa su incubación.

que emite en primavera el búho chico. Para combatir la desecación en tiempo de canícula, excava a veces una madriguera en busca de un poco de humedad.

• **Reproducción:** El acoplamiento tiene lugar de abril a agosto, en tierra y durante la noche. El macho sujeta a la hembra por el cuello y, mediante movimientos de las patas, provoca una intensa fricción en la región cloacal de su pareja. Estos repetidos masajes (hasta 2.000), acompañados de una violenta compresión de los flancos de la hembra, propician la puesta. Los huevos, alrededor de un centenar, caen entre las patas traseras del macho, que los fecunda al instante. Éste los conserva durante unas tres semanas, hasta que las larvas se convierten en renacuajos provistos de branquias internas. Para evitar la desecación de los huevos, el padre los humedece cada noche en el agua o con el rocío. Aprovechando uno de esos baños, los renacuajos escapan para concluir su ciclo en el medio acuático.

Este minúsculo sapo emite un canto muy particular, que recuerda a la llamada del búho chico.

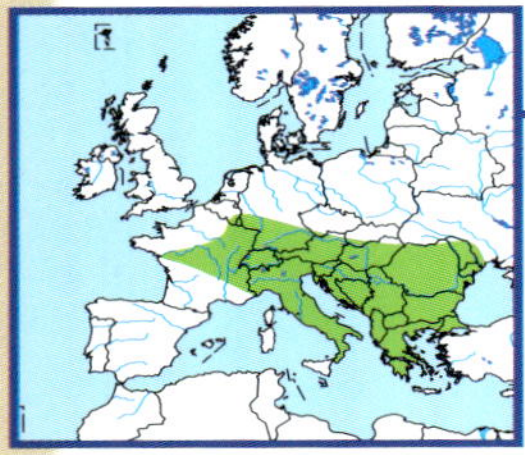

Sapo de vientre amarillo

Bombina variegata
Sapo abigarrado

• **Descripción:** Este minúsculo sapo, cuyo tamaño no excede los 5 cm, se distingue por los intensos colores del vientre –amarillo o naranja jaspeados–, la garganta y la parte inferior de las patas. El dorso es gris o pardo verdoso. La parte superior del cuerpo está protegida por una piel verrugosa, mientras que el vientre es liso. Los ojos, muy saltones, tienen una pupila más o menos triangular o en forma de corazón. Los dedos de las patas delanteras son libres, al contrario que los de las patas traseras, unidos por una membrana muy desarrollada. Cuando pliega las patas de atrás a lo largo del cuerpo, el talón llega hasta la mitad del ojo y del hombro.

• **Hábitat:** Esta especie esencialmente acuática vive en las orillas de las charcas, estanques, pozas o ríos de corriente lenta. Se encuentra también en el borde de las lagunas salobres.

• **Régimen alimentario:** Este sapo se alimenta de gusanos, moluscos, pequeños crustáceos, insectos y sus larvas, y a veces de arácnidos.

• **Comportamiento:** Si se le asusta o molesta, el sapo de vientre amarillo adopta una curiosa posición de defensa: se coloca boca arriba y muestra el vientre de brillantes colores. Puede tratarse de una especie de aviso, que advertiría a un potencial depredador de que su carne no es comestible. Sociable y gregario, vive a menudo en pequeños grupos diurnos.

• **Reproducción:** Los acoplamientos comienzan en abril y se prolongan hasta junio o agosto, según la altitud y las condiciones atmosféricas. La hembra pone un centenar de huevos, cuya incubación dura unos ocho días. Los huevos son depositados entre la vegetación sumergida, en la que se refugian los renacuajos. Tres meses más tarde tiene lugar la metamorfosis.

Al contrario que otros muchos sapos, el sapo de vientre amarillo es muy acuático.

Sapo europeo de vientre rojo

Bombina bombina

Del tamaño de su primo occidental, el sapo europeo de vientre rojo o ululador de vientre rojo vive en la parte oriental de Europa, desde Dinamarca y Polonia a Bulgaria. Ambos pueden encontrarse en Europa central. El sapo europeo se reconoce por la parte inferior del cuerpo, negruzca con puntitos blancos y grandes manchas de intenso color rojo o anaranjado. Su hábitat y costumbres son prácticamente idénticos a los del anterior.

Los vivos colores del abdomen del sapo de vientre amarillo indican que la especie no es comestible.

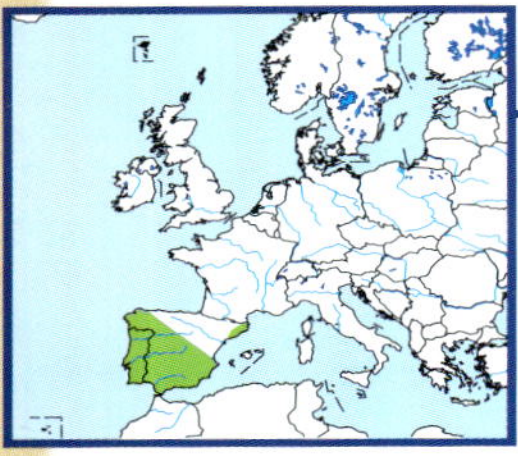

Rana pintada

Discoglossus pictus

Especie emparentada

Merece la pena mencionar al sapo saltador sardo (*Discoglossus sardus*), una especie endémica de Córcega, Cerdeña y las islas Hyères.

• **Descripción:** Llamado también sapo saltador de vientre manchado, es de tamaño medio (de 6 a 7 cm) y recuerda a una pequeña rana con la cabeza aplastada y el hocico puntiagudo. La mandíbula superior tiene dientes y la lengua, no extensible, está fuertemente adherida al suelo de la boca. El tímpano, poco visible, está cubierto de piel. La pupila puede ser redonda o, más a menudo, triangular. El macho carece de sacos vocales y tiene los pies muy palmeados. La piel es muy brillante y con pequeñas verrugas diseminadas sobre el dorso. El vientre presenta granulaciones. La coloración varía mucho: la parte superior del cuerpo es generalmente oscura, con reflejos amarillos o rojizos, mientras que la parte inferior es de color blanco crema, a veces moteado.

• **Hábitat:** Se mantiene siempre cerca del agua, dulce o salobre: ríos, estanques, arroyos, pozos, abrevaderos, aljibes. En periodos de sequía suele excavar pequeñas galerías en el suelo húmedo para combatir la desecación.

• **Régimen alimentario:** Esta especie se alimenta de insectos, gusanos, pequeños moluscos, crustáceos y, en ocasiones, renacuajos.

• **Comportamiento:** Frecuentemente solitario, puede vivir en colonias en determinadas situaciones. Sus periodos de actividad pueden ser nocturnos o diurnos. Muy exigente en materia de humedad, excava madrigueras en verano cuando hay sequía. Si el calor es intenso durante el día, se refugia bajo las raíces, las piedras o en las grietas de las rocas.

• **Reproducción:** Los acoplamientos pueden comenzar a partir de febrero y prolongarse hasta noviembre, con una interrupción durante los meses de calor en las regiones secas donde escasea o desaparece el agua. Cada hembra pone alrededor de 1.000 huevos, que permanecen en la superficie o se hunden hasta el fondo. Las puestas pueden repetirse varias veces. La incubación dura de cinco a diez días y la metamorfosis se produce un mes más tarde. A menudo, los huevos desaparecen como resultado de la desecación de la charca en la que habían sido depositados.

La rana pintada o sapo saltador manchado luce una verdadera librea de camuflaje.

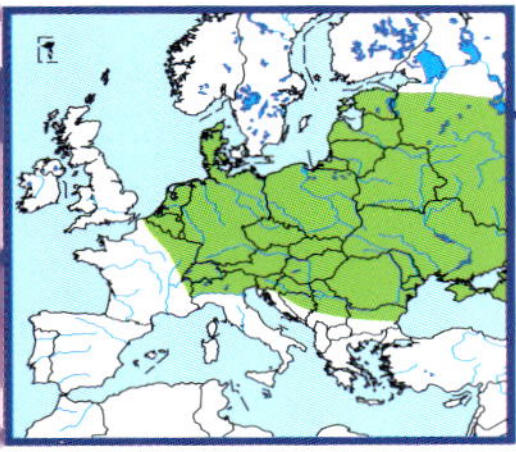

Sapo de espuela

Pelobates fuscus

• **DESCRIPCIÓN:** Este anfibio tiene la cabeza ancha, ojos saltones con pupila vertical y cuerpo liso y rechoncho. Los pies, muy palmeados, están dotados de un tubérculo metatarsiano o «pala», muy desarrollado, que le permite excavar rápidamente en el suelo. El cráneo muestra un engrosamiento en la parte posterior de la cabeza. El dorso, generalmente de color claro (beis o gris), luce manchas o marcas oscuras. A veces aparecen sobre el dorso y los flancos puntitos de un color rojo anaranjado. El vientre es blancuzco, con puntos pardos.
• **HÁBITAT:** Vive en terrenos blandos, sobre todo arenosos, en llanuras o estanques. Aparece frecuentemente en zonas de cultivo. No parece buscar especialmente el agua fuera del periodo de reproducción.
• **RÉGIMEN ALIMENTARIO:** Se alimenta de gusanos y a menudo de insectos, con una marcada predilección por los pequeños coleópteros.
• **COMPORTAMIENTO:** De hábitos esencialmente nocturnos, este sapo pasa la jornada en el interior de una cavidad que excava en el suelo con ayuda de sus sólidos apéndices metatarsianos. Es un excelente nadador y también se desplaza con agilidad por tierra, lo mismo cuando marcha que cuando salta. Si está asustado, adopta una actitud de intimidación para impresionar a su adversario: se lanza sobre el intruso con la boca abierta mientras infla el cuerpo. Al sentirse atrapado, emite penetrantes gritos que sobresaltan al agresor haciéndole soltar la presa.
• **REPRODUCCIÓN:** El acoplamiento tiene lugar desde abril hasta junio. Los huevos, que tienen un diámetro de 2 mm, quedan suspendidos en un único cordón que puede alcanzar una longitud de 1 m. La incubación dura entre cinco y siete días. La metamorfosis de las larvas tiene lugar durante el verano, entre julio y agosto.

El sapo de espuela pasa gran parte del día enterrado en el suelo.

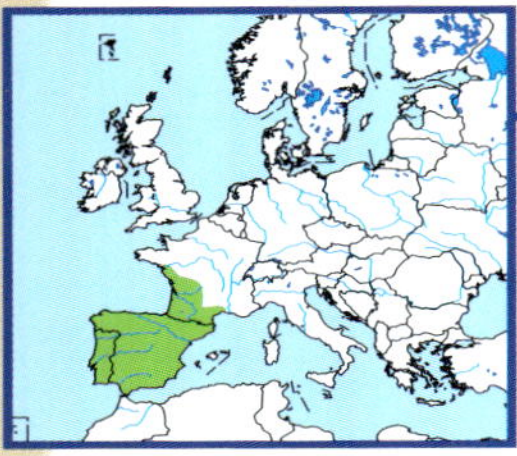

Pie de azadón

Pelobates cultripes
Sapo pie de pala

• **Descripción:** Ligeramente mayor que el anterior sapo de espuela, mide de 5 a 9 cm de media. Tiene el cuerpo fuerte y rechoncho, ojos prominentes de pupila plateada o amarillenta con manchas negras y hendida verticalmente. En las patas posteriores se observa un apéndice metatarsiano (vulgarmente llamado pala o cuchillo) de color negro, muy útil para excavar en el suelo. La cabeza, muy desarrollada, acaba en un hocico redondeado. La parte superior del cuerpo es de color gris amarillento, con jaspeaduras irregulares y manchas pardas o verdosas. No se observan puntos rojos o anaranjados como en el sapo de espuela. El vientre es de un tono blanco amarillento, con manchas oscuras hacia la parte de atrás y puntos de un rojo herrumbroso bajo la garganta.
• **Hábitat:** Se le encuentra en lugares húmedos o pantanosos, siempre en terrenos blandos y arenosos: dunas costeras, playas y a veces en campos de espárragos. Combate la desecación enterrándose en una profunda madriguera vertical que excava con destreza gracias a sus «azadones».
• **Régimen alimentario:** Este sapo se alimenta sobre todo de insectos, en particular de pequeños coleópteros que viven en la tierra o sobre la hierba.
• **Comportamiento:** Es una especie de costumbres más bien nocturnas. Puede enterrarse profundamente, hasta más de 1 m. No parece adoptar la característica posición intimidadora que se observa en el sapo de espuela. Aunque es muy abundante algunos años, casi desaparece en los siguientes, sin que se hayan explicado realmente las razones de esta ausencia. En ocasiones se observan grandes grupos de este sapo tras la lluvia.
• **Reproducción:** La freza primaveral tiene lugar en aguas poco profundas de charcas y estanques, a veces en medios salobres. Los huevos son depositados en largos cordones que se adhieren a las plantas acuáticas, sumergidas o no. Este pelobátido tiene una peculiaridad sorprendente: el renacuajo supera el tamaño del adulto y alcanza a veces el volumen de un huevo de gallina.

La pupila del sapo pie de azadón está hendida verticalmente.

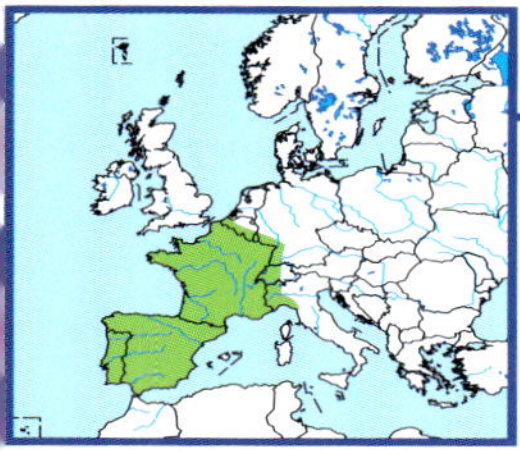

Sapo moteado

Pelodytes punctatus

• **Descripción:** Es un sapo pequeño, cuyo tamaño raramente supera los 5 cm. Tiene el hocico redondeado y ojos saltones con pupila vertical, que parecen desmesurados en relación con el volumen, más bien reducido, de la cabeza. Los tímpanos, de dimensiones modestas, apenas resultan visibles. Tiene el cuerpo alto y patas largas. Las extremidades posteriores están dotadas de una membrana reducida a una simple franja visible a lo largo de los dedos (a veces carece de ella). La piel del dorso es verrugosa; las verrugas más grandes pueden formar líneas irregulares. El vientre y la parte superior de los muslos tienen pequeñas granulaciones, mientras que la garganta, la parte inferior de las patas delanteras y el tórax son lisos. La parte superior del cuerpo es de color gris u oliváceo, normalmente con pequeñas manchas, muy visibles, de color verde intenso. La parte superior del dorso luce generalmente una marca clara, ocre o amarillenta, en forma de X. El vientre es de un blanco crema inmaculado.

• **Hábitat:** Este sapo apenas se aleja de la humedad. Puede vérselo en prados húmedos, a lo largo de los caminos que bordean cursos de agua, al pie de un viejo muro. Durante el día se oculta a menudo bajo una piedra, en una grieta o en una galería poco profunda que él mismo excava. También puede refugiarse a la sombra de un arbusto.

• **Régimen alimentario:** Se alimenta de pequeños insectos, arácnidos, gusanos o babosas.

• **Comportamiento:** Fuera del periodo de reproducción, el sapo moteado tiene hábitos terrestres y nocturnos. Es muy ágil y se desplaza rápidamente a saltitos. También puede escalar superficies totalmente lisas con ayuda del abdomen, que hace las veces de ventosa. Es excavador y con frecuencia se oculta en galerías que él mismo prepara para evitar la desecación. No se ha observado ningún caso de hibernación. Cuando se le manipula, este anfibio segrega una mucosidad cutánea que produce irritación, aunque es poco tóxica.

• **Reproducción:** Puede reproducirse de marzo a octubre, según la latitud. Los periodos más tardíos de freza se dan al sur de su área de distribución. Cada hembra pone hasta 1.600 huevos, agrupados en racimos o cordones y adheridos a la vegetación acuática.

El sapo moteado tiene ojos saltones y la parte superior del cuerpo luce manchas de un color verde brillante.

Durante el día, el sapo moteado se refugia bajo una piedra o en una grieta.

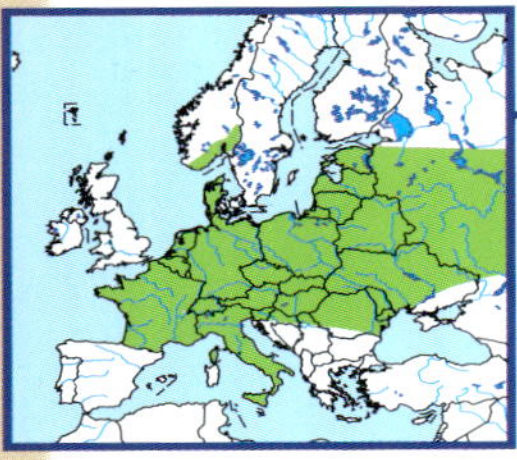

Rana verde

Rana esculenta
Rana común o comestible

• **Descripción:** El tamaño medio de esta rana acuática europea se sitúa entre los 8 y los 9 cm, aunque puede alcanzar 12 cm. Posee dientes en la mandíbula superior. La cabeza es ancha, con ojos saltones de pupila ovalada. Cuando extiende la pata trasera a lo largo del cuerpo, el talón sobrepasa el nivel del tímpano, que es muy visible. Las membranas de las patas posteriores llegan hasta el extremo de los dedos. La piel, lisa en el vientre, presenta menos granulaciones a la altura de las extremidades posteriores. El dorso es ligeramente verrugoso. El macho está equipado con sacos vocales, visibles cuando croa. La coloración varía mucho, pero el verde siempre domina en el dorso. A veces se observan sobre éste reflejos amarillentos con manchas pardas. Los muslos lucen bandas transversales negras. El vientre blanco se adorna frecuentemente con manchas negras.

• **Hábitat:** Ocupa hábitats muy variados, en realidad la mayor parte de los biotopos acuáticos o semiacuáticos de agua dulce: charcas, estanques, pozas, lagos, ríos y arroyos de corriente lenta.

• **Régimen alimentario:** Se alimenta de insectos y sus larvas, gusanos, crustáceos, a veces de alevines o ranas jóvenes.

• **Comportamiento:** La rana verde es gregaria y a menudo vive en colonias numerosas. Es de costumbres diurnas y le encanta tomar el sol. Goza de un gran apetito y es muy hábil capturando

Oculta bajo una capa de lentejas de agua, la rana verde pasa casi totalmente inadvertida.

Posada sobre una hoja de nenúfar, esta rana verde permanece al acecho de cualquier insecto que se le ponga a tiro.

insectos en vuelo: salta en el aire mientras proyecta hacia ellos su lengua pegajosa. La hibernación, que comienza en noviembre y dura hasta marzo, se lleva a cabo en el barro de un estanque o en una oquedad del suelo.

• **Reproducción:** Es de reproducción tardía: entre abril y mayo. La hembra pone de 3.000 a 10.000 huevos, de un diámetro de 1,5 mm, que se precipitan hasta el fondo formando una gran masa gelatinosa. Eclosionan en una semana y la metamorfosis se produce de tres a cuatro meses más tarde.

Durante las horas de más calor, la rana verde se refresca en el agua.

Las patas posteriores se estiran bruscamente proyectando al animal por el aire.

Las patas delanteras, pegadas al cuerpo, se orientan hacia delante para amortiguar el choque.

Las patas traseras, de pies anchos y palmeados, aportan el impulso natatorio bajo el agua.

Aunque permanece al acecho en la superficie, está lista para volver a sumergirse ante el menor peligro.

Entre los depredadores de las ranas verdes están algunos peces. El lucio suele alimentarse de ellas, pero el que se ha especializado en su caza más que otros ha sido el black-bass.

Una reproducción muy especial

Es interesante, y sorprendente, el que la rana verde no sea una especie en el sentido propio del término, sino un híbrido. Para sobrevivir y conservar sus características, la rana verde tiene que hibridarse necesariamente con la rana común europea *(Rana ridibunda)* o con la ranita verde *(Rana lessonae)*.
En este caso, los huevos eclosionarán normalmente, las larvas se desarrollarán y tendrá lugar la metamorfosis que permitirá que crezcan nuevas ranas verdes. Según las generaciones, los híbridos pueden presentar los caracteres de *Rana ridibunda* o de *Rana lessonae.* Se ha constatado que si dos *Rana esculenta* se acoplan, se produce la puesta y los huevos pueden llegar a eclosionar, pero todas las larvas mueren.
Las investigaciones genéticas, que atrajeron la atención de todos los investigadores europeos en la década de 1960, demostraron que existen varias subespecies de *Rana ridibunda* y de *Rana lessonae.*
Este extraordinario tipo de reproducción es conocido también entre algunos peces de América del Sur. Los científicos la denominan «reproducción hibridogenética».
Como detalle curioso hay que señalar que el origen híbrido de la rana verde fue descubierto y anunciado por un investigador polaco poco antes de la II Guerra Mundial, aunque nadie le creyó en ese momento.

Los insectos constituyen una parte muy importante del régimen alimentario de las ranas verdes. Los atrapan con una rara habilidad, proyectando lejos su lengua pegajosa.

La ranita verde
Rana lessonae

Recuerda mucho a la rana verde comestible y a la bermeja, aunque es más pequeña que ellas (de 5 a 7 cm). Vive principalmente en zonas de llanuras y habita las aguas estancadas de pequeña o mediana extensión: charcas, pozas, estanques, ciénagas, turberas. Desde que empieza el periodo de reproducción, en abril-mayo, se escuchan sus conciertos ensordecedores y se las oye croar en varios cientos de metros a la redonda.

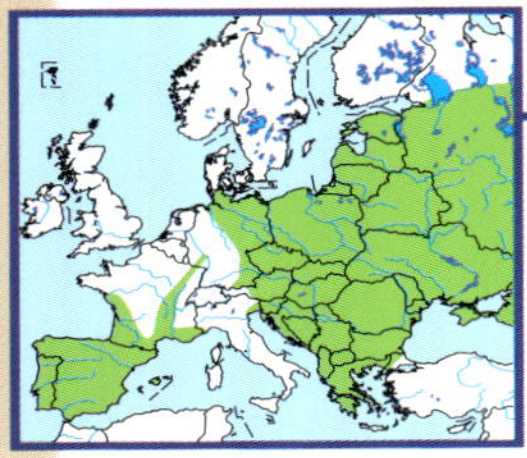

Rana común europea

Rana ridibunda

• **DESCRIPCIÓN:** La rana común europea, la más grande de las ranas europeas, puede medir entre 15 y 17 cm. Sus patas posteriores son más cortas que las de la rana verde. El talón apenas llega al tímpano cuando estira la pata de atrás a lo largo del cuerpo. El color puede variar mucho. Generalmente, el dorso, de color verde oliva y con grandes puntos oscuros, contrasta con la parte inferior blanquecina y con más o menos manchas grises. A menudo se observa una línea vertebral clara, pero nunca aparecen manchas temporales.

• **HÁBITAT:** A esta rana le gustan todos los lugares húmedos y con vegetación abundante: charcas, estanques, meandros y brazos muertos de los ríos, protegidos de las corrientes principales. Vive a una altitud media o baja y nunca por encima de los 600 m.

Macho de rana europea común con los sacos vocales hinchados a los lados.

• **RÉGIMEN ALIMENTARIO:** Tiene un buen apetito. Captura con habilidad a sus presas, a las que atrapa proyectando hacia arriba su lengua, a menudo después de un salto que puede alcanzar 2 m de longitud. Consume sobre todo insectos (hasta del tamaño de las grandes libélulas), a los que se suman gusanos, pequeños moluscos y babosas. En ocasiones, caza micromamíferos (insectívoros y roedores), pequeñas ranas y lagartos.

• **COMPORTAMIENTO:** Es de costumbres más bien diurnas, aunque también permanece activa durante las noches de verano. Es muy curiosa y parece sentirse atraída por el movimiento, lo que la convierte en una presa fácil para los niños. Hiberna de octubre a mayo.

• **REPRODUCCIÓN:** El acoplamiento y la puesta tienen lugar en el agua a finales de la primavera, desde abril a mayo. La hembra deposita hasta diez pequeños paquetes que contienen alrededor de 1.000 huevos cada uno. Estas masas gelatinosas se hunden y se fijan al fondo sobre la vegetación acuática. La fase larvaria dura entre 21 y 25 semanas. Los renacuajos son de un color beis, lo que los distingue de las crías de *Rana esculenta*. Pueden llegar a medir 10 cm.

Acoplamiento axilar de las ranas europeas comunes.

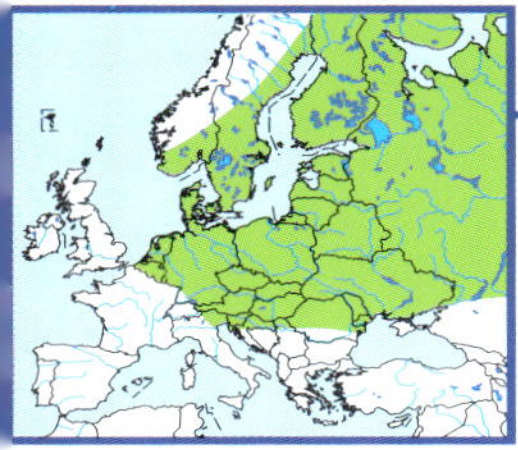

Rana campestre

Rana arvalis

• **DESCRIPCIÓN:** Esta rana rechoncha, que mide entre 7 y 8 cm, puede ser confundida con la rana bermeja (*Rana temporaria*), un poco más grande, y con la rana ágil (*Rana dalmatina*), de similar tamaño. No obstante, su hocico es más puntiagudo y sus patas posteriores son relativamente cortas (cuando despliega las patas traseras a lo largo del cuerpo, el talón no alcanza la punta del hocico). El tímpano, pequeño pero muy visible, queda resaltado por una marca oscura que se prolonga hasta la parte delantera de las patas y hasta la nariz. Su piel es granujienta, cubierta de pequeñas verrugas que forman una especie de relieve de puntos muy característico. Además, presenta un engrosamiento dorso-lateral muy marcado. El cuerpo es de color pardo con manchas oscuras. La parte inferior es de un gris blanquecino, sin manchas.

• **HÁBITAT:** Esta rana busca la humedad y parece más exigente en este aspecto que la rana bermeja o temporaria, por ejemplo. Debido a esto, vive sobre todo en prados encharcados, sotobosques y landas. Aprecia especialmente las turberas al final de su evolución, ya que le ofrecen el agua indispensable y la protección de una cubierta.

• **RÉGIMEN ALIMENTARIO:** Consume gran cantidad de insectos, a los que añade pequeños moluscos, gusanos y pequeños crustáceos (cochinillas).

• **COMPORTAMIENTO:** La rana campestre es terrestre y sólo se dirige al agua para reproducirse. Es capaz de realizar saltos de una longitud impresionante con relación a su reducido tamaño. Hiberna desde noviembre a febrero-marzo.

• **REPRODUCCIÓN:** La reproducción tiene lugar entre abril y mayo, según la altitud y la latitud. La puesta, que se compone de entre 1.000 y 2.000 huevos, es frecuentemente depositada en entornos acuáticos no permanentes (charcas, charcos...).

A pesar de su nombre, la rana campestre es exigente en lo que a humedad se refiere. Habita principalmente turberas y prados encharcados.

Esta rana campestre ha encontrado refugio en un curioso hongo: una peziza.

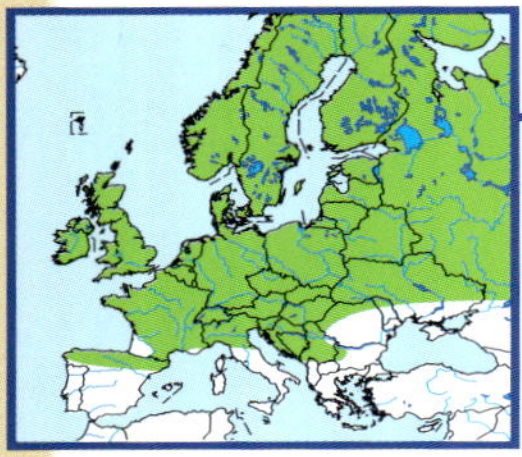

Rana bermeja

Rana temporaria

• **Descripción:** El cuerpo es robusto, su tamaño no supera los 10 cm y las patas traseras son cortas. Cuando estira la pata de atrás a lo largo del cuerpo, el talón rara vez supera el nivel de la nariz. La cabeza es ancha, con el hocico redondeado y tímpanos muy visibles. Tiene membranas interdigitales incompletas en las extremidades posteriores. El macho posee dos sacos vocales internos. La coloración varía según el entorno en el que habita, la estación y los individuos. El dorso, generalmente pardo, amarillento, bermejo o gris, está marcado con una V invertida entre los hombros, que puede o no ser visible. Una mancha oscura se extiende a cada lado de la cabeza, desde la nariz a la parte posterior del ojo. En la parte superior del cuerpo se observan manchas oscuras desigualmente repartidas, pero nunca rayas. El vientre es claro y puede o no lucir un jaspeado pardo.

• **Hábitat:** La rana bermeja o temporaria ocupa biotopos muy diversificados. Sólo necesita verdaderamente el agua durante la época de reproducción. Es muy mimética y se esconde entre las hierbas altas de los prados y campos, en los taludes, los contornos de los setos, los bosquecillos o los parques y jardines. Se la puede encontrar hasta a 2.800 m de altitud.

• **Régimen alimentario:** Se alimenta de diversos invertebrados terrestres: insectos y sus larvas, moluscos (caracoles), pequeños crustáceos (cochinillas) y lombrices de tierra.

• **Comportamiento:** La hibernación comienza en octubre y dura hasta febrero. Tiene lugar en el barro o en una cavidad del suelo. La rana bermeja permanece activa durante el día si el tiempo

La rana bermeja puede vivir lejos del agua, en prados, turberas desecadas o jardines.

Acoplamiento axilar y acuático de la rana bermeja.

es lluvioso y la temperatura, moderada. En verano, cuando los días son calurosos, adopta hábitos nocturnos o crepusculares, buscando refugio cerca del agua o en lugares frescos.

• **REPRODUCCIÓN:** La freza, que se desarrolla en el agua, es precoz: puede producirse hacia mediados de febrero, con lo que los huevos quedan expuestos a las heladas. La hembra deposita los huevos en charcas, estanques, pozas o turberas en zonas altas. Pone de 400 a 1.000 huevos en montones gelatinosos, que primero se hunden hasta el fondo y más tarde ascienden a la superficie. El periodo de incubación es de aproximadamente tres semanas y la metamorfosis se produce tres meses más tarde. La freza da lugar a grandes reuniones de ranas bermejas, en especial en prados de montaña, donde son objeto aún de caza ilegal.

La freza de la rana bermeja es tan temprana que en las zonas altas los huevos a veces acaban destruidos por las heladas.

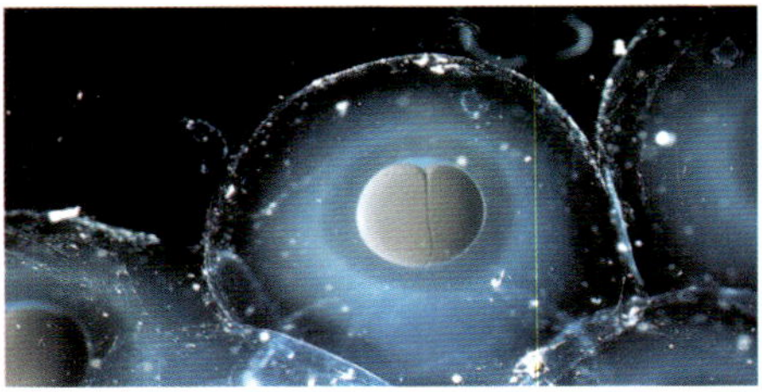

Primera división celular: el huevo se divide en dos hemisferios desiguales.

La división continúa: el huevo se divide en cuatro.

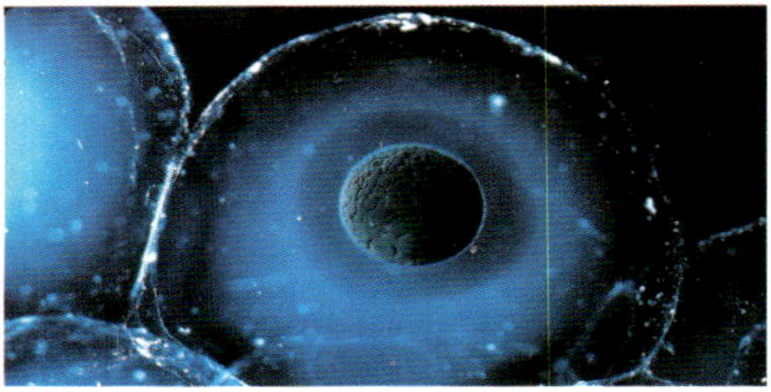

El aspecto granuloso presagia la diferenciación de los órganos.

Comienza la diferenciación: se observa el esbozo de la cola.

Los embriones están protegidos de las agresiones externas por una envoltura gelatinosa.

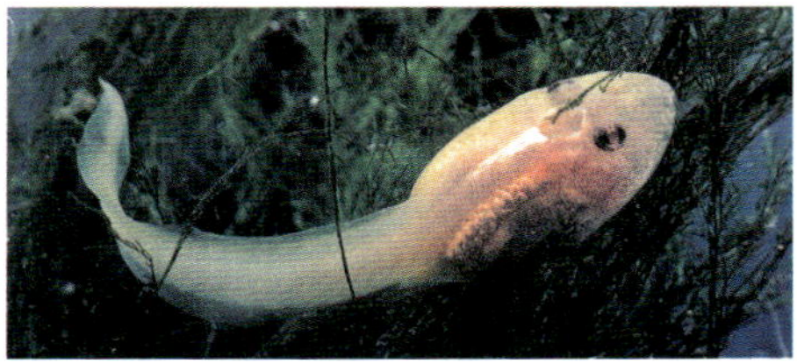

El conjunto de los órganos vitales está localizado en la cabeza del renacuajo.

Las patas posteriores aparecen antes que las delanteras.

La cola acaba de caer: he aquí un adulto en miniatura.

Un nuevo invasor: la rana toro
(Rana catesbeiana)

La rana toro o rana mugidora vive en la costa este de Norteamérica, desde Nueva Escocia a Florida. Fue introducida en otros estados, como California, y en la actualidad se encuentra incluso en México. Lo primero que llama la atención son sus sorprendentes dimensiones: unos 45 cm de largo y un peso que puede superar los 500 g. Sin duda, una rana de este tamaño es un depredador muy activo que sabe explotar todos los recursos que le ofrece su entorno: devora indistintamente reptiles, crustáceos, anfibios y sus larvas, e incluso pequeñas aves. Algunos observadores la han visto atrapar murciélagos en pleno vuelo. Es caníbal, por lo que no duda en satisfacer su apetito a costa de sus congéneres.
A esta voracidad se añade una gran capacidad reproductiva –cada hembra pone una media de 20.000 huevos– y una extraordinaria facultad de adaptación. Aunque prefiere las aguas tranquilas y cálidas, con abundante vegetación, puede acomodarse perfectamente a los medios más diversos, en particular a biotopos contaminados o degradados por el hombre. Además, soporta oscilaciones térmicas mortales para el resto de los anfibios.
En resumen, su extrema rusticidad hace de ella un animal muy competitivo y un potencial invasor.
La especie se introdujo en España en 1987, en Cáceres, por unos ejemplares escapados de una granja. Su difusión no es muy amplia en el hábitat natural, actualmente, aunque existen varias granjas dedicadas a su cría en diferentes provincias: Madrid, Cáceres, Zaragoza, etc. Es cierto que este anfibio ejerce una depredación catastrófica sobre las poblaciones piscícolas, al igual que sobre otros batracios, serpientes y pequeñas aves. Se trata de una actuación desastrosa que ya ha despoblado de vida algunos lagos de Colorado y California, donde la especie fue también introducida.

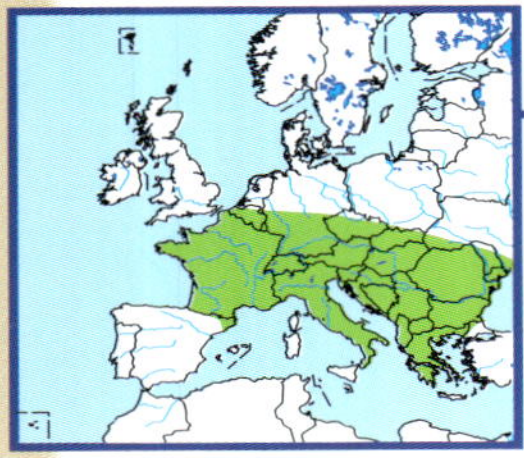

Rana ágil

Rana dalmatina

• **DESCRIPCIÓN:** El tamaño de la rana ágil o saltadora no sobrepasa los 9 cm, pero sus patas posteriores son muy largas. Cuando las extiende a lo largo del cuerpo, el talón llega a la altura del hocico. La cabeza es alargada y la piel de la parte superior del cuerpo, lisa. Las membranas interdigitales de las patas traseras no llegan al extremo de los dedos. El color es generalmente beis claro o rojizo en la parte superior, con manchitas oscuras. A menudo luce una V invertida y oscura a nivel de los hombros. Las extremidades posteriores están estriadas con bandas oscuras y transversales. Frecuentemente es visible una marca negra a ambos lados de la cabeza, sobre los ojos y los tímpanos. El vientre es de color blanco, con más o menos manchas. Se observa la ausencia de sacos vocales en el macho.

Esta rana vive principalmente en tierra, en la hierba de los prados húmedos.

• **HÁBITAT:** La rana ágil vive en prados húmedos, setos y bosquecillos cerca del agua, hasta los 1.000 m de altitud.

• **RÉGIMEN ALIMENTARIO:** Se alimenta sobre todo de gusanos, pequeños limacos e insectos.

• **COMPORTAMIENTO:** Machos y hembras no comparten los mismos lugares de hibernación. Los primeros pasan toda la estación fría en el agua, ocultos en el barro, mientras que las hembras hibernan en una cavidad del suelo, bajo un tocón, una piedra, un montón de hojas muertas o de ramas. La rana ágil es esencialmente terrestre y de hábitos más bien nocturnos. Su canto es muy discreto. En caso de peligro es capaz de realizar saltos impresionantes de más de 2 m de longitud. Si tenemos en cuenta su pequeño tamaño, las marcas de nuestros mejores saltadores resultan casi insignificantes.

• **REPRODUCCIÓN:** El periodo de reproducción comienza hacia mediados de marzo. La hembra deposita de 600 a 1.400 huevos, no flotantes, en un pequeño estanque, una charca o una poza llena de agua. La incubación dura unas tres semanas. La metamorfosis de los renacuajos se produce dos meses después de la eclosión.

Gracias a sus patas traseras, muy largas,
la rana ágil puede efectuar saltos de más de 2 m.

ESPECIES EMPARENTADAS

La rana ágil y la rana bermeja pueden ser fácilmente confundidas con al menos cuatro especies estrechamente emparentadas. Si tenemos en cuenta que acaba de ser identificada otra rana de color pardo en los Pirineos franceses, podemos suponer que la lista puede ampliarse… Las cuatro especies más comunes son:

La rana ibérica *(Rana iberica)*, una especie presente en el noroeste de España y el norte de Portugal.

La rana ágil de Italia *(Rana latastei)*, que vive en el norte de Italia, de la llanura del Po a Eslovenia, con un emplazamiento pendiente de confirmación en Suiza. En marcada regresión.

La rana griega de Italia *(Rana italica)*, considerada como subespecie de la rana griega, está confinada a la vertiente occidental de los Apeninos, de Génova a Calabria.

La rana griega *(Rana graeca)*, que recuerda a un sapo pequeño y se extiende desde la antigua Yugoslavia al Peloponeso. Habita en montañas boscosas de las vertientes occidentales y evita las llanuras.

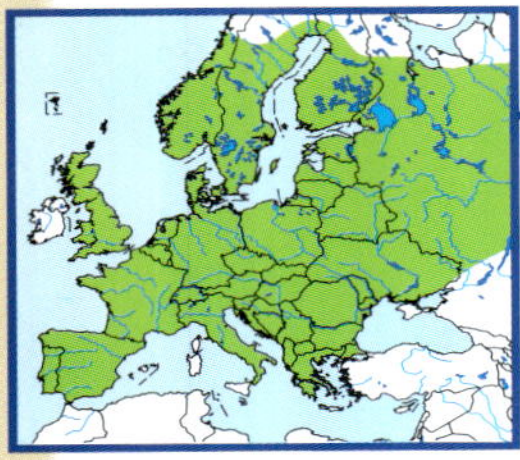

Sapo común europeo

Bufo bufo
Sapo vulgar

• **Descripción:** Su cuerpo macizo y rechoncho puede alcanzar un tamaño impresionante: algunas hembras llegan a medir 19 cm. La cabeza ancha, de hocico redondeado, tiene mandíbulas sin dientes. El ojo, de pupila horizontal, luce magníficos reflejos cobrizos sobre fondo dorado. La piel es verrugosa y la de la parte superior del cuerpo encierra numerosas glándulas. Los dedos de las manos no son palmeados, al contrario que los de los pies, que lo son en parte. Se aprecia la ausencia de sacos vocales externos. La coloración del dorso, muy variable, va de un beis gamuza a un pardo rojizo o verdoso. El vientre, más claro, deja ver algunas jaspeaduras pardas.

• **Hábitat:** El sapo común europeo es un huésped útil para los jardines que suele frecuentar. Más o menos comensal del hombre, puede aventurarse hasta los sótanos. Puede vérsele en las llanuras y en altitudes medias, hasta los 2.000 m de altitud. Vive en hábitats variados, le agradan los bosques y la vegetación baja, se instala a lo largo o en el centro de los setos y taludes, sobre terrenos baldíos, en las orillas de los cursos de agua, los lagos y estanques. También se le puede observar en aguas salobres.

• **Régimen alimentario:** Consume una enorme cantidad de animales indeseables para el huerto: limacos, hormigas y otros insectos. Le encantan las lombrices de tierra, las arañas, cochinillas y otros invertebrados diversos.

• **Comportamiento:** Cuando se tiene la suerte de contar con un sapo en el jardín, uno queda sorprendido por su temperamento hogareño y su fidelidad a un mismo refugio, situado a menudo bajo una plancha de madera, una piedra, un viejo tocón o una grieta de un muro. El sapo rara vez salta (excepto si se le molesta o asusta) y suele desplazarse a ritmo de marcha o corriendo, según la urgencia del momento. Es un excelente nadador y un buen trepador. De hábitos crepusculares o nocturnos, puede adoptar costumbres diurnas cuando el tiempo es lluvioso. La hibernación comienza en octubre y se desarrolla en un agujero que excava él mismo entre las piedras. Si el emplazamiento es favorable, pueden reunirse varios

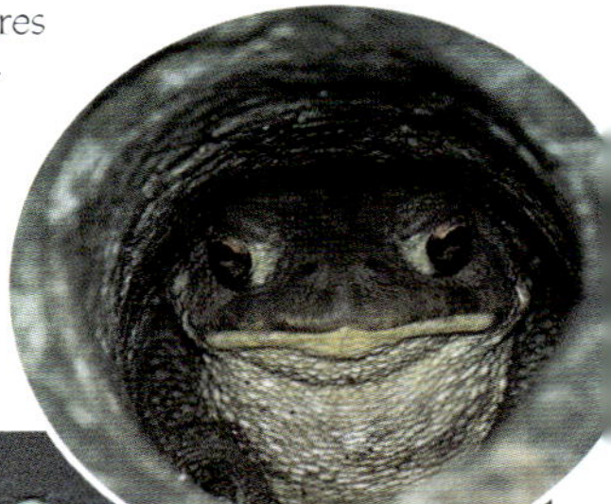

El sapo común sólo se dirige al agua para reproducirse. El resto del tiempo vive en tierra, oculto en una grieta o bajo una piedra.

El sapo común europeo es un huésped útil en el jardín, ya que consume gusanos, numerosos insectos indeseables y limacos.

individuos. Cuando está asustado, se aplasta contra el suelo e hincha lo más posible el cuerpo. Fue un sapo (y no una rana) el inspirador de la famosa fábula de La Fontaine...

• **Reproducción:** El sapo común europeo es muy fiel a su lugar de nacimiento. Muy a menudo es allí donde se reproduce de adulto. Los acoplamientos tienen lugar desde marzo a principios de abril en el agua, entre la vegetación de una charca o un estanque. Los prolegómenos de la fase reproductora provocan grandes reuniones de anfibios en el curso de las cuales los machos se disputan ruidosamente a las hembras. El acoplamiento, axilar, puede durar varios días. La hembra pone de 200 a 7.000 huevos, unidos entre sí por dos cordones gelatinosos que se adhieren a los tallos de las plantas acuáticas. Los renacuajos, de color oscuro, eclosionan dos semanas después y experimentan su metamorfosis en junio o julio.

El periodo de freza da lugar a grandes reuniones de sapos.

En ocasiones, varios machos cortejan a la misma hembra.

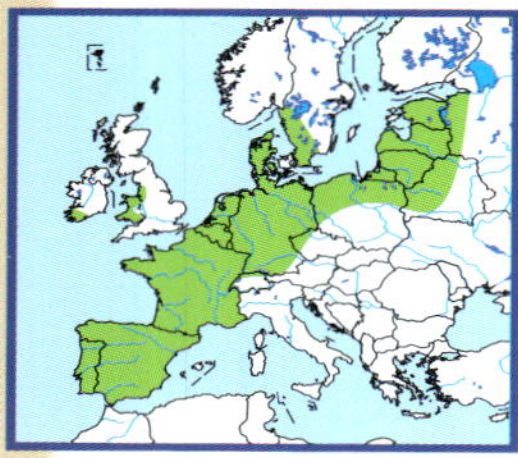

Sapo corredor

Bufo calamita
Sapo de los juncos

• **DESCRIPCIÓN:** De tamaño medio (de 7 a 10 cm), el sapo corredor tiene muy cortas las patas traseras: cuando las extiende a lo largo del cuerpo, el talón no sobrepasa nunca el nivel del ojo. Tiene parcialmente palmeada la base de los dedos del pie. La cabeza, más estrecha que la del sapo común, luce una banda longitudinal amarilla que se prolonga sobre la columna vertebral. El macho posee un saco vocal interno situado bajo la garganta. Los ojos tienen la pupila horizontal. El dorso verrugoso, de color verde o grisáceo, tiene un jaspeado oscuro. El vientre es claro, con manchas oscuras.

• **HÁBITAT:** Se lo puede ver cerca de los estanques y parece mostrar predilección por los terrenos arenosos: por lo tanto, habita en las dunas e inmediaciones de los arenales. Es fundamentalmente una especie propia de las llanuras.

• **RÉGIMEN ALIMENTARIO:** Es idéntico al de otros sapos: está compuesto de insectos (hormigas), gusanos, limacos y arácnidos.

• **COMPORTAMIENTO:** Este sapo es de costumbres nocturnas. Las noches pueden animarse con auténticos conciertos: la duración de su sonoro croar, que se oye desde largas distancias, apenas supera uno o dos segundos, se interrumpe en seco y vuelve a comenzar. Como la mayoría de los sapos, se desplaza a ritmo de marcha o a la carrera, rara vez a saltos. Cuando es agredido, adopta un comportamiento de intimidación típico: infla el cuerpo y emite ruidosos soplidos; a veces sus glándulas

Este sapo busca lugares húmedos con sustrato arenoso y abundante vegetación.

Por la noche, el sapo corredor deja oír su poderoso canto acompañado de sus congéneres en un concierto que puede escucharse desde muy lejos.

cutáneas producen una espuma gris y nauseabunda. Es un excelente trepador y puede salvar paredes verticales. Hiberna desde octubre hasta finales de febrero, en un refugio subterráneo que él mismo excava o en cualquier grieta.

• **Reproducción:** Los periodos de acoplamiento se producen generalmente en abril y mayo, pero pueden prolongarse hasta finales del verano. Cada hembra pone de 3.000 a 4.000 huevos, repartidos en dos cordones paralelos. La incubación dura de cuatro a seis días. La metamorfosis ocurre siete semanas después de la eclosión.

A este sapo se lo puede observar entre la vegetación de las dunas o en las inmediaciones de los arenales.

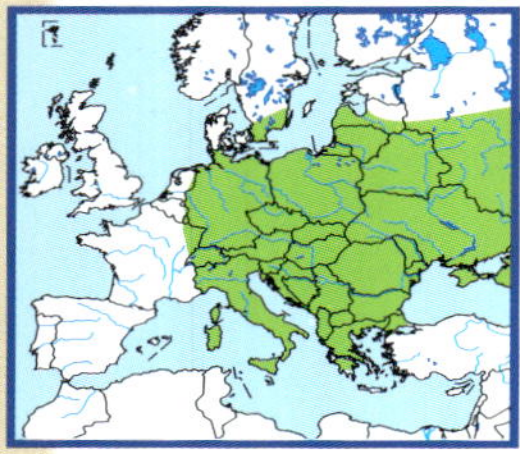

Sapo verde

Bufo viridis

• **Descripción:** Este sapo de tamaño medio (de 7 a 10 cm) tiene las patas posteriores más largas que las del sapo europeo común. Si se despliega la pata trasera a lo largo del cuerpo del animal, el talón supera la altura del ojo. Esto hace que a menudo se desplace saltando. El iris es verde, con manchas vermiformes de color negro, y el tímpano resulta muy visible. Con frecuencia luce una capa muy contrastada: verdosa o grisácea, con grandes manchas en forma de jaspeado, de color oscuro y bien delimitadas. Su nombre común no se refiere necesariamente a las tonalidades de su piel, que también puede ser de un blanco cremoso o rosado. El dorso es verrugoso, mientras que su cara ventral, más lisa, es ligeramente granujienta. El macho tiene sacos vocales internos.

• **Hábitat:** En Europa central y occidental busca espacios abiertos, como prados pantanosos. También aparece con frecuencia cerca de construcciones. Igualmente, puede colonizar estepas con fuertes contrastes climatológicos hasta una altitud de 4.500 m, en Asia.

• **Régimen alimentario:** Es absolutamente idéntico al de otros sapos, a base de pequeñas presas animales: gusanos, insectos, moluscos, pequeños crustáceos, arácnidos.

El iris verde característico de este sapo.

Poco antes de la freza, los sapos se dirigen hacia aguas estancadas para depositar allí sus huevos.

Puesta típica del sapo verde.

• **Comportamiento:** Sus hábitos son más acuáticos que los del sapo común y sus costumbres fundamentalmente nocturnas. Hiberna de octubre a marzo en el musgo o en anfractuosidades rocosas.

• **Reproducción:** Parece sensible a las bajas temperaturas. Se reproduce muy tardíamente en el agua, de mayo a junio. Cada hembra pone de 10.000 a 20.000 huevos agrupados en dos cordones gelatinosos que se adhieren a la vegetación acuática. La incubación dura unos 5 días.

Los huevos del sapo verde, agrupados en dos cordones gelatinosos, son depositados a veces entre los guijarros de las orillas.

El sapo verde tolera climas extremos. Se lo puede observar en las estepas de Asia central y en las estribaciones del Himalaya, hasta 4.500 m.

El sapo verde hiberna de octubre a marzo entre el musgo o en una cavidad rocosa.

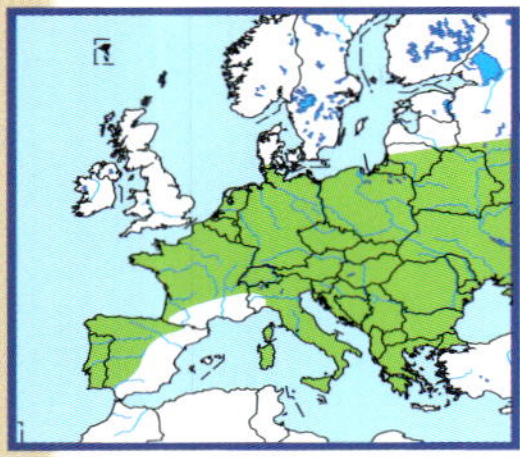

Ranita verde de san Antón

Hyla arborea

• **DESCRIPCIÓN:** El tamaño de esta rana no supera 4-5 cm. Tiene la cabeza ancha, con hocico redondo. La pupila, de forma lenticular, es horizontal. Las patas son delgadas y largas. Las manos, ligeramente palmeadas, poseen en los dedos una especie de almohadillas adhesivas que permiten a la ranita desplazarse sobre superficies lisas. Los dedos de los pies son palmeados y cuentan también con discos adhesivos. La piel es uniformemente lisa en la parte superior y ligeramente granujienta en la inferior. El macho tiene un saco vocal que, una vez inflado, alcanza un volumen superior al de la cabeza. Es muy arborícola y destaca en el arte del camuflaje. Su coloración puede variar de una estación a otra, según el medio en el que viva. Cuando hace buen tiempo, el dorso es generalmente verde, el vientre blanco y el extremo de las patas claro. En función de algunos factores externos (color del sustrato, luminosidad), esta coloración puede apagarse y virar a un pardo oscuro o, por el contrario, presentar una coloración predominantemente amarilla. Del ojo parte una banda oscura que se prolonga a lo largo de los flancos.

• **HÁBITAT:** Sólo frecuenta hábitats que disponen de una vegetación suficiente, en particular los cinturones situados al borde de charcas, estanques o pantanos. También se la puede ver en los márgenes de bosques, entre las zarzas de los calveros, en landas húmedas y prados pantanosos. Con la canícula puede aparecer en los pozos o en cavidades subterráneas.

• **RÉGIMEN ALIMENTARIO:** La ranita verde de san Antón se alimenta de diversas presas vivas de pequeño tamaño: gusanos, insectos, miriápodos. Captura a los insectos con gran habilidad proyectando su lengua.

• **COMPORTAMIENTO:** Esta ranita permanece activa sobre todo en el crepúsculo y durante la noche. A veces salta desde

Cuando reposa sobre una hoja, la ranita de san Antón resulta totalmente mimética.

La ranita verde de san Antón es sin duda el único anfibio europeo (con la mediterránea) que vive encaramado en los tallos de árboles y arbustos.

Ranita verde del Mediterráneo
Hyla meridionalis

Recuerda mucho a la ranita verde de san Antón, pero se distingue de ésta por la ausencia de banda oscura a lo largo de los costados. Es de hábitos menos arborícolas que los de su prima y vive en las inmediaciones de charcas, estanques y zonas pantanosas. También puede vérsela a menudo en los jardines regados abundantemente durante el verano. Hiberna en el barro o bajo las hojas, de octubre a marzo. Su distribución es muy meridional: Italia, sur de Francia y sur de España.

su percha para atrapar un insecto al vuelo, demostrando una vivacidad y agilidad sorprendentes. Además de su extraordinario mimetismo (si le falta un pigmento cutáneo amarillo puede volverse completamente azul), la ranita verde de san Antón presenta la particularidad de vivir únicamente en los árboles, debajo o encima de las hojas, a las que se adhiere gracias a sus almohadillas. Hiberna desde octubre a marzo. El macho puede emitir un canto muy poderoso inflando su saco vocal.

- **Reproducción:** En el mes de abril, los machos acuden los primeros hasta el agua donde tendrá lugar la puesta. Delimitan un territorio de alrededor de 6 m de diámetro, que defienden de las intromisiones de sus congéneres y rivales. Cuando llega la noche, emiten su canto amoroso para atraer y guiar a las hembras. Cada hembra puede depositar entre 800 y 1.000 huevos, que flotan en la superficie del agua y cuya incubación dura quince días. La metamorfosis se produce tres meses más tarde. Las ranitas verdes de san Antón abandonan entonces el líquido elemento, pero sólo se convierten en arborícolas tres meses después.

Cualquier percha puede satisfacer a la ranita verde de san Antón.

El saco vocal inflado de un macho mientras emite su canto.

REPTILES

REPTILES

En Europa existe más de un centenar de especies de reptiles, sin contar las tortugas marinas que se observan esporádicamente y de manera fortuita en nuestras costas. Más evolucionados que los anfibios, los reptiles están también más diversificados y habitan en entornos muy variados. Muchos de ellos resisten mejor la deshidratación que la mayor parte de los animales terrestres y llegan a sobrevivir en condiciones de sequedad extrema.

La clase de los reptiles agrupa tres órdenes: el de los quelonios, correspondiente a las tortugas terrestres y marinas; el de los ofidios, que agrupa el conjunto de las serpientes y las culebras; y el orden de los lepidosaurios, que comprende a todos los lagartos.

Se trata de animales muy diferentes en su morfología, al igual que en sus comportamientos y hábitats preferidos.

LA REPRODUCCIÓN

Una de las principales diferencias que se observa entre los reptiles y los anfibios en términos evolutivos se da en el terreno de la reproducción. La fecundación, que no es externa sino interna, tiene lugar tras un verdadero coito en el curso del cual interviene un órgano copulador eréctil, a menudo doble y denominado hemipene. Se trata de una auténtica revolución en la evolución del reino animal y de una primera e importante adaptación a la vida terrestre. La copulación propiamente dicha puede durar varias horas. A menudo viene precedida de complejas paradas y combates rituales, sin mayores consecuencias, entre los machos, como resultado de los cuales los individuos dominantes se adjudican el derecho de aparearse.

La mayoría de los lagartos son ovíparos y entierran sus huevos en el suelo.

Algunos lepidosaurios son ovovivíparos (en la foto un lagarto vivíparo), lo que les permite sobrevivir en climas duros.

El lagarto ocelado,
joya de nuestra herpetofauna,
es el mayor y más hermoso
de los lacértidos europeos.
También es uno
de los más amenazados.

Un joven lagarto verde abandona la cáscara apergaminada del huevo.

La mayoría de los reptiles son ovíparos. Depositan siempre en tierra sus huevos, nunca en el agua. Con frecuencia, la hembra busca un lugar adecuado para una incubación rápida, en el que reine una atmósfera cálida y húmeca: un montón de compost, estiércol, humus, o bien hojas en descomposición. Si el sitio es propicio, pueden encontrarse grupos espectaculares: un montón de estiércol, por ejemplo, puede contener la puesta de numerosas hembras de culebra de agua europea común o serpiente de collar. Generalmene, en nuestras latitudes la mayor parte de las progenitoras dejan de interesarse por los huevos una vez depositados y los abandonan después de ocultarlos. En el momento de la eclosión, las crías perforan la envoltura que las protege con ayuda de una protuberancia puntiaguda orientada hacia delante y denominada «diente del huevo», que se desprende inmediatamente después. Los lagartos, las tortugas o las serpientes jóvenes recuerdan a sus padres y respiran ya mediante pulmones. No experimentan la metamorfosis de los anfibios. Ya desde el momento en que nacen, las víboras pueden morder e inocular su veneno, aunque en una cantidad muy pequeña.

El desarrollo total del embrión puede producirse también en el interior de los conductos genitales de la madre. Los jóvenes llegan al mundo completamente formados, protegidos sólo por una delgada membrana que se rompe en el momento del parto o inmediatamente antes. Ambos métodos de reproducción pueden darse alternativamente en una misma especie, dependiendo de los rigores del clima. Así, si las condiciones atmosféricas no han sido lo bastante benignas a lo largo del año en zonas altas, la víbora europea común puede esperar hasta la primavera siguiente para dar a luz a sus crías.

El ovoviviparismo presenta muchas ventajas, en especial una menor vulnerabilidad frente a los depredadores, así como una mayor capacidad de adaptación a los climas extremos.

Como muchos animales, los reptiles albergan numerosos parásitos. En la fotografía de arriba vemos dos pequeños ácaros sobre el ojo de una salamanquesa común.

Los órganos sensoriales

Los lagartos poseen una buena capacidad auditiva (menos desarrollada en las tortugas), debido a que el oído se abre al exterior mediante la delgada membrana del tímpano. Éste puede ser claramente visible o estar disimulado bajo una película de escamas.

Las serpientes no cuentan con este sistema de audición perfeccionado: los ofidios carecen de oído externo, conducto auditivo y tímpano. Perciben sólo en

El tímpano de este lagarto verde, situado en la parte posterior de la cabeza, resulta muy visible.

La lengua es un órgano táctil muy importante en los ofidios.

Los quelónidos poseen un fuerte pico córneo.

parte la propagación de las ondas sonoras, pero, en compensación, su oído interno puede advertir la menor vibración, incluidas las transmitidas por el paso de un caminante o el trote de un pequeño mamífero. De hecho, el sentido más desarrollado y sofisticado en las serpientes es el del olfato. Los olores les sirven para detectar primero y después identificar una presa o un posible peligro. Además, interviene en la búsqueda de pareja durante el periodo de reproducción. Los olores son percibidos por tres órganos: las fosas nasales, la lengua y el órgano de Jacobson, verdadero receptor quimiosensorial que analiza y procesa los datos recogidos por la lengua bífida que estos animales proyectan constantemente hacia el exterior. Esa lengua, sin la que la serpiente estaría de alguna manera «sorda y ciega», recoge las partículas olorosas disueltas en la atmósfera antes de retraerse al órgano de Jacobson, donde éstas son analizadas por unas sofisticadas células sensoriales.

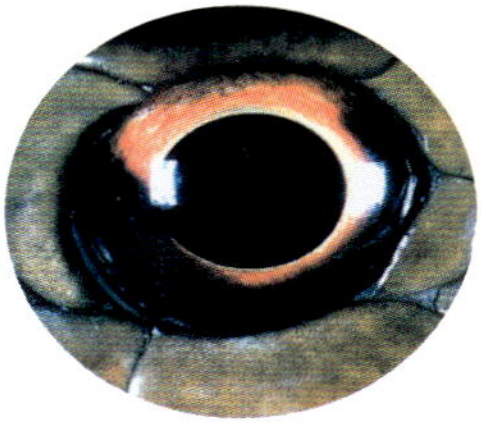

Pupila redonda de la culebra de collar.

Pupila vertical de la víbora.

Siempre hay una o dos filas de pequeñas escamas entre el ojo de una víbora y las escamas labiales (a la derecha). En el caso de las culebras las escamas labiales llegan hasta el ojo (arriba).

En los lagartos la vista está muy desarrollada. Es especialmente sensible a los objetos en movimiento, pero también es capaz de analizar los colores. El colorido tornasolado que lucen a menudo, en particular los lagartos macho, da fe de la habilidad de los reptiles para distinguir ciertos colores y así, por ejemplo, distinguir los sexos.

Algunas serpientes poseen órganos termorreceptores sensibles a los rayos infrarrojos emitidos por los animales de sangre caliente. Esta particularidad representa una indudable ventaja para los cazadores nocturnos. Se da sobre todo entre las serpientes crótalo, que sólo se desplazan durante la noche. Esta capacidad para descubrir a sus presas o algún posible peligro gracias al calor les resulta de gran ayuda.

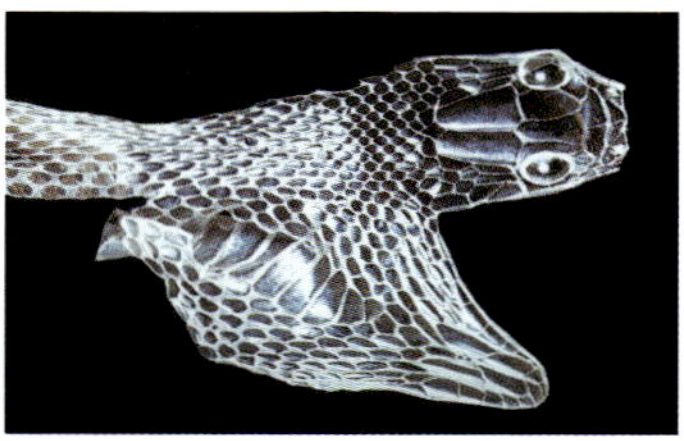

Poco antes de la muda, los ojos de la serpiente se vuelven opacos (arriba). Una vez concluido este proceso, la serpiente se desprende de su antigua piel (abajo).

La muda

A medida que crecen, la mayoría de los reptiles renuevan su envoltura protectora escamosa. Este fenómeno recibe el nombre de muda.

Unos quince días antes de que se produzca, la piel aparece deslustrada y los ojos se vuelven opacos.

Los reptiles dejan de alimentarse al tiempo que su actividad se ralentiza de forma general.

La piel se rasga primero a la altura del hocico en el momento en que tiene lugar la muda propiamente dicha. A continuación, la serpiente se desprende por completo de esa envoltura, que a veces puede encontrarse intacta abandonada en el suelo. Este descubrimiento constituye una buena indicación de la presencia de ofidios en un hábitat determinado.

En el caso de los largartos, por el contrario, la piel de desprende poco a poco y en forma de jirones. La frecuencia de la muda varía según la edad y la especie. Los individuos más jóvenes, cuyo crecimiento es rápido, mudan con más frecuencia que los adultos.

La termorregulación

Todos los reptiles son vertebrados con temperatura corporal variable y una estrecha dependencia del medioambiente en el que viven. Esta ausencia de control térmico les hace sensibles a la temperatura. Ralentizan su actividad entrando en un estado de letargo si hace demasiado frío (hibernación) o demasiado calor (estivación). En general, los reptiles rehúyen las temperaturas incompatibles con su metabolismo refugiándose bajo tierra, en una oquedad rocosa, bajo un montón de ramas u hojas o en un tocón hueco.

La culebra viperina es de costumbres acuáticas y suele alimentarse de peces.

Los insectos, en especial los ortópteros, constituyen una parte importante del régimen alimentario de los lagartos.

EL RÉGIMEN ALIMENTARIO

Los reptiles son fundamentalmente carnívoros. Los lagartos se alimentan sobre todo de presas pequeñas: insectos, gusanos, moluscos, pequeños crustáceos terrestres o arañas suelen bastar para satisfacer su apetito. Las serpientes son hábiles depredadoras que sólo consumen presas vivas. Aunque adoptan distintas estrategias de caza –algunas, muy activas, se desplazan, tanto en tierra como por el agua o los árboles, en busca de su alimento, mientras que otras acechan a sus presas–, disfrutan de sorprendentes mecanismos que les permiten capturar animales a veces muy recelosos.

Los ofidios se funden a las mil maravillas con su entorno vegetal o rocoso gracias a un extraordinario mimetismo: los colores de su piel les garantizan el más perfecto de los camuflajes. Los hay que recurren a su veneno para matar o paralizar a sus presas, mientras que otros inmovilizan a sus capturas asfixiándolas; es el caso de muchas serpientes constrictoras, que las envuelven con sus anillos aplicando una presión mortal. Cuando no disponen de dispositivos especializados, como los colmillos que inoculan veneno, los dientes sirven ante todo para sujetar su comida, no para masticarla.

Los ofidios pueden engullir presas de un tamaño respetable abriendo desmesuradamente la boca gracias a la particular disposición que adoptan los huesos de la mandíbula. Algunos de estos animales tienen un régimen alimentario específico. Es el caso, por ejemplo,

Las culebras (aquí una verdeamarilla) se alimentan con frecuencia de lagartos.

Los pequeños roedores son la base del menú diario de las serpientes.

de la culebra viperina –vulgarmente conocida como víbora de agua, aunque es inofensiva–, perfectamente adaptada a la vida acuática y que se alimenta sobre todo de alevines y pequeños anfibios. A otros, como a la coronela lisa, parecen gustarles especialmente los lagartos. Los ratones forman parte de la dieta de muchas serpientes; esto supone una beneficiosa acción reguladora cuando se producen plagas de ratones. Por lo que respecta a las serpientes arborícolas, consumen gustosamente huevos robados de los nidos de las aves, así como las crías de éstas.

Los quelónidos se alimentan de diferente manera según las especies. Mientras que las tortugas terrestres (mediterránea o de Hermann) son fundamentalmente herbívoras, el galápago europeo o tortuga de estanque es claramente carnívora e incluso necrófaga. Las tortugas marinas son herbívoras o carnívoras dependiendo de su especie.

Los hábitats

Muchos lagartos viven en medios secos y pedregosos.

Al contrario de lo que ocurre con los anfibios, los reptiles tienen una extraordinaria capacidad de adaptación a los entornos –y a los climas– más variados.

Algunos de estos animales están completamente adscritos a medios acuáticos, mientras que otros frecuentan sobre todo hábitats áridos y semidesérticos. A la mayoría de los reptiles les atrae la vegetación arbustiva y espesa, los amontonamientos de piedras, las grietas en las rocas.

Muchos de ellos –a menudo para su desgracia– viven cerca del hombre. Les gusta instalarse en las anfractuosidades de los muros de piedra, habitan zonas de graveras (e incluso vertederos) y se ven atraídos por los montones de estiércol o compost, que ofrecen excelentes condiciones para la incubación de los huevos.

El galápago europeo es un quelónido acuático.

Una culebra muy arborícola: la serpiente de Esculapio.

Los predadores de los reptiles

El águila culebrera es la única rapaz realmente especializada en la caza de serpientes.

Los reptiles son víctimas de algunos depredadores, aunque generalmente sólo constituyen un complemento alimenticio para éstos. En Europa, sólo el águila culebrera (una rapaz muy especializada) se alimenta casi exclusivamente de serpientes, venenosas o no.

En ocasiones, algunos mústelidos (turón, marta, comadreja, hurón, armiño, tejón, visón...) pueden consumir lagartos y serpientes, al igual que el zorro, el jabalí, el cernícalo, el búho nival y el dardabasí, una rapaz diurna. Las picazas o urracas clavan en una espina o en alambre de espino jóvenes lagartos. El erizo consigue poner en aprietos a las víboras, que terminan por empalarse en sus púas.

Cuando tienen ocasión, las grandes zancudas (cigüeña, garza) capturan serpientes acuáticas, al igual que las gallinas, domésticas o salvajes. A este respecto, conviene precisar que allí donde abunda el faisán (como sucede en algunos terrenos repoblados artificialmente para la caza) las poblaciones de reptiles, en particular de lagartos, pueden experimentar una importante reducción. De igual modo, los rebaños de pavos abandonados durante el día en plena naturaleza pueden causar grandes daños a las poblaciones de lagartos y serpientes.

Las amenazas que se ciernen sobre los reptiles

El ataque de los depredadores y algunas infecciones parasitarias constituyen factores de mortalidad natural, sin apenas consecuencias graves. El peor enemigo de los reptiles es el hombre, que los destruye sin discernimiento, por ignorancia, miedo o superstición. Por desgracia, estos ataques directos han existido siempre y siguen existiendo. En la actualidad, los reptiles son víctimas sobre todo de los atentados contra sus hábitats. El número de afrentas sería realmente largo de enumerar. En primer lugar, la agricultura moderna y sus estragos: los tratamientos fitosanitarios, que actúan directamente, intoxicando a los reptiles, o indirectamente, privándoles de sus principales medios de subsistencia; el drenaje y la desecación de las zonas húmedas; la destrucción de setos y boscajes naturales; el desbrozado y escardado del suelo y la quema de las matas arrancadas...

Dado que las mayores poblaciones de reptiles se encuentran en la región mediterránea, padecen directamente todos los daños ocasionados al litoral: urbanización salvaje, auténticas mareas humanas cuando llega el buen tiempo... El desarrollo de infraestructuras turísticas vinculadas con los deportes de invierno en zonas de montaña influirá también en el futuro de ciertas poblaciones de estos animales. La explotación forestal y el deterioro de los ecosistemas forestales pueden acarrear serios problemas para algunas especies: uno de los principales factores de regresión en las poblaciones de tortugas de Hermann o mediterráneas es el que representan los incendios en los bosques mediterráneos. El cultivo en las landas con brezales y las praderas de turba contribuye igualmente a la desaparición de algunas especies, como la víbora europea común o el lagarto vivíparo conocido como lagartija de turbera.

El caso de las tortugas marinas es dramático. La reducción del número de playas en las que es posible la puesta es constante. Cuando no son víctimas de la caza ilegal durante el periodo de reproducción, mueren atrapadas entre las mallas de las redes pelágicas de deriva o por una obstrucción intestinal debido a la ingestión de bolsas de plástico, que confunden con sus presas favoritas, las medusas.

La introducción esporádica de depredadores domésticos puede comprometer gravemente el futuro de algunas especies: el gato, por ejemplo, es un gran consumidor de lagartos. De igual manera, tiene implicaciones la introducción –voluntaria o no– de la tortuga de Florida, ya que compite con la tortuga de estanque o galápago europeo.

Finalmente, son muchos los aficionados a la terrariofilia (y los fotógrafos de animales) que, a pesar de las leyes en vigor, capturan reptiles de forma ilegal.

La función venenosa

Es algo que contribuye mucho a la mala fama que tienen las serpientes, aunque en nuestras latitudes sólo las víboras pueden infligir mordeduras peligrosas. Esto, no obstante, basta para aterrorizar al hombre. Sin embargo, se trata de un error, ya que este mecanismo, resultado de la transformación del veneno en glándulas salivares o mucosas, tiene como principal objetivo la alimentación y no la agresión. Las víboras son animales discretos y tímidos, que huyen ante el peligro y sólo atacan en último extremo, cuando se sienten amenazados o acorralados.

No hay ninguna tortuga venenosa y, entre los lagartos, sólo los helodermos de América del Norte poseen glándulas venenosas funcionales. La naturaleza de estas glándulas y las adaptaciones concretas que les permiten inyectar sustancias tóxicas en los tejidos han servido para establecer una distinción sistemática.

En las serpientes opistoglifas, el maxilar superior posee dientes con surcos colocados en el fondo de la cavidad bucal y orientados hacia atrás. El veneno producido por las glándulas parótidas se derrama directamente en estos surcos dentales en el momento de la ingestión de la presa. Este tipo de dentición es característico de la serpiente de Montpellier. Si tenemos en cuenta la disposición y orientación de esas piezas dentales, que cumplen la función de colmillos venenosos, los riesgos de mordeduras son escasos: habría que introducir el dedo hasta el fondo de la boca de la serpiente. De producirse tal situación, hay que buscar atención médica para tratar la mordedura.

Con la boca totalmente abierta, la víbora áspid exhibe sus colmillos.

Víbora áspid en posición defensiva.

Las serpientes europeas realmente venenosas, y potencialmente peligrosas, pertenecen al grupo de las solenoglifas.

El maxilar superior contiene dos colmillos eréctiles y articulados, que se despliegan en el momento de morder. Debido a su longitud y fragilidad, en estado de reposo están replegados. Los colmillos están perforados: el conducto o canal está unido a la glándula del veneno, cuyo orificio desemboca encima de la punta del diente. Funcionan exactamente como una jeringuilla: el sistema favorece un envenenamiento rápido de los tejidos al mismo tiempo que limita los riesgos de obstrucción del canal conductor.

Las serpientes aglifas están armadas con dientes sin surcos ni cavidades. Las glándulas secretoras permiten que se filtren las sustancias venenosas, que se diluyen con la saliva, tras la entrada en la boca de la presa. Sirven sobre todo para lubricar a la presa y facilitar la ingestión y son inofensivas para el hombre.

Una cuarta categoría agrupa a las serpientes proteroglifas. A ella corresponden las cobras asiáticas, cuyas mordeduras son extraordinariamente peligrosas, y las serpientes de coral norteamericanas. El maxilar superior tiene dos colmillos en forma de ganchos rígidos, no escamoteables y orientados hacia delante, por los que fluye el veneno.

La composición de los venenos y sus efectos en el hombre

Los venenos de las serpientes son todos de naturaleza proteica y contienen, según las especies, una combinación de diferentes compuestos tóxicos. De manera general, ejercen dos acciones, combinadas o no: una acción citotóxica y una neurotóxica. El veneno de las víboras tiene sobre todo un efecto citotóxico por la intervención de compuestos tales como la hemorragina, la citotoxina o la hemolixina, que provocan alteraciones celulares, deterioro de los tejidos de las paredes vasculares, lisis de los glóbulos rojos, hemorragias internas o, a la inversa, trombosis (coagulación de la sangre) e incluso la aparición de necrosis musculares y renales.

A menudo, la acción citotóxica se combina con una acción neurotóxica debido a las neurotoxinas que afectan al sistema nervioso central, bloqueando o alterando la transmisión de los impulsos nerviosos, en especial hacia las masas musculares. Esto afecta también al sistema respiratorio y al corazón, hasta el punto de conducir, en casos extremos, a su paralización.

Este cuadro terrible no debe hacernos temer lo peor, ya que son raros los casos de mortalidad tras una mordedura de víbora. Además, los efectos de los venenos dependen de la parte del cuerpo que haya sido mordida, de la cantidad de veneno inoculado y del estado general de salud de la víctima.

Los síntomas de una mordedura

El efecto psicológico, siempre importante, puede traducirse en un profundo estado de *shock*, aun cuando la serpiente en cuestión no sea venenosa. La víctima experimenta enseguida una sensación de dolorosa quemazón, al tiempo que la parte afectada se inflama. Aparece un edema con serosidades que se desarrollan alrededor de la mordedura. A estos signos se suman vértigos, náuseas, diarreas, hipotermia y un debilitamiento general. Se pueden observar también pequeñas hemorragias en las encías y una sudoración constante. La respiración se acelera. Cuando se trata de la mordedura de una serpiente realmente venenosa, el lugar afectado se hincha rápidamente.

¿Qué hacer en caso de mordedura?

La primera regla consiste en evitar el pánico, ya que éste incrementa el ritmo cardíaco y acelera la difusión del veneno por el organismo. Así pues, es importante tranquilizar a la víctima y aconsejarle que camine despacio si se ve obligada a desplazarse. Si es posible, hay que hacer que beba té o café fuertes y abrigarla con ropa cálida para combatir la hipotermia. Habrá que desinfectar cuidadosamente el lugar de la mordedura y retardar en lo posible la absorción del veneno por el organismo. Algunas personas recomiendan succionar la herida, aunque esta medida ha sido desaconsejada por numerosos médicos.

Mientras se espera el remedio, la aplicación de un torniquete entre la herida y el corazón puede ralentizar la difusión de las sustancias tóxicas. Un simple pañuelo, retorcido con ayuda de una rama o palo, puede cumplir esta función. Es muy importante aflojar la tensión cada cuarto de hora, ya que el torniquete acelera el edema y la alteración de los tejidos. En todos los casos, la ligadura debe ser firme, pero nunca demasiado apretada. Corresponde al médico la decisión de administrar o no un suero antivenenoso (algunas personas alérgicas pueden sufrir un *shock* anafiláctico más grave que la misma mordedura), tónicos cardíacos o heparina. El suero en cuestión debe ser inoculado poco a poco y de manera precisa para limitar el peligro de alergias. Para reducir las posibilidades de ser mordido por una serpiente en las regiones de riesgo, conviene adoptar algunas precauciones elementales: no manipular ni provocar a una serpiente si no se conoce la especie, no andar con los pies descalzos o en sandalias y tener cuidado con dónde se ponen los pies y las manos. En zonas que aún conservan una buena población de víboras, los caminantes o los recogedores de setas deberían llevar botas de caña alta. No obstante, una vez dicho esto, hay que añadir que los casos de mordedura son raros y aún más los que derivan en una conclusión fatal. ¡Ante todo, hay que evitar la psicosis!

Los quelónidos

Los quelonios o tortugas están protegidos por un caparazón compuesto de dos partes –la coraza o concha (dorsal) y el plastrón o peto (ventral)– unidas por un puente lateral. Este caparazón está formado por varias capas de placas epidérmicas rematadas por escamas córneas. Sus robustas patas están provistas de fuertes uñas destinadas a excavar en el suelo en el momento de la puesta. Los dedos son más o menos palmeados en las especies acuáticas. El cuello, muy móvil, permite a la cabeza desaparecer dentro del caparazón. Las tortugas pueden alcanzar una avanzada edad (100 o más años). Las especies se confunden unas con otras y están entre los reptiles más amenazados.

Las tortugas marinas, salvo la tortuga boba, la verde y la laúd, son escasas en Europa. Éste es el motivo por el que no se incluye mapa, aunque se indica su área de distribución mundial. Viven sobre todo en aguas tropicales.

Tortuga mediterránea

Testudo hermanni

- **DESCRIPCIÓN:** La tortuga mediterránea o de Hermann (conocida también como tortuga terrestre griega) es la única tortuga terrestre autóctona. Se reconoce por su coraza, muy abombada, de color dorado o anaranjado y con marcas negras, cuya longitud puede superar los 20 cm. Se observan variaciones en la coloración: las tonalidades tiran a veces a pardo o verdoso. El plastrón, de un tono terroso o amarillo, queda resaltado por dos bandas negras anchas y continuas, que pueden unirse en la parte posterior. La fuerte cabeza termina en un hocico corto y romo.
- **HÁBITAT:** Le gustan los hábitats con vegetación abundante, como garrigas, monte bajo, bosques de robles, alcornoques o castaños, pero la destrucción de sus biotopos naturales (especialmente por los incendios) la ha obligado a adoptar otros. Debido a esto, se la puede encontrar en landas con jaras y brezos, o en entornos aún más abiertos como las dunas, donde se oculta entre la vegetación.
- **RÉGIMEN ALIMENTARIO:** Vegetariana, no es muy exigente con su menú diario. Consume numerosas plantas (gramíneas, compuestas, papilionáceas...). En este aspecto, muestra gran capacidad de adaptación.

En la tortuga mediterránea, la placa supracaudal es doble en la parte de atrás del caparazón, mientras que en su prima, la tortuga mora, es sencilla.

En Europa vive sobre todo en la zona de los Balcanes, y en España, en Baleares y Levante. Se trata de una especie muy amenazada.

• **Comportamiento:** La tortuga mediterránea o de Hermann hiberna de noviembre a febrero-marzo. Tiene un pico de actividad en mayo-junio, que se reduce durante el verano. Más bien solitaria, sólo adopta comportamientos gregarios durante el periodo nupcial. Es esencialmente diurna y ralentiza su actividad durante las horas de calor.

• **Reproducción:** La madurez sexual es bastante tardía en esta especie, cuya esperanza de vida alcanza o supera 30 años. El macho madura entre los 10 y los 13 años, y la hembra a los 13 o 14.

Los acoplamientos tienen lugar en primavera y generan violentos combates entre los machos, que habitualmente son pacíficos y perezosos. A menudo, los combatientes se infligen mordeduras y puede suceder que un topetazo bien asestado desequilibre a uno de ellos, que termina panza arriba. Pero, gracias a contorsiones y movimientos frenéticos de las patas, consigue recuperar pronto su posición inicial.

En los prolegómenos del acoplamiento, el macho asesta también golpes con el hocico a la hembra y la muerde en las patas traseras. Dos meses más tarde, la hembra excava un agujero en el suelo blando en el que deposita unos 5 huevos, que cubre a continuación con tierra o arena. La incubación dura entre tres y cuatro meses. Se observan dos puestas anuales con un intervalo de dos a tres semanas.

Un futuro sombrío

Los devastadores incendios y las instalaciones turísticas del litoral mediterráneo han dañado considerablemente los hábitats favoritos de esta especie.
A ello hay que añadir la captura ilegal de que es objeto por parte de criadores aficionados o con fines comerciales. Todas estas agresiones amenazan seriamente con llevar en un futuro próximo a la extinción total de esta tortuga.

Todos los ataques al bosque mediterráneo ponen en peligro el futuro de la tortuga mediterránea o de Hermann.

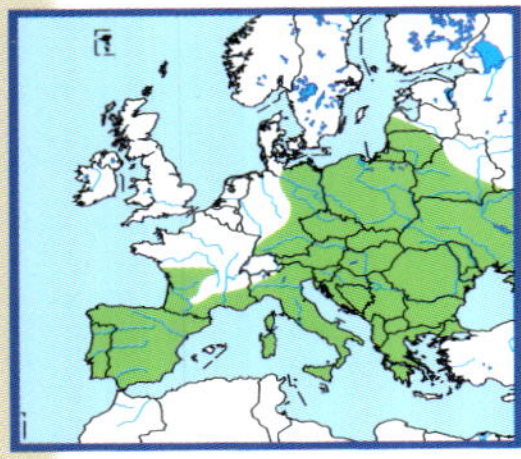

Galápago europeo

Emys orbicularis

• **Descripción:** Conocido también como tortuga palustre o de estanque europea, tiene una concha de 20 a 25 cm de longitud, lisa y poco abombada, generalmente de color pardo negruzco o gris terroso, más o menos estriada y manchada de amarillo. Esas tonalidades de fondo pueden variar sensiblemente según el medio que ocupa el animal y mostrar matices rojizos o caoba. El plastrón, de un amarillo vivo o verde, tiene marcas negras y pardas. Como sucede en la mayoría de las tortugas acuáticas, la cabeza del galápago tiene arrugada la piel del cuello, que puede desaparecer por completo dentro del caparazón. El hocico es puntiagudo, con un pico no dentado cuyos bordes cortantes facilitan el desgarro de las presas. En el momento de su nacimiento, los jóvenes galápagos apenas miden 5 cm. Tienen una silueta más redondeada que la del adulto y sus colores son más vivos.

• **Hábitat:** El galápago europeo es acuático. Se le puede ver sobre todo en aguas estancadas, aunque puede frecuentar los ríos de corriente lenta, en los que se refugia en zonas protegidas o meandros. Puebla los estanques, lagos, charcas, canales y arenales abandonados, así como las pozas de agua estancada. En algunos lugares se aventura hasta aguas salobres. Le gustan especialmente los sustratos limosos y los entornos con una vegetación abundante. Los científicos han apreciado una correlación entre la presencia de esta tortuga y la de la castaña de agua (*Trapa natans*).

• **Régimen alimentario:** Aunque en ocasiones consume plantas acuáticas, el galápago es ante todo carnívoro: los anfibios y sus renacuajos e invertebrados diversos, como insectos, moluscos, gusanos o crustáceos, constituyen su dieta básica. También puede capturar presas más importantes: peces poco rápidos como los ciprínidos, micromamíferos (ratón anfibio, musaraña acuática), o pájaros pequeños que ahoga en el agua antes de devorarlos. Todas las presas voluminosas son consumidas bajo el agua. Sin embargo, los jóvenes galápagos son fundamentalmente insectívoros.

• **Comportamiento:** A esta tortuga, esencialmente diurna, le gusta tomar el sol al borde del agua, sobre una rama, una piedra e incluso en el suelo de la orilla. También se la puede

El galápago tiene en el hocico un pico no dentado capaz de desgarrar.

La concha del galápago presenta con frecuencia manchas de un amarillo intenso.

Tortuga leprosa
Mauremys leprosa

Llamada también galápago de Mauritania, esta prima de nuestra tortuga de agua común debe su nombre de «leprosa» a las algas que se desarrollan en gran número sobre su concha. Estas plantas parásitas e invasivas consiguen desprender a veces las escamas del caparazón hasta el punto de hacerlas caer, lo que da a la tortuga un aspecto enfermizo. En Europa, vive en la península Ibérica, en Grecia y en una parte de los Balcanes.

observar en pequeños grupos, que se precipitan al agua ante la menor señal de peligro y que denotan su presencia por un sonoro «pluf». El galápago es muy receloso y permanece siempre en guardia. Caza principalmente al amanecer y durante el crepúsculo. Tiene un pico de actividad en los meses de mayo, junio y julio. Ésta se ralentiza cuando hace mucho calor; entonces se refugia a la sombra de la vegetación. Si dura la sequía, excava una madriguera a orillas del agua para pasar el verano. Hiberna de octubre a febrero, en una cavidad preparada en la orilla. No obstante, no se duerme por completo.

• **Reproducción:** El acoplamiento, que se produce generalmente en abril-mayo, da lugar a verdaderas justas acuáticas. El macho monta sobre el caparazón de su pareja y se sujeta firmemente a él con sus largas uñas. Bajo su peso, la hembra, que no puede sacar la cabeza del agua, termina agotada y asfixiada. Trepa a la orilla y cede al fin a los avances del macho. Durante estos preludios acuáticos, el macho llega a infligir graves heridas a su compañera. A veces, se acerca a la pareja un competidor e intenta que el otro macho suelte su presa mordiéndolo en el cuello. Hay ocasiones en que el invitado sorpresa se une a la pareja subiéndose encima del primer macho. La hembra, que soporta entonces una doble carga, puede ahogarse. En junio-julio, la hembra sale a tierra y parte en busca de un lugar que no se inunde para poner allí 8 o 9 huevos en el fondo de pequeñas cavidades que excava en la tierra blanda. La incubación dura unos 3 meses. Las jóvenes tortugas rompen enseguida su envoltura protectora y se dirigen al agua. Cuando los nacimientos son muy tardíos, los recién nacidos pueden hibernar en sus cámaras de incubación.

Muy receloso, el galápago está siempre vigilante y se sumerge silenciosamente a la menor señal de peligro.

A menudo sólo se aprecia el extremo del hocico, que asoma del agua.

Área de distribución:
Es la tortuga marina con un área de distribución más amplia, ya que se la puede descubrir incluso en aguas frías, en la costa de Canadá, por ejemplo. En sus migraciones es capaz de recorrer considerables distancias.

Tortuga tonta

Caretta caretta
Tortuga boba

• **Descripción:** A primera vista, la tortuga tonta o boba tiene una cabeza muy grande. Ésta cuenta con un poderoso pico córneo que indica los hábitos carnívoros del animal. El caparazón suele ensancharse en la parte delantera, se adelgaza después y se estrecha al final. La concha está protegida por gruesas capas córneas. La parte superior, de color pardo oscuro o rojizo, puede presentar también una tonalidad dominante rojo ladrillo. Las escamas tienen generalmente un borde más claro, de color blanco amarillento o verdoso.

• **Hábitat:** Frecuenta las aguas cálidas y poco profundas, a lo largo de las costas, en regiones templadas y subtropicales. No obstante, en determinados periodos de su vida puede migrar a alta mar. Regresa a tierra firme para la puesta.

• **Régimen alimentario:** La tortuga tonta es carnívora. Mar adentro, se alimenta fundamentalmente de medusas. Cerca de la costa, sobre fondos poco profundos, se alimenta de moluscos, peces, cangrejos y crustáceos.

• **Comportamiento:** A veces se la considera un animal agresivo, pero aunque es verdad que puede llegar a morder, sólo lo hace cuando es atrapada o molestada.

• **Reproducción:** Pone generalmente en junio-julio, en playas de arena fina, siempre de noche. No aprovecha las posibles excavaciones que se encuentra, sino que cava personalmente un hueco en el que deposita un centenar de huevos. Éstos eclosionan aproximadamente dos meses más tarde.

El rastro de las tortugas que acuden a poner en la arena es claramente visible.

En el Mediterráneo es el quelonio más común. Se reproduce en Turquía, Israel, Chipre y las islas del Jónico. Debido al turismo náutico, desapareció de Córcega en la segunda mitad del siglo XX.

Área de distribución: Esta preciosa tortuga, que habita todos los mares cálidos, tiene un área de distribución mundial y pantropical.

Tortuga carey

Erethmochelys imbricata
Tortuga de escamas

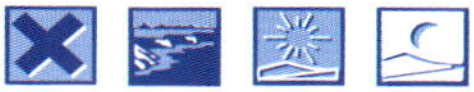

• **Descripción:** En el adulto, la concha, de color caoba o pardo oscuro y adornada con manchas doradas u ocres, está recubierta de imbricadas placas que se desgastan poco a poco con la edad. El plastrón, amarillo, rojizo y a veces blanco crema, presenta más o menos marcas de color pardo oscuro. La cabeza, fina y pequeña, tiene un hocico afilado y curvo. Debido a sus mandíbulas ganchudas y alargadas, en algunas regiones se la conoce como tortuga pico de halcón. Las aletas, recubiertas de grandes escamas, están equipadas con dos garras. El peso medio de esta tortuga es de unos 80 kg, aunque puede alcanzar, o superar, los 120 kg. Su coraza mide de 70 a 85 cm.

• **Hábitat:** Esta tortuga marina vive habitualmente cerca de las costas, en aguas tranquilas y poco profundas. Le gustan los fondos accidentados, rocosos o coralinos.

• **Régimen alimentario:** Mientras es joven, las algas y otras plantas marinas constituyen lo esencial de su dieta alimentaria. Con la edad se vuelve carnívora y se alimenta de medusas, cefalópodos, esponjas, ascidias, crustáceos y a veces de erizos o peces. También roe el coral para comer los pólipos.

• **Comportamiento:** Es un animal más bien sedentario. En ocasiones es arrastrada por las corrientes lejos de sus zonas habituales.

• **Reproducción:** Las tortugas carey ponen normalmente durante la estación seca, en playas tropicales. La hembra deposita una media de 120 a 150 huevos en el interior de una cavidad de 50 cm de profundidad, que primero prepara y a continuación cubre. Protegidas dentro de esta incubadora natural, las jóvenes tortugas eclosionan dos meses más tarde. También deposita su puesta entre los guijarros, y entonces su rastro es apenas visible en la playa, lo que hace que sea difícil observarla y vigilarla.

En ocasiones, la tortuga carey se alimenta en el fondo.

Una tortuga carey parece planear entre dos aguas en su universo coralino.

Área de distribución:
La tortuga franca frecuenta excepcionalmente el Atlántico y el Mediterráneo europeos, pero en nuestro continente se reproduce en Turquía. Es una especie pantropical. Está en peligro de extinción en Europa, en particular debido a la destrucción de sus zonas de puesta.

Tortuga verde

Chelonia mydas
Tortuga franca

- **Descripción:** También conocida como tortuga marina verdadera o comestible, en el adulto la concha mide de 80 a 140 cm y presenta colores apagados: la tonalidad de fondo es pardo-verdosa o pardo-amarillenta. Aunque uniforme, deja ver algunos jaspeados más claros, grises o de color verde pálido. En los jóvenes, la parte superior del caparazón puede presentar tonos rojizos. El plastrón es siempre mucho más claro, de un color pardo cremoso o amarillento. Las patas, que no cuentan con dedos diferenciados, están equipadas con una única uña. La cabeza, de mediano tamaño, presenta un pico redondeado y dentado en la mandíbula inferior. La tortuga verde o franca pesa entre 130 y 150 kg, pero puede alcanzar e incluso superar los 250 kg.
- **Hábitat:** Generalmente, esta especie puede ser observada en aguas poco profundas y ricas en vegetación. Sin embargo, en el transcurso de las diferentes fases de su existencia (crecimiento, reproducción) puede habitar medios muy diversos, incluso en alta mar. No duda en recorrer varios miles de kilómetros para reproducirse.
- **Régimen alimentario:** Al contrario que la tortuga carey, la tortuga verde suele ser carnívora en la etapa juvenil, en la que se alimenta principalmente de invertebrados. Más tarde adopta un régimen vegetariano. Pasta en las praderas marinas a escasa profundidad y entonces es fácil contemplarla tranquilamente. No obstante, puede consumir alguna medusa de cuando en cuando, sobre todo durante sus desplazamientos y migraciones pelágicas.
- **Comportamiento:** Es frecuente observar a esta especie indolente nadando en la superficie cerca de las costas.
- **Reproducción:** Los acoplamientos se desarrollan en aguas tranquilas y poco profundas, no lejos de las playas. La tortuga verde es muy fiel a sus lugares de reproducción y acude a poner durante la

Tortuga de Kemp
Lepidochelys kempii

Muy rara en Europa, sólo es conocida en nuestro continente por algunos varamientos en el litoral atlántico. Se trata sobre todo de jóvenes tortugas nacidas en el golfo de México que vagabundean llevadas por las corrientes, en particular por la del Golfo.

noche a una playa más allá de la marca de la marea alta, influida por determinados ritmos lunares, principalmente durante la estación seca en el medio tropical. Primero busca una zona de arena totalmente seca y libre de obstáculos. Allí practica una gran depresión en la que se refugia. Luego excava los agujeros de puesta propiamente dichos, en los que deposita de 20 a 200 huevos, de un diámetro de 45 mm. Según la temperatura y la humedad, la incubación dura unos dos meses.

La puesta es una actividad agotadora para las tortugas marinas, que en ocasiones no sobreviven a ella.

Las tortugas recién nacidas que se dirigen hacia el mar son particularmente vulnerables.

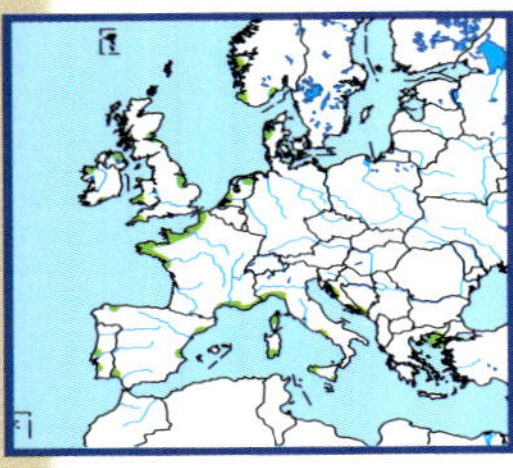

Tortuga laúd

Dermochelys coriacea
Tortuga coriácea

Área de distribución:
Se la puede ver en la mayoría de las aguas tropicales y subtropicales del globo: Atlántico, Índico, Pacífico, Mediterráneo.

• **DESCRIPCIÓN:** Es imposible confundir a la laúd o tortuga de dorso de cuero con ninguna otra especie. En primer lugar, por sus dimensiones (el caparazón puede llegar a medir 2 m y el animal pesa hasta 800 kg), y por la particular estructura de su concha, larga y ahusada, compuesta por una superposición de placas óseas, que dejan ver de cinco a siete aristas longitudinales muy resaltadas, llamadas carenas. El conjunto está recubierto por una piel lisa, espesa y coriácea, que recuerda al cuero. El color de fondo es negro o pardo oscuro, con marcas más claras, blancas, amarillas o rosadas. Este dorsal con aspecto de vieja piel curtida remata en un grueso espolón puntiagudo encima de la cola. El peto es blanco rosado o grisáceo, con un jaspeado oscuro. Las patas delanteras son verdaderos remos y su longitud indica que la tortuga laúd es una extraordinaria nadadora. Las extremidades posteriores son cortas y mucho más anchas que las de otras tortugas marinas. Carece de uñas.

• **HÁBITAT:** Al contrario que la mayor parte de las tortugas marinas, se trata de una especie casi exclusivamente pelágica, a la que le gustan las aguas profundas. Suele frecuentar aguas cálidas, tropicales y subtropicales, aunque a veces es arrastrada por las corrientes hasta aguas templadas.

TORTUGAS MARINAS Y BUCEADORES

Noventa y nueve veces de cada cien, las tortugas marinas no son en absoluto agresivas hacia el hombre, que si se sumerge tranquilamente cerca de ellas, más bien atrae su curiosidad (en los lugares donde no se las caza, ya que de otra forma salen disparadas como cohetes submarinos). Si muerden a algún buceador es porque éste ha cometido un error. El principal es considerar a la tortuga como una moto submarina (como en la foto con una carey). Equipado con su escafandra, el buceador dispone de alrededor de una hora de autonomía a poca profundidad.

No así la tortuga. Aunque pase mucho tiempo sumergida, tiene que volver a ascender a la superficie para respirar (como nosotros). Además, está en su derecho de no apreciar ese estúpido «juego» y luchar por su supervivencia. ¿Quién no haría lo mismo?
Hay que tener siempre presente que los animales no son juguetes. Se los puede observar respetándolos y es frecuente que nos devuelvan ese respeto centuplicado.

TORTUGA EN PELIGRO

Además de la pérdida de lugares de puesta y la caza ilegal, es víctima de la contaminación de los océanos: se traga las bolsas de plástico que abundan en el agua del mar, confundiéndolas con medusas, sus presas favoritas.
Este error fatal provoca una obstrucción intestinal que supone la muerte del animal.

- **RÉGIMEN ALIMENTARIO:** Carnívora, se alimenta sobre todo de medusas, pero en ocasiones elige otras presas diversas, tales como peces, crustáceos, cefalópodos, erizos, cangrejos, moluscos, al igual que algunas plantas. Teniendo en cuenta sus dimensiones, debe ingerir grandes cantidades de alimentos y puede tragar hasta 50 medusas al día.
- **COMPORTAMIENTO:** Es una tortuga marcadamente marina y pelágica, que puede permanecer mucho tiempo en inmersión. Se sumerge hasta una profundidad de 500 m. Es, además, una excelente nadadora, capaz de desplazarse rápidamente y recorrer grandes distancias. Fuera del periodo de reproducción, rara vez se acerca a las costas, excepto para alimentarse.
- **REPRODUCCIÓN:** El acoplamiento se produce en alta mar y la puesta, en playas tropicales abandonadas, de abril a septiembre con frecuencia durante la noche. Primero, la hembra limpia cuidadosamente el suelo en una superficie circular de alrededor de 3 m de diámetro, antes de cavar una profunda depresión de 70 a 80 cm con ayuda de sus patas traseras, en la que deposita un centenar de huevos que cubrirá con arena. Luego regresa al océano, teniendo cuidado de disimular cualquier rastro de excavación. El periodo de incubación de los huevos oscila entre sesenta y ochenta días.

La tortuga laúd es objeto de un importante programa de estudio y protección internacional. Una de estas experiencias se ha llevado a cabo en las playas de la Guayana francesa, bajo la dirección de WWF y gracias a los esfuerzos de algunos voluntarios.

Los lepidosaurios

Los lepidosaurios, o lagartos, poseen dos pares de patas, que cuentan con cinco dedos largos y delgados cada una. No obstante, algunos, como el lución, son ápodos. Los ojos están siempre protegidos por párpados. Tienen dos tímpanos claramente visibles, a veces recubiertos de escamas, en la parte posterior de la cabeza. La muda se realiza de manera progresiva: la piel se desgarra en jirones. Los lagartos poseen la facultad, poco común, de perder la cola sin sufrir ningún daño cuando se los atrapa. Esta virtud les permite escapar de muchos depredadores.

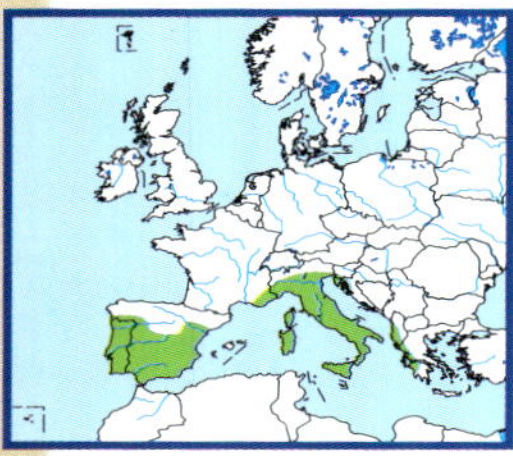

Salamanquesa común

Tarentola mauritanica
Chacón de los muros

• **Descripción:** También conocido como chacón de los muros, nombre aplicado a muchos de sus primos, este geco grande y macizo tiene el cuerpo y la cabeza aplastados y llega a medir 16 cm, incluida la cola. La ancha cabeza tiene ojos prominentes con el iris dorado y la pupila vertical. Las cortas patas poseen cinco dedos, cuya cara inferior está cubierta de largas laminillas adhesivas transversales. Éstas cubren toda la longitud de los dedos de las patas traseras, de los que sólo el tercero y el cuarto tienen garras. La parte superior del cuerpo y la cola está recubierta de tubérculos visibles y duros, que dan a la piel un aspecto espinoso. En general, la parte de arriba es de color gris verdoso a pardo, amarillo pajizo o rosado, con más o menos bandas oscuras, sobre todo en la cola. El vientre y la garganta son de un blanco crema o amarillento uniforme. Un rasgo que destacar en este animal es su facultad de volverse más claro u oscuro casi instantáneamente, de acuerdo con su humor o la intensidad de sus emociones.

• **Hábitat:** La salamanquesa común vive sobre todo en llanuras costeras, en las que puede convertirse en comensal del hombre e instalarse cerca de las viviendas, pudiendo incluso entrar en ellas. También se la puede ver en zonas rocosas, entre desprendimientos de piedras, en viejos muros, en olivares y bosques de alcornoques, donde le gusta refugiarse bajo las cortezas amontonadas al azar.

• **Régimen alimentario:** La salamanquesa común se alimenta fundamentalmente de insectos, que atrapa por la noche o durante el crepúsculo, cerca de las fuentes de luz artificial que atraen a numerosos invertebrados. Entonces se

La salamanquesa trepa con facilidad, tanto por soportes vegetales como sobre las paredes y piedras.

La librea totalmente mimética de la salamanquesa le permite fundirse con su entorno.

ve cómo se acerca lentamente a sus víctimas, tan agazapada como le es posible, antes de proyectar su cuerpo hacia delante alzada sobre las patas traseras. Su rapidez y habilidad son aún más sorprendentes cuando se desplaza sobre la superficie lisa y vertical de una pared. En esos casos, las almohadillas adhesivas le son de gran ayuda para no escurrirse. Por la noche se alimenta de un gran número de mosquitos, lo que la convierte, además, en un animal muy útil. Suele añadir a su menú polillas, ortópteros, coleópteros, al igual que arañas o jóvenes escorpiones. Si tiene oportunidad, se alimentará también de pequeños lagartos, incluidas las crías de su propia especie.

• **COMPORTAMIENTO:** La salamanquesa permanece activa cuando llega el buen tiempo. Es un geco crepuscular y nocturno, que a veces sale por la mañana para calentarse al sol. Durante las horas de más calor se protege ocultándose en una fisura de un muro o una grieta en las piedras. La hibernación no es un proceso continuo, sino que se ve interrumpido por pequeños periodos de actividad cuando se produce un calentamiento atmosférico. Es poco tímida, pero huye con agilidad si se la molesta o persigue, escalando sin dificultad las pendientes más lisas. Si se la atrapa, puede morder, aunque sin encarnizamiento. Ante un peligro, o durante la época de reproducción, emite pequeños gritos agudos.

• **REPRODUCCIÓN:** El acoplamiento tiene lugar en primavera. Los prolegómenos son motivo de violentos combates entre los machos. La hembra realiza, generalmente, dos puestas durante el verano, 2 huevos blancos de 1 cm de diámetro. Los huevos se depositan en una grieta, bajo una corteza, una piedra o en una hendidura en un muro. La incubación dura de tres a cuatro meses.

Ojo de una salamanquesa, al que no escapa ni siquiera el vuelo de un mosquito.

Bajo una luz intensa, la pupila de la salamanquesa, como la del gato, puede reducirse a una delgada línea.

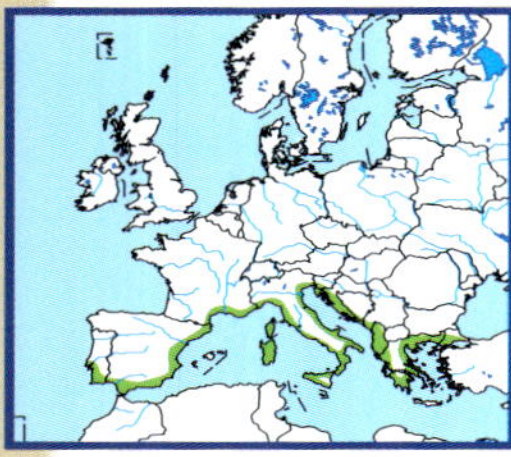

Salamanquesa costera

Hemidactylus turcicus

• **Descripción:** Este pequeño geco, cuyo tamaño apenas supera los 10 cm (excepcionalmente 16 cm) se identifica por su silueta esbelta, más delgada que la de la salamanquesa común. La cabeza, corta y estrecha, tiene ojos grandes con pupila vertical. De aspecto robusto, posee patas rematadas por garras curvas en los dedos de las patas traseras. La cara interna de los dedos acoge dos filas de láminas adhesivas que no llegan hasta las uñas. Se observan numerosas granulaciones sobre el dorso y la parte superior de la cola, larga, cilíndrica y delgada. La coloración de fondo del dorso es más bien clara, de un pardo grisáceo o rosado, con un jaspeado marrón. Aquí y allá aparecen tubérculos blanquecinos y marcas oscuras concéntricas sobre la cola. Estos colores se vuelven más claros cerca de una fuente de luz artificial. El vientre es de un blanco uniforme.

• **Hábitat:** A esta salamanquesa le agradan los climas costeros. Vive entre las rocas, sobre los muros, en las ruinas, al pie de los acantilados y a veces bajo la corteza de árboles viejos.

• **Régimen alimentario:** La salamanquesa costera se alimenta casi exclusivamente de invertebrados, entre ellos numerosos insectos, como dípteros, polillas, hemípteros, coleópteros e himenópteros. A este menú se añaden arañas y miriápodos.

• **Comportamiento:** Aunque algunas veces sale durante el día para tomar el sol, esta salamanquesa es casi totalmente nocturna o crepuscular. Es una excelente trepadora y se acerca a las fuentes de luz para cazar insectos. Hiberna desde noviembre hasta marzo. La salamanquesa costera es un geco que lanza en ocasiones un curioso grito que recuerda a un agudo maullido. Se cree que esta manifestación sonora tiene una función territorial.

• **Reproducción:** Durante el periodo de acoplamiento, en primavera, los machos se enfrentan en combates que pueden llegar a ser violentos. La hembra deposita en una grieta rocosa o bajo una corteza 2 huevos blanquecinos, de un diámetro aproximado de 1 cm, que eclosionan tras algo más de tres meses. Realiza dos o tres puestas por año, a lo largo del verano.

La salamanquesa costera vive junto a la costa, en biotopos pedregosos o rocosos.

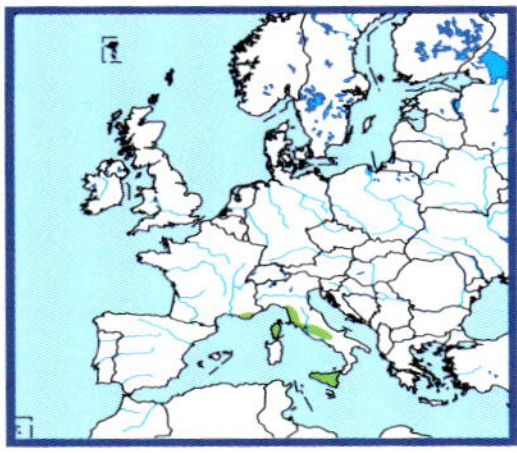

Filodáctilo europeo

Phyllodactylus europaeus

• **Descripción:** Con un tamaño medio de 6 a 7 cm, es el geco europeo más pequeño y el único cuyo dorso está desprovisto de tubérculos. La cabeza, ancha y plana, precede a un cuerpo estrecho y alargado, cuya esbeltez hace que las patas parezcan más cortas de lo que realmente son. Los dedos, ensanchados en su extremo, poseen almohadillas adhesivas divididas en dos partes y separadas por un surco. Todos los dedos de las patas traseras tienen garras. La cola, corta y gruesa, lo parece aún más cuando se regenera. A ambos lados del cráneo se aprecia la presencia de una glándula cuyo conducto excretor desemboca en la boca, bajo la lengua. Su papel no ha sido aún claramente definido. La coloración es muy variable y oscila con la intensidad luminosa: oscura por el día, se torna más clara durante la noche, hasta el punto de que llegan a distinguirse los órganos internos del animal en la oscuridad.

• **Hábitat:** Al contrario que la mayoría de los gecos, el filodáctilo parece rehuir el hábitat humano y sólo ocupa casas abandonadas. Vive en zonas degradadas cubiertas de maleza, en olivares sin cultivar, en viejos muros de piedras, en amontonamientos rocosos y bajo piedras y cortezas de árboles muertos o alcornoques.

• **Régimen alimentario:** Se alimenta de gran cantidad de insectos que encuentra en las inmediaciones de su refugio: insectos diversos, hormigas, pequeños coleópteros nocturnos, arañas, miriápodos y jóvenes escorpiones.

• **Comportamiento:** Estrictamente nocturno, rara vez se expone al sol. Para salir de caza, aprovecha el calor que las piedras acumulan durante el día y liberan de noche. Cuando está asustado, se siente agredido o sencillamente durante la etapa amorosa, emite frecuentemente pequeños gritos agudos. A veces, toda una colonia da un concierto nocturno, lo que constituye sin duda una manifestación de comportamiento social.

• **Reproducción:** El acoplamiento, que tiene lugar de marzo a mayo, va precedido de violentos combates entre los machos, o entre los machos y las hembras. En ocasiones, los enfrentamientos entre las parejas son tan brutales que provocan el desprendimiento de la cola en la hembra. Ésta pone 2 huevos cilíndricos dos o tres veces a lo largo del verano. Los huevos eclosionan al cabo de dos o tres meses. Varias hembras pueden depositar su puesta en el mismo lugar de mayo a julio.

A este pequeño lagarto europeo le gustan los muros viejos y las piedras en seco, pero rehúye la presencia humana.

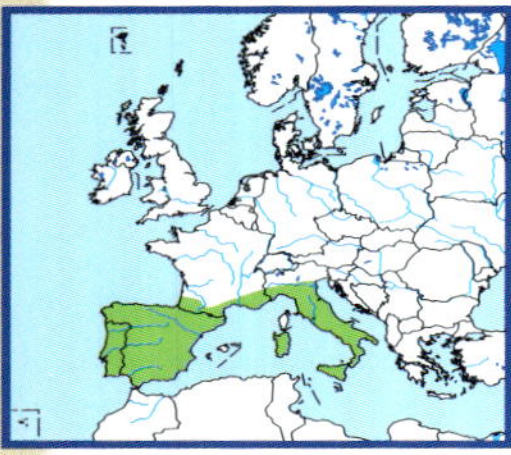

Escinco cilíndrico

Chalcides chalcides
Seps tridáctilo

• **DESCRIPCIÓN:** Con sus extremidades atrofiadas, que sólo tienen tres dedos, y su cuerpo alargado, este lagarto posee una apariencia serpentiforme. La cola, muy delgada, representa alrededor de la mitad de la longitud total del animal, que puede alcanzar 40 cm. Este curioso escinco tiene una cabeza pequeña con hocico corto y redondeado, que se prolonga en un cuello poco diferenciado. El ojo es pequeño y poco visible. La parte superior del cuerpo, recubierta de escamas grandes y brillantes, es de color pardo oliváceo, broncíneo o amarillento, a menudo con reflejos metálicos. Generalmente, se observan de nueve a trece líneas longitudinales oscuras sobre el dorso en los individuos que viven más al Norte. La parte inferior del cuerpo es de un blanco uniforme.

• **HÁBITAT:** Le gustan las zonas con cubierta herbácea densa y una cierta humedad, aunque esos lugares deben recibir suficiente sol, porque el animal es muy sensible al frío. Evita la vegetación demasiado alta y le disgusta el viento. Aparece a unos 1.000 m en las garrigas, las praderas de hierba, los baldíos, los pinares, así como al borde de los caminos y en las laderas soleadas.

• **RÉGIMEN ALIMENTARIO:** Entre los insectos aprecia sobre todo a los ortópteros, las larvas de lepidópteros y las hormigas, así como otros muchos invertebrados. Babosas, gusanos, arañas y miriápodos completan su menú. Los individuos jóvenes consumen un gran número de pulgones.

• **COMPORTAMIENTO:** Es diurno y tiene un pico de actividad durante la mañana. Es muy ágil y huye con prontitud del peligro, a la manera de una serpiente, encogiendo y estirando el cuerpo y con las patas atrofiadas replegadas a lo largo de los flancos. Muy friolero, entra en hibernación en septiembre y permanece en letargo hasta abril-mayo.

• **REPRODUCCIÓN:** Al salir de la hibernación, en abril-mayo, se produce el acoplamiento, precedido de violentos combates entre los machos, que a veces se hieren cruelmente. La hembra, ovovivípara, trae al mundo de 4 a 15 crías, de unos 10 cm, en agosto. Si en esa época está muy debilitada, puede morir como resultado del parto.

El escinco cilíndrico o seps tridáctilo es un lagarto con las extremidades atrofiadas.

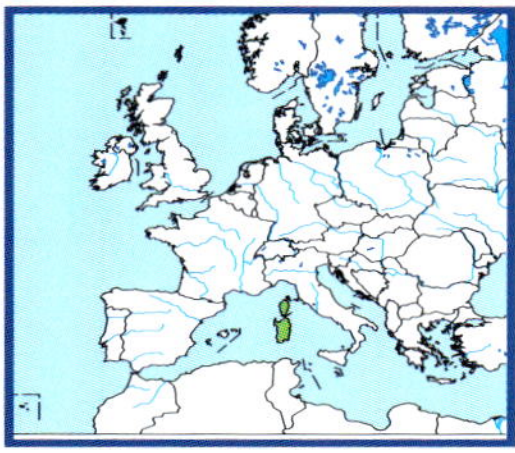

Lagarto de Bedriaga

Archaeolacerta bedriagae
Lagarto corso de montaña

• **Descripción:** Puede reconocerse a este lagarto de 15 a 20 cm de largo por su cuerpo comprimido, recubierto de escamas dorsales no carenadas y rematado por una cabeza voluminosa de hocico puntiagudo que se ensancha en su parte posterior. La parte superior del cuerpo es de color pardo grisáceo, verde oliva o verde amarillento, con un jaspeado o manchas reticuladas oscuras. La cara ventral puede presentar un colorido muy variable, aunque los tonos dominantes son el gris, el azul verdoso, amarillento o rojizo o, en algunos casos, el rojo vivo, con o sin manchas negras.

• **Hábitat:** Este lagarto se instala en enclaves rocosos: se lo puede observar en zonas de desprendimientos, en viejos muros de piedra, al pie de los desfiladeros y en el lecho rocoso de los torrentes, a una altitud de entre 600 y más de 2.000 m. La vegetación propia del entorno suele limitarse a algunos musgos y líquenes.

• **Régimen alimentario:** Se alimenta sobre todo de insectos, arañas y otros pequeños invertebrados. En ocasiones consume bayas azucaradas.

• **Comportamiento:** Debido a la altitud a la que vive, este lagarto hiberna mucho tiempo (desde septiembre-octubre a abril). Es poco receloso y es fácil acercarse a él. Sociable e incluso gregario, vive en colonias a veces grandes.

• **Reproducción:** El acoplamiento tiene lugar en mayo-junio. La puesta se da generalmente en julio. La hembra deposita en el suelo de 3 a 6 huevos. La incubación dura un mes y medio.

La afilada cabeza del lagarto de Bedriaga está rematada por un característico hocico puntiagudo.

Este habitante de las montañas corsas vive a una altitud de 2.000 m.

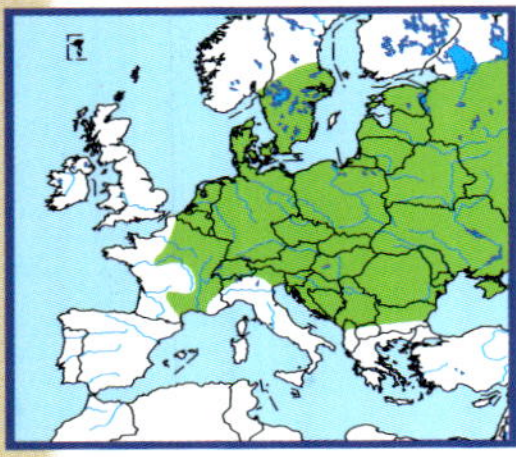

Lagarto ágil

Lacerta agilis
Lagarto de valla europeo

• **DESCRIPCIÓN:** Se trata de un lagarto de aspecto robusto, de cuerpo macizo y cilíndrico, que mide hasta 20 cm, cola incluida. A pesar de su nombre, sus cortas patas le dan una apariencia desmañada. En la cabeza, corta y de hocico redondeado, se ven claramente los tímpanos, más altos que largos. El dicromatismo sexual es muy marcado. El dorso y los costados del macho son verdes, con más o menos manchas. Este color se aviva especialmente en el periodo de reproducción. Otra característica de esta especie es una ancha banda vertebral, continua o dividida en una serie de manchas más o menos difusas y bordeada por dos líneas más claras que realzan el dibujo. Muchos individuos lucen ocelos o jaspeados en la parte media de los flancos, separados de la banda vertebral por una zona que parece carecer de pigmentación. La hembra tiene un colorido más apagado: pardo grisáceo con manchas oscuras y claras. En general, su banda vertebral es más difusa.

• **HÁBITAT:** Al lagarto ágil le gustan los medio secos y ricos en vegetación. Se conforma con una cubierta menos densa que el lagarto verde. Aparece hasta los 2.000 m al sur de su área de distribución. Coloniza hábitats típicos, tales como los taludes de los senderos pedregosos o las vías férreas, las zonas de rocalla con arbustos, los jardines en barbecho, los pastizales. Al norte de su área de distribución es frecuente encontrarlo en el litoral, las dunas y las landas arenosas.

• **RÉGIMEN ALIMENTARIO:** Este lagarto se alimenta de pequeñas presas tales como insectos, cochinillas, arañas o lombrices de tierra.

• **COMPORTAMIENTO:** Tiene hábitos tranquilos y, fuera del periodo amoroso, pasa largas horas tomando el sol, en especial cuando sale de la hibernación en marzo-abril. Vive principalmente en tierra y, a pesar de su nombre, es menos trepador que el lagarto

La hembra es parda...

... y el macho, verde.

verde o la lagartija roquera. En el suelo se desplaza lentamente. Por esta razón sin duda, se aleja poco de su refugio, que prepara normalmente en la madriguera abandonada de un roedor, bajo una piedra o un tocón viejo. Entra en hibernación bastante pronto, en septiembre-octubre. No podemos por menos que preguntarnos de dónde le viene el nombre de ágil...

• **REPRODUCCIÓN:** En la época de reproducción, los machos se muestran muy agresivos y no dudan en enfrentarse a sus rivales para obtener los favores de una hembra. A menudo, los combates, espectaculares y a veces peligrosos, se desarrollan de acuerdo con una especie de complejo ritual. Apoyándose sobre las patas delanteras y con el cuerpo arqueado, los lagartos se lanzan el uno contra el otro y juntan los hocicos. La pelea concluye con el abandono de uno de los adversarios, tal vez gravemente herido. Una vez formada la pareja, el macho aleja sin contemplaciones a los posibles rivales. El acoplamiento tiene lugar de mayo a junio, y el periodo de puesta puede extenderse desde principios de junio a julio. La hembra deposita de 10 a 15 huevos blanquecinos, cuya incubación dura 2 o 3 meses, en una cavidad excavada por ella misma. Cuando nacen, los lagartos miden de 55 a 60 mm.

Los huevos son depositados en el fondo de una depresión excavada por la hembra.

A pesar de su nombre, este lagarto no se muestra ni muy vivo ni muy ágil, lo que no le impide ser un gran consumidor de insectos y de sus larvas, que le gustan especialmente.

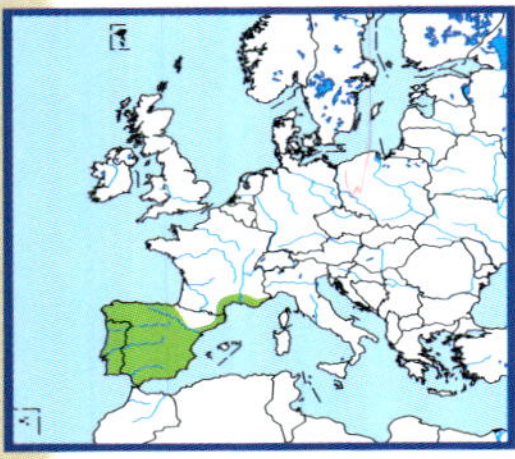

Lagarto ocelado

Lacerta lepida
Lagarto joya

• **Descripción:** Este lagarto, el mayor de los europeos, recibe también el nombre de lagarto perlado. Es fácil de identificar por su tamaño, que puede alcanzar los 80 o 90 cm en los Pirineos orientales (dos tercios corresponden a la cola). El tamaño habitual es de 20 cm del hocico a la cloaca, unos 60 cm incluyendo la cola. El macho tiene una cabeza maciza con frente ancha y plana, en la que se distinguen los tímpanos, más grandes que los ojos. Las patas, especialmente las de atrás, son robustas y cuentan con largas garras curvas y puntiagudas. Con frecuencia, los flancos lucen magníficas manchas azules muy visibles, que dan nombre al animal, cuyo color se realza en la época amorosa. El dorso puede presentar todos los matices del verde, del pardo verdoso al rojizo. Los flancos son de color verde azulado o amarillento. Sobre la cara dorsal se distingue un delicado dibujo reticulado en negro, que se extiende del cuello a la cola. La garganta y el vientre, sobre todo en el macho, son de un amarillo intenso.

• **Hábitat:** Al lagarto ocelado le gustan los terrenos secos, muy soleados y cubiertos de maleza. Ha sido visto hasta los 500-600 m de altitud en los Alpes Marítimos franceses, hasta los 800 a 1.000 m en los Pirineos orientales y hasta los 2.100 m en España. Las garrigas, el monte bajo, las laderas rocosas recorridas por muros bajos de piedra en seco, los viejos olivares, los bosques claros y las zonas de vegetación enmarañada constituyen sus hábitats preferidos. Para ocultarse de posibles depredadores, no duda en esconderse entre la vegetación densa: matorrales, jaras y brezos arbustivos.

• **Régimen alimentario:** Este lagarto omnívoro parece alimentarse fundamentalmente de insectos de gran tamaño, en especial ortópteros y coleópteros. A esta dieta se suman otros invertebrados tales como escolopendras, arañas e incluso escorpiones. Si se presenta la ocasión,

A este lagarto le gusta holgazanear al sol sobre una piedra.

El lagarto ocelado vive frecuentemente en pareja.

saquea también los nidos de las aves y puede robar sus huevos o comerse algún polluelo. A veces captura pequeños mamíferos y otros reptiles (lagartos, jóvenes serpientes). Le gustan mucho los frutos dulces.

- **Comportamiento:** El lagarto ocelado es de hábitos diurnos y solitarios, aunque a menudo vive en pareja. En los días sin viento, le encanta tomar el sol encima de una piedra grande y plana. Si se siente acosado, huye rápidamente y busca refugio en una madriguera, bajo una roca o entre la vegetación densa. Este lagarto resulta ser un buen escalador: trepa sin problema por los árboles de corteza rugosa para escapar de sus enemigos. Si se siente acorralado, especialmente el macho, expresa su cólera inflando los mofletes. En esos casos, puede saltar sobre su adversario y morderle con fuerza. Las heridas que provoca no son peligrosas, pero sí frecuentemente dolorosas. Hiberna bajo tierra desde octubre a marzo-abril.
- **Reproducción:** Los acoplamientos, que tienen lugar a finales de la primavera (entre abril y mayo), pueden desatar violentos combates entre los machos. La puesta se desarrolla desde principios de junio a julio. La hembra puede depositar en tierra de 5 a 12 huevos blancos y alargados, que miden alrededor de 18 mm. El periodo de incubación se prolonga tres meses. En el momento de su nacimiento, los lagartos ocelados tienen la respetable longitud de entre 10 a 12 cm (incluida la cola).

El lagarto ocelado muestra una gran habilidad para escalar la corteza rugosa de los árboles y arbustos.

Los ocelos azules que adornan su piel son el motivo por el cual se le conoce también como lagarto joya.

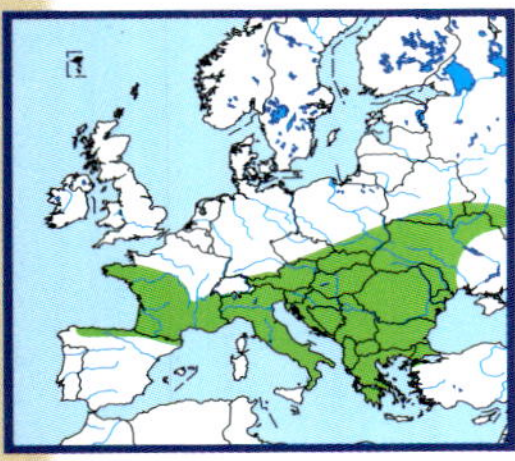

Lagarto verde

Lacerta viridis
Lacerta bilineata

• **Descripción:** Este gran lagarto de porte elegante puede medir unos 40 cm incluida la cola. Esta última es aproximadamente dos veces más larga que el cuerpo. Gruesa en la base, se va adelgazando y se vuelve cilíndrica hacia el extremo. La cabeza, ancha y plana, tiene un hocico corto y romo. Los tímpanos son más altos que largos y más grandes que los ojos. El tronco, macizo y fornido, está protegido por una piel más o menos arrugada. Por lo general, el macho es de color verde (de ahí su nombre), con el dorso pardo verdoso con puntos negros y amarillo limón. Estas manchitas, bien visibles, están repartidas de manera irregular. En la hembra se observan frecuentemente de dos a cuatro líneas longitudinales de color amarillo, más o menos continuas, sobre el dorso, con el margen salpicado de negro. Durante la etapa de reproducción, la garganta del macho es de un intenso color azul. El vientre y la cara interna de las patas son de un tono amarillo vivo o verde azulado.

• **Hábitat:** Este lagarto es un habitante típico de zonas ricas en vegetación. Le gustan la maleza y los arbustos, entre los que despeja algunos emplazamientos en lugares bien expuestos al sol. Puede vérselo a lo largo de los setos y zarzales y al borde de los caminos hasta una altitud aproximada de 1.800 m. También parece apreciar las zonas húmedas, que ofrecen una buena cubierta vegetal de juncos. Puede encontrar refugio bajo una piedra, un tocón grande, a veces en una madriguera abandonada por algún roedor.

• **Régimen alimentario:** Su menú es variado y está compuesto principalmente de diversos invertebrados: gusanos, crustáceos, cochinillas, insectos y sus larvas, moluscos (caracoles). A veces puede alimentarse de

En este joven macho empiezan a aparecer las galas azules del periodo nupcial.

Al lagarto verde le gustan los lugares de vegetación abundante, entre la que se oculta perfectamente gracias a su mimética librea.

En el periodo nupcial, la garganta (y a veces toda la cabeza) del macho se tiñe de un intenso azul.

otros lagartos, micromamíferos, huevos y pequeños pájaros. Como al lagarto ocelado, le gustan las bayas jugosas y dulces.

• **Comportamiento:** El lagarto verde caza con habilidad entre la vegetación de su territorio. Trepa bien a los árboles y arbustos y escala con facilidad los muros de piedra en seco. Por la mañana y al mediodía, le gusta haraganear al sol, solo o en pareja. Su conducta frente al hombre varía según las circunstancias y el temperamento del ejemplar. En ocasiones, es posible acercarse a este lagarto sin problemas y parece ignorar nuestra presencia. Otras veces huye a la menor señal de alarma, aunque suele detenerse a poca distancia para observar al intruso. Si se lo atrapa, puede morder con fuerza y el mordisco es doloroso, pero las heridas ocasionadas no revisten ningún peligro.

• **Reproducción:** Los acoplamientos tienen lugar durante la primavera. Con este motivo, se producen furiosos enfrentamientos entre los machos por la posesión de las hembras. Los combates son a veces tan salvajes y los bocados tan fuertes que pueden ocasionar la muerte de los adversarios. La puesta se desarrolla de mayo a junio y está compuesta por entre 5 y 20 huevos blanquecinos y de piel apergaminada. Son depositados en una pequeña cavidad excavada por la hembra. En ocasiones, los esconde debajo de una piedra o de un montón de hojas. La incubación dura de 2 a 3 meses y los jóvenes miden unos 5 cm al nacer.

Eclosión del lagarto. La puesta incluye de 5 a 20 huevos.

Activo depredador, el lagarto verde engulle numerosos insectos, además de invertebrados y presas de mayor tamaño, como lagartos o crías de aves.

Lagartija de turbera

Lacerta vivipara
Lagarto vivíparo

• **Descripción:** Es un lagarto de cuerpo alargado pero rechoncho cuya longitud no supera los 17 cm en el caso de las hembras grandes; los machos son de menor tamaño. Las patas son cortas. La cabeza, pequeña y terminada en un hocico redondeado, se une directamente al tronco. El cuello es grueso con una ligera retícula en la sotabarba. El dorso es de color pardo verdoso, gris o beis; generalmente se observan dos bandas laterales oscuras. El vientre luce colores muy vivos durante el periodo de reproducción: rojo intenso con matices rosados y azules en el macho, anaranjado en la hembra. La garganta es de una tonalidad azulada.

• **Hábitat:** Este lagarto vivíparo necesita un grado alto de humedad, lo que le convierte en un habitante típico de las turberas, prados, landas pantanosas, zanjas y cunetas húmedas. Al norte de su área de distribución aparece también entre las dunas o junto a los acantilados a la orilla del mar. Además, le gustan los terrenos encharcados con brezos y aulagas y las plantaciones jóvenes de especies resinosas. En ocasiones, visita los jardines y setos. Suele vivir en el suelo, aunque puede trepar por la vegetación arbustiva. En los Alpes se puede ver a este animal hasta cerca de los 3.000 m de altitud.

• **Régimen alimentario:** Este lagarto vivíparo se alimenta de gran cantidad de insectos y sus larvas, y no parece temer las picaduras de los himenópteros (avispas o abejas). La lagartija de turbera también consume con regularidad dípteros, ortópteros (langostas), moluscos, gusanos, arácnidos, cochinillas.

• **Comportamiento:** Este lagarto no parece tener comportamientos territoriales muy marcados, ya que es frecuente observar a varios individuos de los dos sexos calentándose juntos al sol. A este lagarto le encanta también holgazanear sobre tocones, rocas y ramas bajas, un muro, una mata de juncos, carrizo o brezo, o encima del esfagno seco en medio de una turbera. Aunque no es un especialista en la escalada, este animal es un excelente nadador al que gusta frecuentar el agua. Permanece en hibernación desde octubre hasta marzo. La duración de este periodo de letargo es muy variable, según la latitud, la altitud y los inviernos. En las regiones meridionales, o cuando los inviernos son suaves, la lagartija de turbera puede interrumpir su hibernación en diciembre o enero, si se produce un calentamiento de la atmósfera, y reemprenderla más tarde. En zonas de alta montaña, sin embargo, la hibernación puede prolongarse hasta el mes de junio.

• **Reproducción:** De acuerdo con las condiciones climatológicas y/o la altitud, el acoplamiento puede tener lugar entre abril y junio. Muestra inclinación

En zonas altas se observa a menudo la forma melánica.

Hembra de lagartija vivípara preparándose para «dar a luz».

a la poliandria: una hembra puede estar con varios machos el mismo día. La gestación dura unos tres meses. Los jóvenes lagartos, de 3 a 15, nacen en el instante mismo de la puesta o poco después. Sin embargo, no es una especie continuamente ovovivípara: puede suceder que la hembra se convierta en ovípara. Esta transformación se observa en algunas zonas, como los Pirineos, y bajo determinadas condiciones climatológicas.

En el momento de la puesta, las crías de la lagartija de turbera están aún protegidas por la fina envoltura del huevo; ésta se desgarra en el mismo instante o poco después. Los pequeños lagartos aparecen ya completamente formados.

La hembra de este lagarto vivíparo puede tener hasta 15 crías, aunque generalmente son 7 u 8.

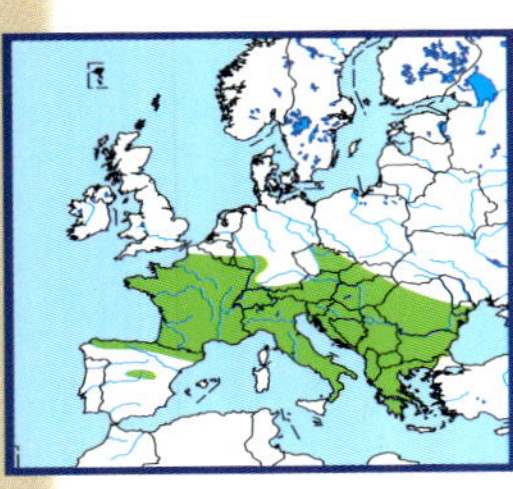

Lagartija roquera

Podarcis muralis
Lagarto gris

● **Descripción:** Este lagarto de tamaño medio sólo excepcionalmente sobrepasa los 20 cm. La longitud de su cola, que puede llegar a representar dos tercios de la longitud total, le hace parecer más esbelto. En función de las regiones y cepas, e incluso dependiendo de los distintos individuos dentro de una misma población, se aprecia una enorme variación en el colorido de la librea.

● **Hábitat:** A la lagartija roquera le agradan los viejos muros, pero también las paredes de construcciones bien orientadas, soleadas y protegidas. Se la puede observar en pendientes pedregosas, en los terraplenes de las vías férreas, zonas de desprendimientos, antiguas canteras, setos y márgenes de bosques.

● **Régimen alimentario:** Es un animal oportunista y caza muchas de las especies que frecuentan las inmediaciones del hábitat humano: moscas, grillos, saltamontes, mariposas y sus larvas, y coleópteros.

● **Comportamiento:** Es relativamente fácil acercarse a la lagartija roquera, pero huye rápidamente ante cualquier gesto un poco brusco. De todos modos, empujada por la curiosidad, sale enseguida de su escondite para contemplar a quien la observa. Trepa ágilmente por los muros y nada con facilidad. Hiberna de noviembre a marzo-abril.

Podarcis muralis nigriventris **es una especie que vive en la costa occidental italiana, de Génova a Roma.**

Podarcis muralis maculiventris, **subespecie que vive en la llanura del Po, al oeste de Eslovenia.**

¡Aquí están los montañeses!

Iberolacerta monticola castillana **(macho, sierra de Gredos).**

Iberolacerta bonnali **(macho, Cap de Long, Pirineos franceses).**

Se trata de dos lagartos de montaña considerados en otro tiempo como una única especie con variaciones geográficas y conocida vulgarmente como lagarto de montaña del Pirineo (*Lacerta monticola*). De hecho, ha cambiado incluso el nombre del género: *Lacerta monticola* se ha convertido en *Iberolacerta monticola*, o lagarto ibérico. Vive en las montañas gallegas y en el Sistema Central ibérico, entre 1.200 y 2.000 m, en laderas cubiertas de vegetación arbustiva y rastrera, a veces en el lecho de los torrentes secos. El magnífico macho que se puede ver en la fotografía pertenece a la subespecie del centro de España: *Iberolacerta monticola castillana*. *Iberolacerta bonnali*, o lagarto pirenaico, es endémico de los Pirineos centrales. Su coloración, más bien oscura y muy variable, no es tan vistosa como la de su primo ibérico. Está muy bien adaptado a los cambios climatológicos de la montaña. Vive a una altitud de entre 1.900 y 2.700 m. Sólo abandona su refugio durante las horas cálidas de la jornada. Si se produce un descenso brutal de la temperatura, es capaz de entrar rápidamente en un estado de semiletargo, incluso en pleno verano. Aparece en zonas de desprendimientos, donde caza todo tipo de insectos y arañas.

• **Reproducción:** En primavera, el acoplamiento da lugar a violentos combates entre los machos. Cada uno trata de ganarse el favor de varias hembras y luego reina sobre su pequeño harén. La hembra deposita sus huevos, de 2 a 10, en un agujero que ha excavado. Los jóvenes lagartos nacen tras una incubación de unos dos meses.

La lagartija y el gato

Este pequeño y familiar lagarto suele frecuentar los jardines y las inmediaciones de nuestras viviendas. Desgraciadamente, es víctima de los gatos, ya que éstos se muestran extraordinariamente fascinados por la conducta de la lagartija: movimientos bruscos, huida rápida hasta algún agujero, prudente reaparición... No hay nada que despierte más el instinto cazador de estos felinos.

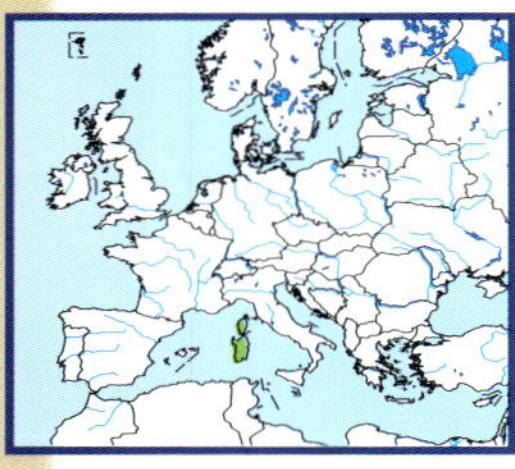

Lagartija del Tirreno

Podarcis tiliguerta

• **Descripción:** Este bonito lagarto de 20 a 25 cm de longitud máxima, posee un cuerpo robusto, no comprimido. La cabeza es voluminosa y el cuello grueso. La cola larga y delgada, gruesa en la base, representa dos tercios de su longitud total. La hembra es más grande que el macho. Según los sexos y los individuos, la coloración puede variar mucho. En la hembra el dorso tiene matices de un tono ocre o beis, mientras que el color dominante es generalmente verdoso o verde amarillento en el macho. Se observan manchas oscuras, más o menos visibles y reticuladas (sobre todo en el macho), y una línea longitudinal de color claro sobre los flancos. La parte inferior puede ser blanquecina o rosada, amarilla, naranja o de un rojo vivo.

• **Hábitat:** A este animal se lo puede observar desde el nivel del mar hasta alrededor de los 1.800 m, aunque parece preferir cotas bajas o medias. Se asienta en islotes rocosos en los que parece imposible cualquier tipo de vida. Le agradan los lugares secos y soleados: muros de piedra, desprendimientos rocosos, laderas áridas orientadas al sol, taludes, bosques claros y maleza. También habita el monte bajo, las riberas de los torrentes y las rocas de la orilla del mar.

• **Régimen alimentario:** Se alimenta de invertebrados de pequeño tamaño, insectos, arañas, miriápodos.

• **Comportamiento:** Este lagarto diurno puede formar colonias grandes, en particular en algunos islotes rocosos. Es un buen trepador, aunque prefiere pasar el tiempo al sol.

• **Reproducción:** El acoplamiento tiene lugar en abril-mayo. La hembra deposita en el suelo húmedo de 6 a 12 huevos, que eclosionan dos meses y medio más tarde.

El vientre del macho puede ser amarillo, naranja o rojo, y a menudo los flancos lucen magníficos ocelos azules.

La hembra tiene una librea más discreta.

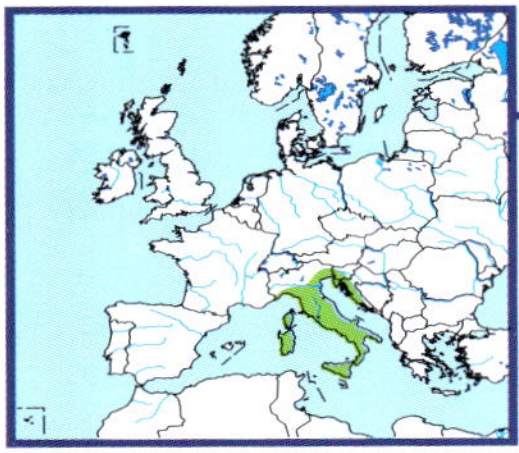

Lagartija siciliana

Podarcis sicula

• **DESCRIPCIÓN:** Este lagarto, de 17 a 30 cm de longitud máxima, tiene la cola larga y delgada. El cuerpo parece más robusto que el de la lagartija roquera, a la que se parece. Los colores de la piel varían mucho de una región a otra, a veces dentro de una misma población, pero mantienen una constante: una banda vertebral oscura, difusa o muy marcada, realzada por manchitas negras. La parte superior del cuerpo puede ser verde con matices amarillentos, azulados, grisáceos o pardos hacia la parte posterior. Los flancos, de color pardo o marrón, presentan manchas oscuras y ocelos claros, dispuestos en una o dos filas. En algunos individuos se observa una marca azulada rodeada de negro detrás de las patas delanteras. El vientre es blanco, rosado o gris.

• **HÁBITAT:** Este animal muestra una sorprendente capacidad de adaptación y puede habitar diferentes medios, aunque todos generalmente con abundante vegetación herbácea o arbustiva: campos y praderas, cunetas, viñedos, jardines, terrenos baldíos, ruinas y, cerca del mar, las inmediaciones de las playas arenosas.

• **RÉGIMEN ALIMENTARIO:** Se alimenta de pequeños invertebrados (insectos, arañas, miriápodos), a veces de jóvenes lagartos. No desdeña tampoco las plantas.

• **COMPORTAMIENTO:** Aunque es una excelente trepadora, esta lagartija suele vivir en el suelo. En algunos lugares parece bien adaptada al entorno humano: inspecciona los vertederos de basuras, en los que encuentra una fuente importante de alimento debido a la gran cantidad de insectos que albergan.

• **REPRODUCCIÓN:** La puesta tiene lugar de abril a junio. Se compone de 2 a 10 huevos que eclosionan dos o tres meses más tarde.

La lagartija siciliana es una hábil trepadora, aunque suele vivir en el suelo.

Habitante típica de los sustratos rocosos, también se la puede ver en las playas de arena.

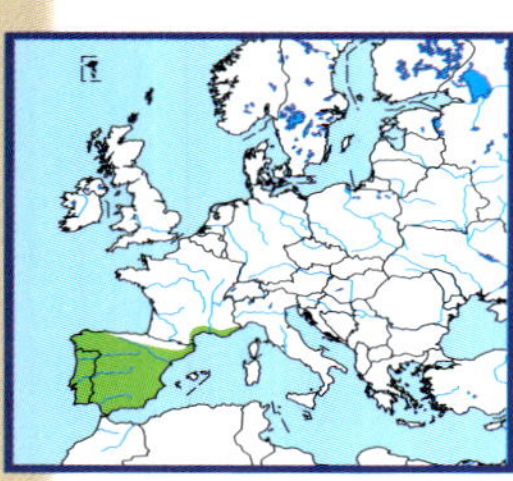

Lagartija colilarga

Psammodromus algirus

• **DESCRIPCIÓN:** Este lagarto de esbeltas formas mide de 17 a 19 cm, de los que 10-12 cm corresponden a la cola. La hembra, a menudo más grande, puede alcanzar los 25 cm. El cuerpo está cubierto de escamas imbricadas, carenadas y puntiagudas, que dan al animal un aspecto algo rugoso. Las delgadas patas terminan en dedos largos y finos provistos de garras. La cabeza se une al grueso cuello. La parte superior del cuerpo es de un color pardo cobrizo, frecuentemente con reflejos metálicos, con dos líneas claras que bordean los flancos. La línea superior queda realzada por una banda más oscura. Durante la etapa nupcial los machos lucen manchas de color azul vivo en los hombros, mientras que la garganta y las mejillas adoptan tintes rojizos. La cara ventral es de color claro, dominando el amarillo y el verde.

• **HÁBITAT:** Es un habitante típico de zonas con densa maleza. Se lo puede ver también en bosques claros de robles verdes y eucaliptos, en los que abundan las hojas muertas. Resulta frecuente encontrarlo entre la vegetación espesa propia del monte bajo y en ocasiones en las dunas del litoral. Al sur de su área de distribución, aparece hasta aproximadamente 1.400 m de altitud.

• **RÉGIMEN ALIMENTARIO:** Se compone esencialmente de insectos, a los que se suman arañas y a veces jóvenes lagartos.

• **COMPORTAMIENTO:** Este lagarto, discreto y muy tímido, posee hábitos diurnos. A menudo se descubre su presencia por el ruido que provoca su huida entre las hojas muertas. Si se lo molesta, suele ocultarse en la arena y no duda en morder cuando se lo atrapa, mientras emite un agudo grito. Hiberna durante toda la estación fría.

• **REPRODUCCIÓN:** El periodo de acoplamiento va de marzo a mayo, según la altitud y el clima. La hembra pone en mayo-junio de 4 a 10 huevos. La incubación dura dos meses y medio. Los huevos son escondidos cuidadosamente en un agujero que excava previamente la madre.

Este macho en etapa reproductiva luce hermosos matices rojizos en la garganta y las mejillas.

A menudo se observa a este animal en el suelo del sotobosque mediterráneo.

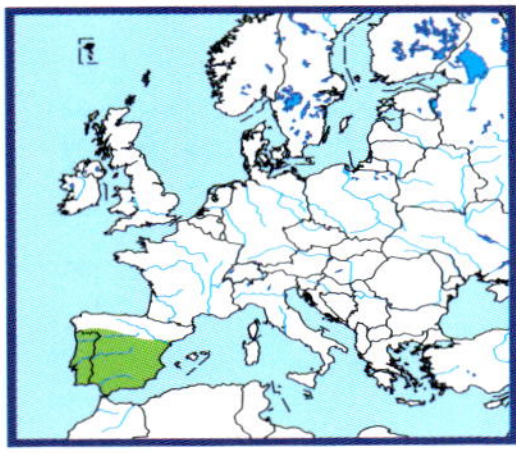

Acantodáctilo

Acanthodactylus erythrurus
Dedos de fleco

• **Descripción:** Este lagarto de aspecto robusto tiene una cola muy larga y delgada, aproximadamente dos veces más larga que el cuerpo. La cola y los muslos suelen ser de color rojo vivo en los juveniles, color que contrasta con el dorso negro estriado por bandas longitudinales claras. Aunque el adulto presenta a veces las mismas características en la cola y las patas traseras, su cuerpo es generalmente de color más claro, pardo grisáceo, amarillento u oliváceo, con estrías longitudinales claras. El vientre es blanco o amarillento.

• **Hábitat:** Al acantodáctilo le agradan los lugares despejados, especialmente las zonas arenosas con vegetación rala, hierba seca y maleza. Se lo puede ver en las dunas que rodean las playas, oculto entre las matas de carrizos, al borde de los senderos que atraviesan bosques claros, en las partes despejadas de las garrigas y en el monte bajo.

• **Régimen alimentario:** El acantodáctilo consume principalmente insectos y sus larvas, pero también arácnidos, gusanos o moluscos. En ocasiones caza lagartos jóvenes.

• **Comportamiento:** Este lagarto demuestra una sorprendente vivacidad para alcanzar su refugio (generalmente una pequeña madriguera) en cuanto percibe un peligro. Huye con una marcha acelerada interrumpida por pequeñas paradas que realiza con la cola alzada. Aunque de hábitos diurnos, puede permanecer activo gran parte de la jornada. Se protege del calor intenso enterrándose en la arena.

• **Reproducción:** Los acoplamientos tienen lugar en abril. Durante este periodo, los machos pueden volverse agresivos cuando se trata de defender su territorio. La puesta, de 1 a 6 huevos, se produce en mayo. La incubación dura alrededor de dos meses.

La abertura del tímpano es perfectamente visible en este acantodáctilo.

Joven acantodáctilo con rayas blancas y negras en el cuerpo y la cola de color rojo anaranjado.

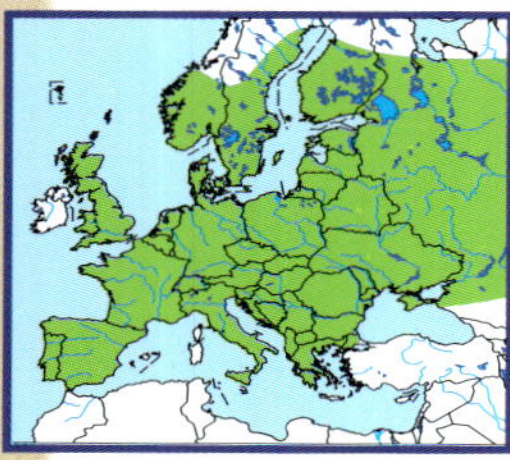

Lución común

Anguis fragilis
Serpiente de cristal

• **Descripción:** Este curioso lagarto ápodo de cuerpo alargado recuerda a una serpiente. Aunque es un animal totalmente inofensivo, esta curiosa similitud le cuesta a veces la vida. La cabeza pequeña está rematada por un hocico cónico y redondeado. Tiene ojos minúsculos, poco visibles, disimulados por párpados móviles (es un lagarto, no una serpiente). El lución está protegido por escamas lisas y muy brillantes que ocultan los tímpanos. La parte superior del dorso, de color pardo amarillento o cobrizo, ocre o rojizo, contrasta con el de los flancos, más oscuros. Con frecuencia, las hembras poseen una línea vertebral negra. Al este de su área de distribución, la parte superior del dorso de los machos puede mostrar manchas azuladas, principalmente sobre la parte delantera, que pueden formar líneas laterales. Su tamaño medio oscila entre 30 y 50 cm como máximo. Los jóvenes lucen un intenso color dorado o plateado en la parte superior, que contrasta intensamente con el vientre negro.

• **Hábitat:** Al lución le gusta cierto grado de humedad, aunque también vive en lugares secos. Se refugia a la sombra, bajo el musgo, las hojas, una chapa o una plancha de uralita, una bolsa de plástico o viejos cartones. Aprecia la vegetación densa que forma una cubierta sobre el suelo. Se lo puede ver en bosques, taludes de hierba, zanjas, jardines y pastizales. Aunque prefiere instalarse en zonas llanas, llega a establecerse hasta en los 1.000 m de altitud al sur de su área de distribución.

• **Régimen alimentario:** El lución puede ser considerado un valioso colaborador de los jardineros y agricultores. Su menú básico se compone de numerosos invertebrados indeseables, como las babosas y determinados insectos cuyas larvas son responsables de verdaderos destrozos (larvas de abejorro). También le gustan las lombrices y cochinillas, que atrapa bajo los tocones podridos, y los arácnidos. A pesar de su aspecto plácido y bonachón, atrapa con brutalidad a sus presas: las sacude y golpea contra el suelo

El minúsculo ojo del lución está protegido por párpados móviles que ponen de relieve su relación con los lagartos, a pesar de su apariencia de serpiente.

Las escamas del lución son muy brillantes.

El periodo de reproducción está marcado por los combates entre machos, que pueden ser muy violentos.

antes de tragarlas. Caza sobre todo en horas crepusculares (al amanecer y a la caída de la tarde), o después de la lluvia.

• **Comportamiento:** Su otro nombre común, «serpiente de cristal», hace referencia a su capacidad de autoamputarse la cola cuando es atrapado y se asusta. Frecuentemente, este reflejo le permite huir de los depredadores. No representa ningún riesgo para el lución, ya que la cicatrización es rápida y poco después vuelve a crecerle un embrión de cola de 2 o 3 cm. Se trata, además, de su único mecanismo de defensa, ya que es un animal absolutamente inofensivo y no intenta nunca morder cuando se lo coge. No trepa –o lo hace poco–, pero nada muy bien y puede desplazarse muy deprisa. Necesita la humedad y sólo se expone al sol en primavera o en otoño. A finales del verano prepara una galería profunda en el suelo (también puede ocupar una galería de roedor abandonada) para pasar en ella cómodamente los meses de mal tiempo. La hibernación comienza en octubre y se prolonga hasta marzo.

• **Reproducción:** El acoplamiento tiene lugar en primavera, cuando concluye el periodo de hibernación. En esa etapa se producen violentos combates entre los machos, que pueden producirse graves heridas con sus pequeños dientes cónicos. Las crías del lución (de 5 a 20, pero habitualmente unas 10) nacen generalmente de noche, al cabo de tres meses de gestación. En el momento de su nacimiento miden alrededor de 5 cm.

A pesar de las apariencias, el lución no es un buen trepador.

Los ofidios

El cuerpo de los ofidios, o serpientes, alargado y recubierto de escamas epidérmicas, está desprovisto de patas. En estos animales se aprecia la desaparición de la cintura escapular y una regresión de la zona pélvica, así como una gran movilidad lateral y dorsal. Los ojos de las serpientes carecen de párpados y no se cierran jamás. La piel es seca, dado que no cuentan con glándulas cutáneas. La cara ventral está recubierta de escamas dispuestas en hilera, en placas paralelas. Éstas desempeñan un papel muy importante en la locomoción y la percepción de las vibraciones. La cabeza presenta placas córneas de dimensiones variables. El oído de las serpientes no está muy desarrollado, ya que no poseen tímpanos. Además, tienen muy reducido el oído interno. No obstante, perciben algunos sonidos emitidos a ciertas frecuencias y son especialmente sensibles a las vibraciones del suelo, que registran gracias a sus escamas ventrales. La lengua bífida, que está constantemente en movimiento, es un órgano táctil muy importante. Algunos ofidios tienen un aparato venenoso producto de la transformación de una glándula salivar.

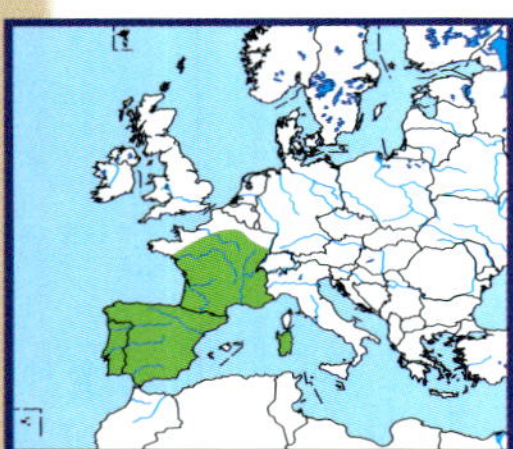

Culebra viperina

Natrix maura, Natrix viperinus

• **DESCRIPCIÓN:** Es una de las culebras más pequeñas (apenas supera los 60 o 70 cm; excepcionalmente 1 m en las hembras más grandes). A menudo se la toma por una víbora, de ahí su nombre de culebra viperina o víbora de agua. La cabeza, bien diferenciada de un cuerpo más bien grueso, es plana y tiene el hocico puntiagudo, no respingón. Tiene ojos con pupilas redondas muy visibles, lo que impide confundirla con una víbora. En la parte superior del cráneo se observan una o dos líneas en forma de V abierta hacia atrás. El color de fondo es gris oliváceo, pardo verdoso o amarillento, ocre grisáceo, amarillo anaranjado o pardo rojizo. Sobre el dorso se aprecian dos filas de angulosas manchas oscuras reunidas en una única banda en zigzag. El vientre es blanco, amarillo o rojizo, con manchas oscuras.

Su parecido con una víbora le ha valido a esta culebra inofensiva muchos disgustos.

Su otro nombre común, víbora de agua, muestra hasta qué punto es habitual la confusión de esta inofensiva culebra con una víbora. Sin embargo, basta prestar un poco de atención para reconocerla fácilmente. Por lo que se refiere a las serpientes, la llamada sabiduría popular es más bien expeditiva...

Según las regiones y los medios ocupados, las libreas son muy diferentes.

- **HÁBITAT:** Prefiere los ríos y torrentes de corriente rápida, con lecho de grandes guijarros. También se la puede observar en los márgenes de las aguas estancadas, en compañía de la culebra europea común de agua o de collar: sus biotopos favoritos son los brazos muertos de los ríos, lagos, charcas y estanques ricos en vegetación, prados pantanosos y sotobosques húmedos.
- **RÉGIMEN ALIMENTARIO:** Su menú cotidiano se compone de ranas y renacuajos, tritones, peces y su freza, y hasta lombrices de tierra. Durante el buen tiempo, el apetito de esta culebra es insaciable y puede engullir en un tiempo récord hasta una decena de tritones. En general, una vez que ha capturado a su presa, prefiere celebrar su festín a la orilla. Se ha visto a una culebra viperina de entre 50 y 60 cm tragarse una hermosa trucha que medía al menos una tercera parte de su tamaño.
- **COMPORTAMIENTO:** Esta culebra tiene hábitos diurnos. Es una excelente nadadora, capaz de sumergirse y permanecer mucho tiempo bajo el agua. Le encanta instalarse sobre las piedras calentadas por el sol de las orillas o sobre las ramas que cuelgan encima del agua. En caso de peligro, huye sin hacer ruido y regresa al líquido elemento. No obstante, si se siente amenazada, adopta el típico comportamiento de intimidación de una víbora y silba con furia. A continuación, agacha la cabeza y agita varias veces el hocico en dirección a su adversario con la boca cerrada. Su cuerpo se engrosa y la parte posterior de la cabeza se hincha y adopta una forma triangular. A pesar de este espectacular despliegue, esta serpiente inofensiva muerde muy rara vez. No obstante, demasiado a menudo paga con su vida tanto esta conducta defensiva como los dibujos que adornan su dorso. Cuando es atrapada, libera el maloliente contenido de sus glándulas anales. Hiberna desde octubre hasta mayo o abril, sola o en compañía de otras culebras o víboras, en un agujero cualquiera. Es muy resistente al frío y puede soportar descensos brutales en la temperatura (hasta los -15 °C).
- **REPRODUCCIÓN:** El acoplamiento tiene lugar en marzo-abril. En el mes de julio, los huevos (de 5 a 15, a veces 20) son depositados en el suelo húmedo o en una madriguera abandonada. La incubación dura entre un mes y medio y dos meses y los jóvenes nacen en septiembre.

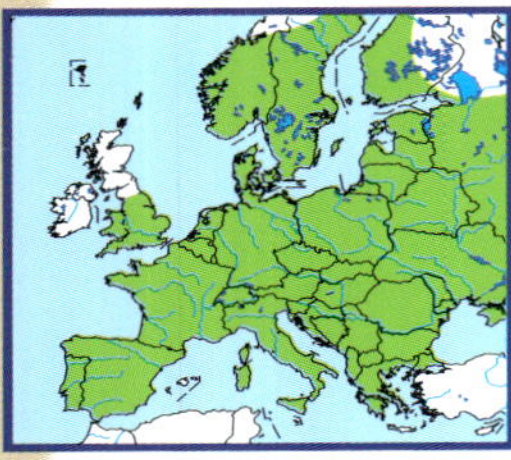

Culebra europea de agua

Natrix natrix

• **DESCRIPCIÓN:** La culebra europea común de agua es también conocida como culebra acuática de collar: éste es de color amarillo, blanco, rojo o anaranjado y muestra dos manchas en forma de media luna con margen negro en la parte posterior de la cabeza. No obstante, algunos individuos carecen de este collar. Es una serpiente grande de cuerpo esbelto, que se vuelve más grueso con la edad. El macho mide 60 cm de media; la hembra, aunque puede alcanzar excepcionalmente los 2 m, suele medir en torno a 80 cm. La cabeza está bien diferenciada del cuerpo y recubierta de grandes placas. El ojo tiene la pupila redonda, una característica de todas nuestras culebras, sea cual sea la especie. El dorso, de color gris o pardo oliváceo, está cubierto de escamas carenadas. Algunos ejemplares –especialmente en zonas altas– pueden ser completamente negros. Generalmente, se observa sobre el cuerpo un haz de manchas más oscuras. El vientre gris muestra manchas negras dispuestas en damero.

• **HÁBITAT:** En la mayor parte de su área de distribución, vive cerca de lugares húmedos y parece preferir aguas tranquilas o estancadas: orillas de charcas y estanques, brazos muertos de ríos, bosques de ribera, praderas encharcadas. En los países nórdicos habita sobre todo en zonas llanas: prados, jardines, setos. En terrenos secos, convive sin problema con la víbora áspid.

• **RÉGIMEN ALIMENTARIO:** Se alimenta fundamentalmente de las presas que captura en su entorno semiacuático: su régimen diario se compone de todo tipo de batracios y sus crías, o de peces. Al sur de su área de distribución, puede consumir también lagartos y pequeños roedores. Los individuos jóvenes se alimentan de gusanos, renacuajos o larvas de tritón.

• **COMPORTAMIENTO:** Aunque es una culebra aglifa y completamente inofensiva, si se la molesta, y en particular si se la acorrala, intimida a sus adversarios hinchando la cabeza a la manera de una cobra y siseando con fuerza mientras agita el hocico. Sin embargo, es muy raro que

La boca de un ofidio puede abrirse desmesuradamente para engullir una presa grande.

El collar blanco de la parte posterior de la cabeza resulta muy visible.

muerda. Es muy tímida y su única defensa cuando se la atrapa es liberar las secreciones malolientes de sus glándulas anales. Como último recurso, si no puede escapar, se hace la muerta: su cuerpo se vuelve flácido y se pone boca arriba, con la cabeza colgando, la boca abierta y los ojos en blanco. Se trata de una postura que hace perder el interés a cualquier predador que no sea un carroñero.
De hábitos principalmente diurnos, nada y se sumerge con destreza, aunque está menos vinculada al agua que la culebra viperina y la serpiente de agua escaqueada. Puede permanecer sumergida unos 20 minutos. A menudo se la descubre nadando en la superficie de un estanque con la cabeza muy tiesa fuera del agua. Es poco arborícola, pero le gusta tomar el sol en una rama baja o en una mata de juncos. Hiberna desde septiembre-octubre a marzo-abril en una grieta rocosa, bajo un montón de estiércol o entre las plantas en descomposición.

• **Reproducción:** La culebra europea común de agua tiene dos periodos de acoplamiento: uno en marzo-abril, poco después de salir de la hibernación y tras la primera muda; otro durante el otoño. Sin embargo, no hay más que una puesta, generalmente en julio. Durante las fases reproductoras, se pueden observar grandes concentraciones, que llegan a reunir a varias decenas de individuos en el área de parada nupcial (siempre un mayor número de machos). Los huevos, de 10 a 50 como máximo, son depositados en un lugar cálido y húmedo que favorezca una incubación más rápida: montones de estiércol, hojas en descomposición, bajo un tocón podrido. El lugar preparado por la hembra para depositar la puesta incluye una salida al exterior perfectamente disimulada. Puede suceder que varias hembras pongan sus huevos en un mismo lugar: se han descubierto hasta 3.000 huevos agrupados en lugares especialmente propicios. La incubación dura de 4 a 8 semanas. Al nacer las crías miden de 16 a 20 cm.

Mecanismo de defensa utilizado con frecuencia por esta culebra: se hace la muerta, deja el cuerpo flácido y la lengua colgante.

En este individuo melánico sólo se aprecia el collar.

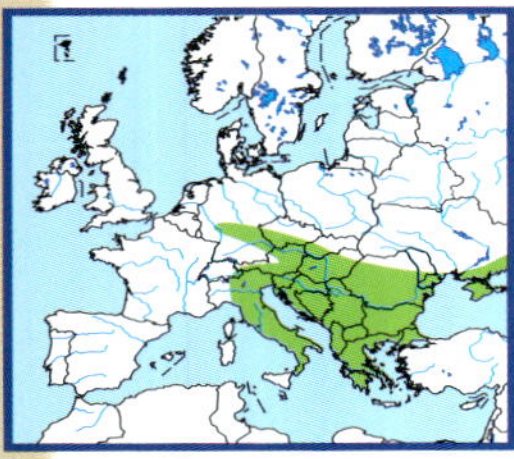

Serpiente de agua escaqueada

Natrix tesselata
Culebra cuadriculada

• **DESCRIPCIÓN:** Esta serpiente mide 70 cm de media, pero las hembras más viejas alcanzan a veces 1,50 m. La cabeza es estrecha y aplastada, con hocico corto y redondeado. Tiene ojos prominentes, de pupila redonda. Los orificios nasales, muy altos, indican su adaptación a la vida acuática. Las escamas dorsales están muy carenadas. La parte superior del cuerpo es de color gris o pardo, en ocasiones con matices amarillos o verdes y una serie de manchas oscuras y regulares, que pueden disponerse en forma de barras transversales sobre el dorso y los flancos o bien en líneas longitudinales. El vientre blanco, rojizo, anaranjado, rosado o amarillo, luce marcas más oscuras.

La muerte aparente: un mecanismo de defensa que no siempre resulta eficaz.

• **HÁBITAT:** Esta serpiente muestra mayor predilección por el agua que las culebras de collar o la viperina. Parece preferir los ríos de corriente lenta o los pantanos y estanques rodeados de una vegetación abundante y las aguas frescas y rápidas. Puede vivir en agua salada, como se ve en las riberas del mar Negro. Vive habitualmente hasta los 1.500 m de altitud, de manera excepcional hasta los 2.300 m

• **RÉGIMEN ALIMENTARIO:** Se alimenta casi exclusivamente de peces y a veces de anfibios. Consume las presas pequeñas en el agua y traslada las más grandes hasta la orilla antes de engullirlas.

• **COMPORTAMIENTO:** Esta culebra sólo sale a tierra para calentarse sobre una piedra o una rama que cuelgue sobre el agua. Nada con mucha habilidad y puede permanecer horas sumergida. Aunque es poco agresiva, sisea ruidosamente cuando se la atrapa, mientras libera por la cloaca una sustancia nauseabunda. La serpiente de agua escaqueada hiberna desde septiembre-octubre a abril, bajo un montón de piedras o un tocón viejo.

• **REPRODUCCIÓN:** El acoplamiento tiene lugar durante la primavera, en abril-mayo. La puesta, que se compone de 6 a 25 huevos, es depositada en julio-agosto en un terreno húmedo, bien orientado y que se caliente pronto con el sol, bajo materia vegetal en descomposición o un tocón podrido. La incubación de los huevos dura de 8 a 10 semanas. Los recién nacidos se encuentran igual de cómodos en tierra que en el agua.

Inmóvil sobre un lecho de ramitas, esta culebra puede pasar perfectamente inadvertida a los ojos de un caminante.

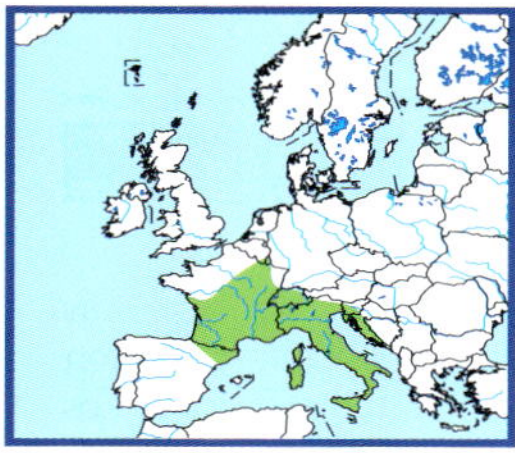

Culebra verdeamarilla

Coluber viridiflavus
Culebra de látigo verde

• **Descripción:** Aunque suele medir de 1,20 a 1,50 m, esta culebra puede alcanzar excepcionalmente los 2 m. Su larga cola le da un aspecto muy esbelto. La cabeza es pequeña, alargada, estrecha y bien diferenciada del cuerpo. Los ojos son prominentes y tienen la pupila redonda. En la mayor parte de su área de distribución, el color de fondo es oscuro con manchas de color amarillo verdoso dispuestas en líneas transversales en la parte delantera del cuerpo y longitudinales en la parte posterior. El vientre, más claro, es amarillento o grisáceo.

• **Hábitat:** La culebra verdeamarilla ocupa una gran variedad de hábitats, casi siempre en lugares secos y soleados, con abundante vegetación arbustiva. Se la puede observar entre los desprendimientos de piedras, en los jardines en barbecho, los bosques abiertos y los márgenes de los mismos. En ocasiones aparece a lo largo de las riberas de los ríos o en los prados húmedos, hasta los 1.300 m de altitud en los Alpes y los 1.800 m en los Pirineos.

• **Régimen alimentario:** Es tan variado como los hábitats. Está compuesto de pequeños mamíferos y aves, ranas y lagartos. La culebra verdeamarilla caza con una habilidad asombrosa y se desplaza a buen ritmo. En ocasiones, puede incluso engullir a una víbora o a algún individuo de su propia especie.

• **Comportamiento:** La culebra verdeamarilla exhibe hábitos diurnos. Esencialmente terrestre, puede trepar con gran agilidad por los arbustos. Es un animal de carácter irascible. Si se la molesta, ataca con energía a su adversario, sea cual sea su sexo y especie. Normalmente se muestra muy tranquila, pero cuando se la inquieta golpea violentamente el suelo con la cola y huye. De ahí que se la conozca también como culebra de látigo verde. En ocasiones planta cara: adelanta la cabeza, alza la parte anterior del cuerpo y se abalanza con fuerza para morder. Su actividad se ralentiza en septiembre e hiberna desde octubre hasta abril.

• **Reproducción:** El acoplamiento, que suele tener lugar en mayo, motiva violentos combates entre los machos; a veces también entre machos y hembras. Durante la copulación, la pareja se enrosca y mantiene la cabeza erguida. La puesta se produce durante los meses de junio-julio. Los huevos, cuyo número oscila entre 5 y 20, son depositados bajo las piedras y tocones viejos o entre la vegetación en putrefacción. El periodo de incubación va de seis a ocho semanas.

La culebra verdeamarilla muestra la misma agilidad para desplazarse por tierra que por los árboles y arbustos.

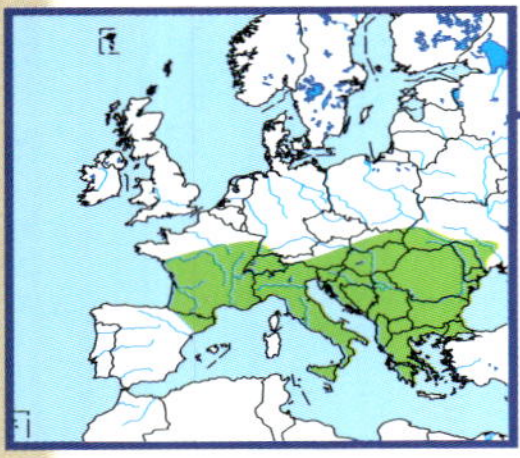

Serpiente de Esculapio

Elaphe longissima

• **DESCRIPCIÓN:** Aunque su longitud media es de 1,20 a 1,40 m, la serpiente de Esculapio puede sobrepasar los 2 m, lo que la convierte en uno de los más grandes ofidios europeos. Se la identifica por su estilizada silueta y su pequeña cabeza, estrecha y con hocico redondo. Los ojos, de pupila redonda, no son prominentes. El dorso, que es de una tonalidad uniforme (pardo amarillenta, gris parda o negra y verde oliva), contrasta con el vientre, de color gris claro o blancuzco.

• **HÁBITAT:** Frecuente sobre todo en lugares secos y muy soleados, donde vive entre la maleza, los árboles y arbustos. A veces es muy difícil de ver en ese entorno, ya que se oculta a la perfección gracias a sus coloraciones miméticas. Se la puede encontrar en las lindes de los bosques, en laderas pedregosas con vegetación arbustiva, entre los montones de piedras, en los muros viejos o en taludes de líneas férreas. En montaña habita hasta 1.800 m en las vertientes meridionales, pero no le gustan las grandes oscilaciones climatológicas. En ocasiones se aventura hasta las inmediaciones de zonas pantanosas.

• **RÉGIMEN ALIMENTARIO:** La serpiente de Esculapio se alimenta principalmente de pequeños mamíferos, tales como ratoncillos o musarañas, pero también de aves y sus crías, a las que captura en el nido. Los lagartos constituyen las presas favoritas de las jóvenes serpientes. Esta especie mata por constricción, asfixiando a sus víctimas antes de tragárselas, empezando por la cabeza.

• **COMPORTAMIENTO:** Es una especie fundamentalmente terrestre que, no obstante, trepa muy bien por los árboles y rocas. Sus escamas carenadas le sirven para adherirse a las rugosidades de los troncos y las asperezas de las piedras. Permanece activa durante el día y en las horas crepusculares. Tiene un temperamento tranquilo y poco agresivo. Sin embargo, si se la asusta o provoca, alza la cabeza e intenta atemorizar a su adversario con unos curiosos ruidos de masticación. Hiberna desde octubre a marzo-abril en un hueco entre las piedras o bajo un viejo tocón.

Es una especie muy arborícola que muestra una curiosa habilidad para trepar por la corteza rugosa de los árboles.

Ya sea en el suelo o en su medio vegetal, la serpiente de Esculapio resulta muy mimética.

Postura de defensa: alza la cabeza y repliega el cuello mientras permanece alerta.

• **Reproducción:** Con el acoplamiento, que tiene lugar en mayo, se producen paradas nupciales a veces espectaculares. Los machos se enfrentan en simulacros de combate, que no entrañan ningún peligro para sus protagonistas. La hembra deposita en junio-julio de 5 a 20 huevos bajo una piedra, un tocón viejo, entre la vegetación en descomposición o en un montón de estiércol. Los huevos eclosionan dos meses después de la puesta.

La serpiente de Esculapio caza con frecuencia en los nidos de las horquillas altas de los árboles.

Un símbolo procedente de la mitología

En la Antigüedad esta elegante y hermosa culebra simbolizaba la medicina. Los romanos veneraban a Esculapio, dios de la medicina, que adoptaba la forma de una serpiente «larga y blanca». Por las referencias a su carácter tranquilo y poco agresivo, se trataba sin duda de *Elaphe longissima*, que se mantenía cautiva en algunos templos. En ellos se consultaba al dios-serpiente sobre la curación de ciertas dolencias y los sacerdotes transmitían las respuestas. En la actualidad, la serpiente de Esculapio figura en los caduceos de médicos, enfermeros y farmacéuticos.

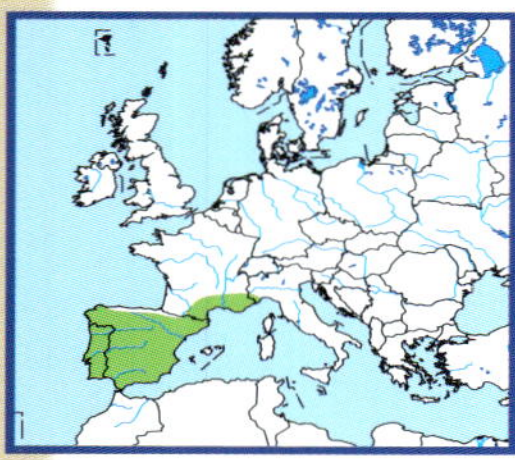

Culebra de escalera

Elaphe scalaris

• **Descripción:** Se trata de una culebra grande, que mide de media 1 m; una hembra vieja puede llegar a alcanzar 1,70 m. La cabeza, alargada y con un hocico romo y saliente, está poco diferenciada del cuerpo. Los ojos, pequeños y poco prominentes, tienen la pupila redonda. La coloración en el adulto es bastante uniforme. Se observan dos bandas longitudinales características, oscuras, paralelas y bien marcadas. Su nombre científico obedece al dibujo que lucen los jóvenes en el dorso: una serie de manchas negras en forma de H, o bien dos líneas longitudinales, más o menos unidas por unos trazos del mismo color, que recuerdan la forma de una escalera.

• **Hábitat:** Le gustan los lugares secos y muy soleados, pedregosos o cubiertos de vegetación arbustiva.

• **Régimen alimentario:** Esta culebra se alimenta esencialmente de pequeños mamíferos, así como de aves. Los adultos matan a sus presas ahogándolas por constricción antes de engullirlas lentamente, comenzando por la cabeza. Los individuos jóvenes consumen sobre todo insectos.

• **Comportamiento:** Aunque es de hábitos más bien diurnos, suele cazar durante la noche o el crepúsculo cuando hace mucho calor. Los juveniles parecen tener costumbres exclusivamente nocturnas. Se refugia de las inclemencias del tiempo en una madriguera o un tronco hueco. De natural discreto y tímido, se vuelve irascible si se siente acorralada: emite un fuerte silbido y planta cara a su adversario, llegando incluso a morder si se la coge. Esta especie es friolera e hiberna desde las primeras escarchas de octubre hasta abril.

• **Reproducción:** El acoplamiento tiene lugar en abril-mayo, pero en zonas altas o si las condiciones climatológicas son desfavorables puede producirse más tarde. En julio la hembra deposita diez huevos bajo un tocón o un tapiz de agujas de pino. La eclosión tiene lugar entre mes y medio y tres meses más tarde, según la temperatura.

La lengua es un órgano táctil de gran importancia en los ofidios.

La famosa escalera que adorna la parte superior del cuerpo sólo aparece en los individuos juveniles.

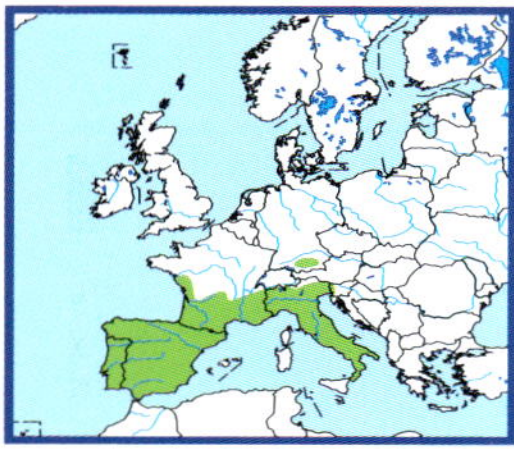

Coronela de Burdeos

Coronella girondica

• **Descripción:** Es una serpiente pequeña, con un tamaño medio en torno a 50 cm; sólo excepcionalmente alcanza los 80 cm. Posee un cuerpo cilíndrico con el cuello poco definido. La cabeza termina en un hocico muy puntiagudo y ligeramente prominente. Se observan dos grandes manchas que forman una V con la abertura orientada hacia la parte delantera de la nuca. Las escamas son lisas. A cada lado de la cabeza una banda negra une la boca con la parte posterior del ojo. El dorso es de una tonalidad oscura uniforme (grisácea u ocre amarillento), con pequeñas manchas oscuras dispuestas en bandas transversales irregulares. El vientre es claro, gris, amarillo o rojo anaranjado, con minúsculas marcas.

• **Hábitat:** Esta especie habita sobre todo en zonas de llanura, desde el nivel del mar hasta las colinas, aunque puede aventurarse también hasta los 1.500 m de altitud. Le gustan especialmente los lugares despejados, en los que la vegetación no sea muy densa, secos y muy soleados: áreas de desprendimientos, muros y montones de piedras, terraplenes de las líneas férreas, antiguas canteras, márgenes de bosques claros y setos.

• **Régimen alimentario:** Se alimenta fundamentalmente de lagartos y, más raramente, de pequeños mamíferos. Como su prima, la coronela europea o culebra lisa, llega a consumir serpientes (incluidas sus congéneres) y, en ocasiones, gecos. Los jóvenes se alimentan sobre todo de insectos, principalmente ortópteros: grillos, saltamontes y langostas.

• **Comportamiento:** Aunque a veces caza durante el día, es más activa durante la noche o el crepúsculo. Pasa el día refugiada bajo un montón de ramas, en un desnivel o en una madriguera. Es de natural indolente, poco ágil y se desplaza lentamente. Poco agresiva, puede morder si se la atrapa, al tiempo que expulsa el contenido maloliente de sus glándulas anales. Teme al frío y a la humedad, por lo que hiberna bajo un montón de estiércol o un tocón podrido desde septiembre hasta abril.

• **Reproducción:** Los acoplamientos se producen en el mes de mayo. En julio tienen lugar las puestas, integradas por 6 a 10 huevos. Estos eclosionan a primeros de septiembre. En el momento de nacer, las pequeñas culebras miden 10 cm. Aunque son excepcionales, se conocen casos de hembras ovovivíparas.

Durante el día la coronela de Burdeos se refugia bajo un viejo tocón.

Coronela europea

Coronella austriaca
Culebra lisa

• **Descripción:** Esta pequeña culebra de escamas lisas alcanza un tamaño de 50 a 60 cm (más raramente 80 cm). Parece más esbelta que la coronela bordelesa, a la que recuerda. La parte superior del cuerpo, parda, gris o rojiza, luce un dibujo en el dorso compuesto de manchas oscuras dispuestas en pares, que forman una sucesión de bandas transversales muy visibles. Se observa una marca oscura en forma de V con la abertura hacia la parte posterior de la cabeza en la región de la nuca. A ambos lados de la cabeza, desde la nariz al ojo y el cuello, se extiende una banda negruzca. Los flancos poseen marcas oscuras. La cara ventral también es oscura: de un color pardo rojizo (macho), gris o negro (hembra), muy a menudo con un aspecto jaspeado.

• **Hábitat**: A esta culebra le gustan más las regiones de baja altitud que a su pariente bordelesa, aunque puede vivir hasta los 1.500 m. Se la puede localizar en lugares secos, despejados y muy soleados que ofrezcan abundantes refugios: bosques abiertos, setos, viejos muros de piedras secas, montones de piedras, laderas de colinas pedregosas con maleza, landas, antiguas canteras, ruinas, taludes de las vías férreas, al borde de los caminos y en viñedos.

El ojo opalescente de esta coronela indica que está a punto de producirse la muda.

• **Régimen alimentario:** Parece preferir los lagartos, pero puede consumir pequeños roedores e incluso otras serpientes.

• **Comportamiento:** Diurna y terrestre, la culebra lisa o coronela europea trepa muy bien por los arbustos, en los que suele descansar. De natural poco esquivo, huye lentamente, como a regañadientes, cuando se la molesta, confiando sin duda en su librea muy mimética. Hiberna tarde (noviembre) y reaparece en el mes de marzo.

• **Reproducción:** Justo después de salir de la hibernación, en abril, tiene lugar un primer acoplamiento, seguido de otro en septiembre u octubre. La especie es ovovivípara. En el momento de la puesta, tras un periodo de gestación de un mes y medio a tres meses, los jóvenes se desprenden, retorciéndose, de una envoltura mucilaginosa transparente. Su tamaño es entonces de unos 20 cm. En climas fríos o zonas altas la descendencia fruto de un acoplamiento tardío puede venir al mundo al año siguiente. Antes del coito pueden estallar combates muy violentos entre los machos, o entre machos y hembras, durante los cuales, con la cabeza a 10 cm del suelo, se muerden salvajemente y se enroscan uno alrededor del otro.

Una de sus presas favoritas: un lagarto.

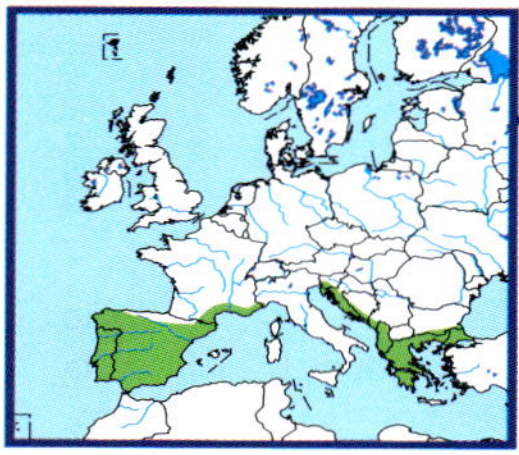

Serpiente de Montpellier

Malpolon monspessulanus

• **Descripción:** Es una serpiente grande, que mide de 1,60 a 1,80 m de media y puede alcanzar o superar los 2 m. A su fisonomía, de aspecto feroz y huraño, contribuyen los grandes ojos de pupila redonda rematados por arcos supraciliares prominentes que llegan hasta el hocico. Ambas crestas están separadas por una placa frontal muy estrecha. Su silueta tiene una apariencia esbelta a causa de la longitud de su cuerpo, aunque el tronco es grueso y macizo. El hocico sobrepasa ampliamente la mandíbula inferior. El color de fondo es pardo grisáceo, rojizo, oliváceo o bien gris oscuro. El vientre es a menudo de una tonalidad amarillenta pigmentada con marcas oscuras.

• **Hábitat:** A esta serpiente terrestre le gustan los biotopos calientes y áridos, con una vegetación arbustiva que le sirva de refugio, del tipo de la del monte bajo o las garrigas. Se la puede observar entre la rocalla, en baldíos, bosques abiertos, viejos muros, viñas, a veces en el margen de una pradera húmeda o a la orilla de un río.

• **Régimen alimentario:** Consume muchos lagartos, pequeños roedores, aves que anidan en el suelo y sus polluelos. No hace ascos a las serpientes y, en ocasiones, es caníbal. Mata a sus presas mediante un veneno que les inocula con los colmillos situados en la parte de atrás de la boca.

• **Comportamiento:** Es una serpiente de hábitos diurnos y casi exclusivamente terrestres. Es un animal discreto y tímido, siempre alerta, al que no es fácil descubrir. Aunque no aprecia el agua, no por ello deja de ser una excelente nadadora. Tiene un carácter irascible y con frecuencia intenta morder cuando se la provoca. Si se siente amenazada infla el cuello a modo de aviso, se pone en posición vertical como una cobra y silba ruidosamente. A continuación ataca si uno intenta aproximarse. Entra en hibernación de octubre-noviembre a comienzos de marzo.

• **Reproducción:** El acoplamiento tiene lugar de abril a mayo. Dos meses más tarde, la hembra deposita de 14 a 18 huevos (generalmente en el mes de julio). La incubación dura alrededor de cincuenta días, es decir, hasta principios de septiembre.

El prominente arco supraciliar confiere un aire amenazador a esta serpiente.

Esta serpiente puede infligir mordeduras venenosas.

Tras sufrir una mordedura, el veneno provoca una hinchazón e inflamación de la región afectada, acompañadas de estados febriles. No obstante, estos síntomas desaparecen al cabo de unos días.

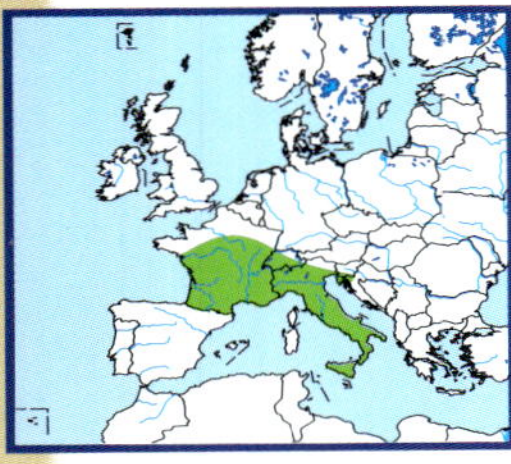

Víbora áspid

Vipera aspis
Áspid común

• **DESCRIPCIÓN:** Esta víbora mide de media de 15 a 20 cm, pero puede alcanzar los 75 cm. Se observa cierto dimorfismo sexual: los machos tienen tendencia a ser más grandes que las hembras. A esta serpiente se la identifica por el perfil característico de la cabeza, claramente diferenciada del cuerpo, aplastada y triangular (en forma de «punta de lanza»), con el hocico truncado y respingón. La abertura de la pupila es vertical. El cuerpo es rechoncho. La cola, corta de por sí, lo es más en la hembra que en el macho. La coloración de la piel varía mucho según el entorno y las zonas, y ello incluso en el seno de una misma cepa local. El dorso es de color gris claro a pardo rojizo, rojo ladrillo, cobrizo o anaranjado, a menudo con una línea de zigzags más o menos regulares y bandas oscuras. Con frecuencia, tiene el extremo de la cola realzado con matices anaranjados o amarillos. Se observan dos bandas temporales oscuras que parten del ojo y se prolongan hasta el cuello.

• **HÁBITAT:** A la víbora áspid le gustan los lugares secos y despejados, las pendientes con maleza, los muros de piedras secas, los taludes soleados. No teme al agua (que necesita para beber) y frecuenta las turberas y prados húmedos. En áreas rurales boscosas se la descubre habitualmente cerca de los setos. Vive a menudo en una madriguera de roedor. Habita hasta los 2.500 m de altitud en los Pirineos y los 3.000 m en los Alpes.

• **RÉGIMEN ALIMENTARIO:** Esta víbora caza principalmente durante la tarde y parte de la noche. Inspecciona las madrigueras de roedores y otras anfractuosidades. Sus presas reciben el veneno con la mordedura y mueren unos instantes antes de ser engullidas por la cabeza. Se alimenta sobre todo

La pupila del ojo de las víboras es vertical.

Víbora áspid en posición defensiva.

Leyendas y supersticiones

Contrariamente a una creencia muy extendida, la víbora áspid –como las demás serpientes – no chupa la leche de las ubres de las vacas y cabras, ya que la forma de su boca le impediría semejante actividad. Además, no bebe jamás leche, ni siquiera en cautividad, sino únicamente agua.

Desde su nacimiento, las pequeñas víboras pueden envenenar a sus presas o a sus agresores.

de ratones de campo y musarañas, que consume en grandes cantidades, aunque también come (más raramente) lagartos y pequeños pájaros. No consume nunca peces ni anfibios.

• **Comportamiento:** Se trata de un animal de hábitos diurnos o crepusculares, según las estaciones del año y las condiciones climatológicas (cuando aprieta más el calor, esta serpiente prefiere desarrollar su actividad durante la tarde). La víbora áspid es una serpiente típicamente terrestre, de natural tranquilo y reservado. Si se la compara con muchas culebras, es muy poco agresiva. Cuando se ve sorprendida, su primer reflejo es huir en busca de un refugio. El periodo de hibernación comienza en octubre y no finaliza hasta marzo.

• **Reproducción:** El periodo de acoplamiento, en mayo, está precedido por combates rituales entre los machos. Éstos se arrastran, costado contra costado, alzando la cabeza antes de alejarse para volver a acometer. La hembra, ovovivípara, trae al mundo de 2 a 12 crías envueltas en una membrana protectora de la que se desembarazan en unos minutos desgarrándola con los movimientos de la cabeza. La primera muda se produce casi de inmediato; además, las jóvenes víboras pueden ya desplegar sus colmillos e inyectar pequeñas cantidades de veneno.

Aquí se ven la nariz respingona y los colmillos desplegados.

Los colmillos sólo se despliegan en el momento de la mordedura, cuando abre totalmente la boca. En la parte posterior de la misma se encuentran otros colmillos sustitutivos.

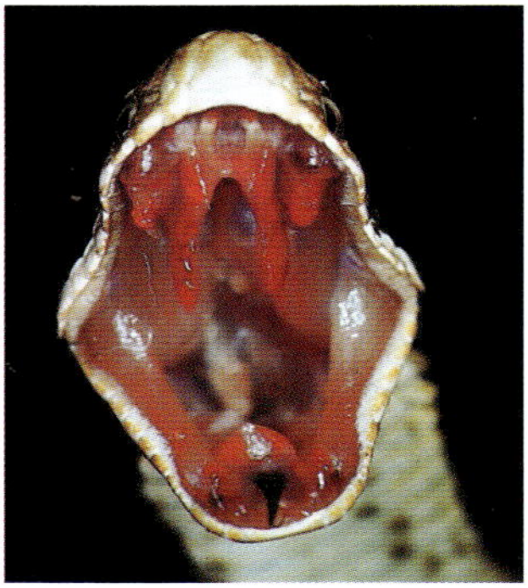

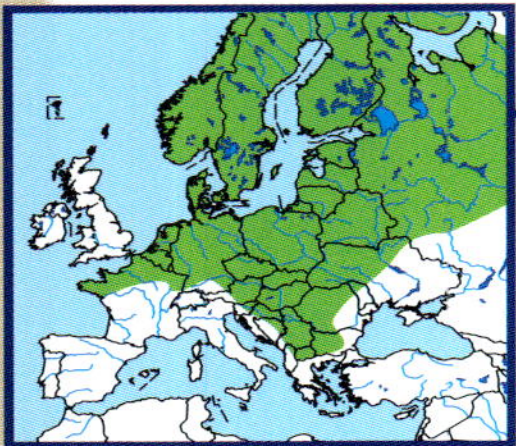

Víbora europea común

Vipera berus
Víbora de la cruz

• **DESCRIPCIÓN:** Esta víbora puede medir de 60 a 75 cm, excepcionalmente 90 cm. La cabeza es aplastada y el hocico redondeado y no respingón. Los ojos tienen el iris rojizo y pupilas verticales. La coloración varía de acuerdo con las regiones, pero también con el sexo. La piel de los machos es mucho más contrastada que la de las hembras: generalmente de color gris pálido en la parte superior con visibles marcas negras. Las hembras son de un tono pardo, rojizo, verde oliva, anaranjado o cobrizo. Existen sujetos enteramente melánicos, principalmente en lugares pantanosos y en la montaña, por encima del límite de los árboles.

• **HÁBITAT:** La víbora europea común puede ocupar biotopos muy diversos, sometidos a fuertes variaciones de temperatura durante la jornada y a un nivel de humedad alto. Es el hábitat clásico de las turberas, las landas pantanosas, las praderas húmedas o las marismas. También se la puede ver en las dunas y salinas. Esta especie vive en los Alpes hasta cerca de 3.000 m de altitud.

• **RÉGIMEN ALIMENTARIO:** Durante el verano, la víbora europea común caza principalmente al amanecer y a la caída de la noche. Se alimenta de pequeños roedores, pájaros, gasterópodos, anfibios y lagartos. En las landas y turberas, su presa favorita parece ser el lagarto vivíparo o lagartija de turbera.

• **COMPORTAMIENTO:** Esencialmente diurna en el norte, puede adoptar hábitos nocturnos o crepusculares al sur de su área de distribución. Su pico de actividad se produce a una temperatura de 30 a 33 °C. Nada bien y más gustosamente que las otras víboras. Entra en hibernación en octubre y la abandona muy pronto (en marzo o abril, según las regiones).

• **REPRODUCCIÓN:** Los acoplamientos tienen lugar en abril-mayo, al término de una larga parada nupcial. La hembra de la víbora europea común es ovovivípara. Trae al mundo de 5 a 15 crías, bien formadas, al comenzar el mes de octubre.

Se identifica a la víbora europea común por su nariz recta y no respingona.

A esta víbora le agrada la humedad de las turberas y las ciénagas de altura.

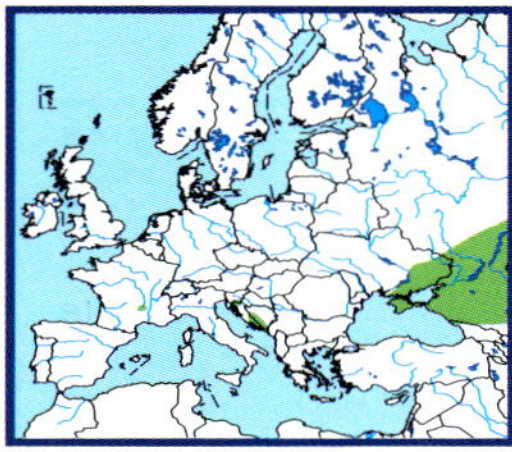

Víbora de Orsini

Vipera ursinii

• **Descripción:** Con un tamaño que apenas supera los 30 o 40 cm, es la víbora más pequeña de Europa. Tiene el cuerpo grueso y la cola corta. La estrecha cabeza presenta un hocico afilado y no respingón. Una de sus características es la implantación muy baja de los orificios nasales en la escama nasal.

• **Hábitat:** En Europa, aparece sobre todo en las regiones montañosas a una altitud de 1.500 a 2.000 m. Le gustan los lugares más bien secos y pedregosos, sembrados de vegetación arbustiva.

• **Régimen alimentario:** Algunos individuos se alimentan fundamentalmente de insectos, mientras que otros parecen preferir un menú más variado a base de pequeños roedores, anfibios y lagartos.

• **Comportamiento:** Muy discreta y tímida, es de hábitos esencialmente diurnos. Caza sobre todo por la mañana, cuando la tierra está aún húmeda por el rocío. Muy poco agresiva, está considerada como inofensiva, aunque puede inocular un veneno muy activo. No obstante, nueve de cada diez veces se defiende golpeando a su atacante con la boca cerrada. Aun así, conviene guardarse de la décima...

• **Reproducción:** La hembra es ovovivípara. El acoplamiento tiene lugar en abril-mayo. La hembra da a luz de 3 a 8 crías de agosto a septiembre.

La víbora de Orsini es una especie escasa y amenazada. Aunque puede envenenar a sus víctimas, es una serpiente plácida, muy poco agresiva.

Una víbora escasa y amenazada

Las escasas poblaciones de Europa occidental están próximas a la extinción. Aunque oficialmente protegida, en realidad esta especie es objeto de graves agresiones (incendios, urbanización, turismo). La población de Ventoux, en Francia, es la única que disfruta de un decreto sobre su biotopo que protege su medioambiente. Pero habría que hacer mucho más.

Glosario

Aberración: forma que se separa del tipo normal.
Acción citotóxica: provoca una alteración celular bajo el efecto de una enzima.
Acción neurotóxica: actúa sobre el sistema nervioso central y provoca la muerte por parálisis de los músculos respiratorio y cardíaco.
Acoplamiento axilar: el macho enlaza a la hembra por las axilas.
Acoplamiento lumbar: el macho enlaza a la hembra por la cintura.
Adulto: designa el último estadio de desarrollo en los insectos de metamorfosis incompleta.
Aglifos: dientes lisos y macizos desprovistos de canales que faciliten la inyección del veneno. Por extensión, serpientes sin colmillos venenosos.
Amófilo: que frecuenta la arena o vive sobre ella. *Ammophila* es el nombre genérico de una avispa que practica galerías subterráneas en la arena.
Amplexus: unión del macho con la hembra tras el acoplamiento en los anfibios.
Anfibio: ser vivo capaz de vivir en el aire o en el agua.
Angiospermas: subfílum de las plantas con semillas contenidas en un fruto. De forma genérica se refiere a todas las plantas con flor.
Ápodo: sin pie.
Apterigotas: subclase que agrupa a los insectos primitivamente ápteros, cuyas metamorfosis son ligeras o nulas.
Artrópodos: tipo de invertebrados que agrupa a los insectos, además de a los miriápodos, arácnidos y crustáceos. En estos animales, el esqueleto externo está solidificado por la quitina y las extremidades son compuestas. Este tipo representa él solo el 80% del reino animal, con 1.100.000 especies descritas (y puede que otras tantas aún por descubrir).
Autotomía: mutilación voluntaria de la cola en los lagartos para escapar de un enemigo.
Biomasa: masa de materia viva por unidad de superficie.
Biónica: ciencia interdisciplinar que se inspira en los modelos proporcionados por los animales para la emisión, la recepción y el tratamiento de las señales con vistas a aplicaciones electrónicas.
Biotopo: conjunto de factores ecológicos de un lugar dado.
Biotopo: medio físico en el que se desarrolla una comunidad de seres vivos.
Branquia: órgano de respiración acuática muy vascularizado, a través del cual tienen lugar los intercambios gaseosos con la sangre.
Cecidógeno: ser vivo que forma cecidias o agallas.
Cerco: apéndice del décimo segmento abdominal situado bajo los cercoides.
Cercoide: apéndice del extremo del abdomen sobre el borde posterior del terguito X en las libélulas.
Coleóptero: insecto que se caracteriza por tener las alas anteriores coriáceas y que le sirven para cubrir las alas membranosas posteriores (ej.: escarabajo sanjuanero).
Comunidad: conjunto de poblaciones diversas entremezcladas y agrupadas sobre una superficie determinada en un momento dado.
Conservación de la naturaleza: formas de gestionar los recursos naturales, el aire, el agua, el suelo, los minerales y las diferentes especies de plantas y animales, incluido el hombre, con el fin de obtener una calidad de vida óptima para la humanidad.
Constricción: en el caso de una serpiente, acción de abrazar a su presa con el objeto de asfixiarla. A menudo la serpiente aprovecha para «calibrar» a su presa y romperle los huesos.
Coprófago: que se alimenta de excrementos.
Cortícola: especie que vive en las cortezas y bajo ellas.
Crisálida: pupa en las mariposas.
Cutícula: revestimiento externo duro y rígido formado fundamentalmente por tres capas.
Diapausa: periodo en el cual se suspende el desarrollo de muchos insectos hasta que las condiciones ambientales vuelven a ser favorables a la continuación del mismo.
Dinámica de poblaciones: estudio de la evolución de la estructura de las poblaciones en el espacio y en el tiempo.
Díptero: que posee dos alas (moscas, moscardones y mosquitos).
Dorsal (o coraza): parte superior del caparazón de las tortugas.
Ecología: estudio de las relaciones entre los seres vivos y el medio.
Ecosistema: conjunto de poblaciones y especies que ocupan un biotopo determinado.
Ecotoxicología: ciencia que trata de las contaminaciones del medio.
Endémico: dícese de cualquier animal o vegetal confinado en una determinada región.
Endémico: planta o animal que sólo vive en un determinado lugar del planeta.
Entomófago: individuo que se alimenta de insectos.
Espermatóforo: masa gelatinosa que encierra los espermatozoides de algunas especies.
Estivación: estado de semiletargo pasajero durante el periodo estival, que permite soportar los calores más intensos.

Etología: estudio de las acciones y reacciones del ser vivo en su medio.
Gasterópodos: clase perteneciente a los moluscos y que incluye a babosas y caracoles.
Hábitat: espacio vital ocupado por una especie o individuo teniendo en cuenta el conjunto de condiciones ambientales que sobre él actúan.
Hematófago: que se alimenta de sangre.
Hemíptero: literalmente «media ala». Superorden de insectos que agrupa a los homópteros y a los heterópteros.
Hemolinfa: sangre de los invertebrados.
Herpetofauna: conjunto de la fauna integrada por los reptiles y anfibios.
Herpetología: ciencia que estudia a los reptiles y anfibios.
Heterometábolo: se aplica a los insectos con metamorfosis incompleta o directa.
Heteróptero: dícese del insecto cuyas alas son semicoriáceas y semimembranosas (chinches).
Hialino: que tiene la transparencia del cristal.
Hibernación: estado letárgico durante la estación fría que se traduce en una reducción de la temperatura corporal.
Himenóptero: orden que agrupa a los insectos de alas membranosas: sínfitos, aculeados y terebrantes.
Homeotermo: animal con una temperatura corporal constante.
Homocromía: capacidad de algunos animales para fundirse con el medio que les rodea mediante la coloración.
Homóptero: dícese del insecto cuyas alas son homogéneas, membranosas.
Imago: nombre dado por Linneo para designar al insecto perfecto. El imago es el insecto adulto completamente desarrollado tras completar su ciclo evolutivo con el desarrollo sexual completo. Este término debe reservarse para los insectos con un desarrollo de metamorfosis completa.
Interespecífico: entre individuos de especies diferentes.
Intraespecífico: entre individuos de una misma especie.
Invertebrado: dícese de los animales que carecen de vértebras y de columna vertebral.
Miasis: afecciones producidas por las larvas de dípteros entre los vertebrados.
Micetófago: que se alimenta de hongos.
Mielato: excreción azucarada producida por ciertos insectos (por ej. los pulgones).
Mirmecófilo: que vive con las hormigas.
Necrófago: que se alimenta de cadáveres.
Neuróptero: insecto cuyas alas se caracterizan por poseer abundantes nerviaciones.
Ninfa: último estadio del insecto que precede al imago.
Odonato: orden de insectos que agrupa a las libélulas.
Oófago: que se alimenta de huevos.
Ooteca: envoltura protectora en la que algunas hembras ponen los huevos.
Opistoglifos: dientes con surcos que permiten el paso del veneno. El término designa a las serpientes cuyos colmillos venenosos están situados en la parte posterior de la boca.
Órgano estridulatorio: órgano productor de sonidos. Este sonido se produce por frotamiento de una superficie o de un órgano rugoso sobre otra superficie o sobre otro órgano también rugoso.
Ovíparo: animal que pone huevos cuyos embrión no está todavía formado. La eclosión se produce después de un periodo de incubación variable.
Ovipositor: órgano externo situado en el extremo del abdomen y empleado para la puesta.
Oviscapto: ovipositor terminado en una punta capaz de horadar o perforar una superficie resistente.
Ovovivíparo: animal que da a luz a crías ya desarrolladas, en el interior de una bolsa translúcida. Los huevos se desarrollan en el interior del cuerpo de la madre.
Parasitología: ciencia que estudia los parásitos.
Parotídeas: glándulas venenosas que poseen los anfibios a los lados de la cabeza.
Partenogénesis: reproducción a partir de un huevo no fecundado.
Plastrón (o peto): parte ventral del caparazón de una tortuga.
Población: conjunto de individuos de una misma especie que viven en una zona geográfica determinada.
Poiquilotermo: este término designa a un animal incapaz de regular su temperatura interna (ésta varía con la temperatura exterior).
Polífago: que se alimenta de diversas especies de plantas.
Proboscis: término general que se aplica al tipo alargado de piezas bucales de ciertos insectos.
Proteroglifos: dientes que disponen de un canal que facilita y dirige el deslizamiento del veneno. Por extensión, el término designa a las serpientes cuyos colmillos están situados en la parte delantera de la boca.
Protozoos: conjunto de seres vivos unicelulares de afinidad animal.
Pterigota: con alas.
Pupa: estado inactivo intermedio entre la larva y el imago.
Rostro: prolongación rígida anterior de la cabeza que lleva las piezas bucales en su extremo distal.
Saprófago: que se alimenta de materias en descomposición.
Simbiosis: asociación de dos organismos de distinta especie para obtener un beneficio recíproco.
Sistemática: rama de la biología que, basándose en la descripción de distintas formas, intenta clasificarlas de forma racional.
Solenoglifos: dientes atravesados por un canal que se comunica con la glándula del veneno y abiertos al exterior por un pequeño orificio. Funcionan a la manera

de una jeringa hipodérmica. El término designa a las serpientes cuyos colmillos, situados en la parte delantera de la boca, quedan replegados en reposo y se despliegan hacia delante durante el ataque.
Taxonomía: también llamada sistemática. Ciencia de las leyes de la clasificación de los seres vivos.
Tegumento: tejido protector vivo (como la piel) que recubre el cuerpo del animal y puede incluir apéndices: pelos, plumas o escamas.
Terrícola: que vive en la tierra.
Tráquea: tubo interno que sirve para respirar.
Tricóptero: orden de insectos que agrupa a los frigáneas. Sus alas son ciliadas y pubescentes.
Vivíparo: especie que trae al mundo pequeños seres vivos (larvas) y no huevos. Se observa en numerosos órdenes (dípteros, coleópteros, homópteros...)
Xerotermófilo: ser vivo que muestra afinidad por la sequía (xero) y el calor (thermo).
Zoófago: que se alimenta de animales. En este caso, el término se aplica sobre todo a las larvas de los anfibios que se alimentan de minúsculas presas (zooplancton, invertebrados).

Bibliografía

Obras de referencia
La gran enciclopedia de los insectos. Editorial Susaeta.
Insectos y arácnidos. Guías de naturaleza Blume.
Guía de mariposas. Editorial Grijalbo.
FABRE, Jean-Henri, *Souvenirs entomologiques,* Robert Laffont, colección «Bouquins», 1998.
CHINERY, M.: *Guía de campo de los insectos de España y Europa.* Editorial Omega.
STEP, Edward: *Maravillas de la vida de los insectos.* Editorial Espasa-Calpe. 1960.

Revistas especializadas de entomología
Boletín de la Asociación Española de Entomología (4 fascículos al año). Dpto. Biología (Zoología)
Universidad Autónoma de Madrid
28049 Canto Blanco (Madrid)

Boletín del Grupo Entomológico de Madrid
Museo Nacional de Ciencias Naturales de Madrid
C/ José Abascal, 2 - Madrid

- Arnold, E. N. y Burton, J. A., *Guía de campo de reptiles y anfibios de España y Europa,* Omega, Barcelona, 1982.
- García París, Mario, *Los anfibios en España,* Publicaciones de Extensión Agraria, Madrid, 1985.
- Incafo, *La guía de los anfibios y reptiles de la Península Ibérica, las Islas Baleares y las Canarias,* Madrid, 1997.
- Pérez Mellado, Valentín y Sacristán, Antonia, *Los anfibios y reptiles,* Penthalon, Madrid, 1986.
- Pieguezuelos, Juan M., *Distribución de anfibios y reptiles en España y Portugal,* Universidad de Granada, 1998.
- Salvador, Alfredo, *Guía de los anfibios y reptiles españoles,* Instituto Nacional para la Conservación de la Naturaleza, 1974.
- *Reptiles. Fauna Ibérica,* vol. 10, CSIC, Madrid, 1997.
- Varios, *Anfibios y reptiles de la Península Ibérica, Baleares y Canarias,* Planeta, Barcelona, 1999.

Direcciones útiles

Internet
AEE (Asociación Española de Entomología)
E-mail: lepidop@uml.sdi.uam.e
ARACNET (Publicación entomológica de la Comunidad Virtual de Entomología)
http://entomologia.rediris.es/aracnet

Asociación herpetológica española
Apartado de Correos 191 - 28911 Leganés (Madrid)
Departament de Biologia Animal
Universitat de Barcelona
Av. Diagonal, 645 - 08028 Barcelona

Boletín de la Asociación Herpetológica Española
www.latindex.unam.mx/cgi-bin/websql/catalogo/

Distribución y Biogeografía de anfibios y reptiles en España y Portugal
www.herplit.com/contents/Monografia

Institut Pasteur
36, rue du Docteur Roux - 75742 París (Francia)

Ministerio de Medio Ambiente y Medio Rural y Marino
San Juan de la Cruz, s/n - 28071 Madrid
www.marm.es

Museo Nacional de Ciencias Naturales
José Gutiérrez Abascal, 2 - 28006 Madrid
www.mncn.csic.es

Oficina Central de WWF/Adena
Gran Vía de San Francisco, 8 - 28005 Madrid
info@wwf.es

Índice

Abeja mielífera, 96
Abejorro batanero, 93
Abejorro zapador, 97
Acantodáctilo, 231
Acanthodactylus
erythrurus, 231
Acherontia atropos, 132
Agallas, 42
Agrotis pronuba, 133
Alacrán cebollero, 121
Aleurodes, 125
Alucita pentadactyla, 51
Alytes obstetricans, 160
Ametábolos, 40
Anax imperator, 84
Anfibios, **135-187**
Anguis fragilis, 232
Anuros, **160-187**
Aphaenops sp., 23, 115
Aphis fabae, 130
Aphodius fimetarius, 98
Apis mellifera, 20, 96
Apterigotas, 28, 40
Araschnia levana, 50, 70
Archaeolacerta
bedriagae, 217
Argema mittrei, 47
Aromia moschata, 88
Artrópodos, 10
Avispa papelera, 100
Avispa excavadora, 93

Balaninus nucum, 107
Barrenillo grande
del olmo, 77
Barrenillo pequeño
del olmo, 77
Barrenillo tipógrafo, 77
Bembix rostrata, 93
Biston strataria, 49
Blaps, 110
Blaps mucronata, 110
Bombina
bombina, 163
variegata, 162
Bombus
sp., 20
terrestris, 97
Bombyx mori, 16
Bufo
bufo, 180
calamita, 182
viridis, 184

C-negra, 133
Caballito del diablo, 89
Callimorpha
dominula, 48
Calliphora
erythrocephala, 18
Calliteara pudibunda, 68
Calopteryx virgo, 80
Capricornio
de las casas, 111
Cárabo dorado, 123
Carabus
auratus, 123
auronitens, 76
Caretta caretta, 206
Cerambyx scopolii, 73
Cerula vinula, 49
Cetonia aurata, 107
Cetonia dorada, 107
Cianuro, 57
Cicadella viridis, 98
Cicindela marítima, 92
Cigarrilla, 98
Cirsium arvense, 42
Chacón de
los muros, 212
Chalcides chalcides, 216
Chelonia mydas, 208
Chinche de la col, 126
Coccinella
septempunctata, 131
Coluber viridiflavus, 239
Coracero, 102
Coronella
austriaca, 244
girondica, 243
Coronela
de Burdeos, 243
europea, 244
Crisálida, 40
Cucullia, 48
Culebra
acuática, 236
cuadriculada, 238
de collar, 236, 193
de escalera, 242
de látigo verde, 239
europea de agua, 236
lisa, 244
verdeamarilla, 239
viperina, 234

Dedos de fleco, 231
Deilephila euphorbiae, 92
Dermochelys coriacea,
210
Diplolepis rosae, 42
Discoglossus pictus, 164
Dolichopoda palpata, 115
Donacia
crassipes, 79
sp., 85
Dorífora, 117, 118
Dorífora del
Colorado, 118
Dytiscus marginalis, 87

Efémeras, 81
Elaphe
longissima, 240
scalaris, 242
Empis tessellata, 102
Emys orbicularis, 204
Enfermedad
del olmo, 77
holandesa, 77
Entomofagia, 7
Epeorus sp., 81
Erethmochelys
imbricata, 207
Ergates faber, 15
Eristalis tenax, 131
Escarabajo
buceador, 87
cardenal, 73
errante, 123
dorado, 76
oloroso, 123
estercolero, 98
minotauro, 104
de la tahona, 112
sanjuanero, 119
Escinco cilíndrico, 216
Escorpión de agua, 82
Esfinge de calavera, 132
Esfinge del euforbio, 92
Esfinge ocelada, 83
Euproctis chrysorrhoea, 19
Euproctus
asper, 152
montanus, 153
Eurydema oleraceum, 126

Feromonas, 38
Fitófagos, 69
Filodáctilo europeo, 215
Forficularia
auricularia, 124
Formica rufa, 74

Galápago europeo, 204
Galerucella
nymphaeae, 79
Gastropacha
quercifolia, 49
Gerris
argentatus, 79
sp., 86
Gorgojo de la
avellana, 107
Gorytes mystaceus, 42
Grillo común, 97
Gryllotalpa
gryllotalpa, 121
Gryllus campestris, 97
Gusano de la harina, 112
Gusano de seda, 14

Helmintiasis, 19
Hemaris
fuciformis, 46
tytius, 46
Hemidactylus
turcicus, 214

Heterometábolos, 40
Holometábolos, 40
Hormiga
negra, 15
roja, 74
Hyla
arborea, 186
meridionalis, 187
Hylotrupes bajulus, 111

Iberolacerta
bonnali, 227
monticola, 227
monticola
castillana, 227
Ícaro, 99
Inachis io, 127
Insectos
circulación, 36
digestión, 35
excreción, 35
larva, 39
metamorfosis, 40
migración, 43
«perjudiciales», 14
polinizadores, 41
reproducción, 38
respiración, 36
sociales, 43
sistema nervioso, 37
urticantes, 19
«útiles», 16
venenosos, 20
Insecticidas, 16
Insecto de santa
Teresa, 103
Ips typographus, 68, 77

Lacerta
agilis, 218
bilineata, 222
lepida, 220
monticola, 227
viridis, 222
vivipara, 224
Lagarta peluda,
17, 21, 68
Lampyris noctiluca, 101
Lasius niger, 15
Lepidochelys kempii, 209
Lepidosaurios, **212-233**
Lepisma saccharina, 113
Leptinotarsa
decemlineata, 118
Leptophyes
punctatissima, 105
Leucorrhinia caudalis, 79
Lagartija
colilarga, 230
de turbera, 224
del Tirreno, 228
roquera, 226
siciliana, 229
Lagarto
ágil, 218
corso de
montaña, 217
de Bedriaga, 217
de montaña
corso, 217
de valla europeo, 218
gris, 226
ibérico, 227
joya, 220
ocelado, 220
perlado, 220
pirenaico, 227
verde, 222
vivíparo, 224
Libélula azul, 80
Libélula emperador, 84
Luciérnaga, 101
Lución común, 232
Lucilia sericata, 18
Lucha
biológica, 16
integrada, 16
Lupa binocular, 60
Lymantria
dispar, 14, 17, 68
monacha, 68

Macuba, 88
Malpolon
monspessulanus, 245
Mantis religiosa, 103
Mapa geográfico, 70
Mariposa de la col, 120
Mariquita
de siete puntos, 131
Material, 57
Mauremys leprosa, 205
Melolontha
melolontha, 119
Mesovelia furcata, 79
Mikiola fagi, 42
Milesia crabroniformis, 12
Mimetismo, 44
Morfología
abdomen, 28, 34
alas, 33
antenas, 30
aparato genital, 34
cerco, 28, 38
genitalias, 34, 38
labium, 31
labro, 31
maxilares, 31
mandíbulas, 31
maxilas, 31
mesonoto, 28
metanoto, 28
ocelos, 29
patas, 33
piezas bucales, 31
pleura, 28
pronoto, 28
esternito, 28
cabeza, 28, 29
tórax, 28, 32
ojos, 29
Mosca
azul, 18
verde, 18
Mosca bailadora, 102
Mosca escorpión, 106
Mosca eristalis, 131
Mosca del fango, 83
Mosca de los
graneros, 113
Moscas de mayo, 81
Mosca de olor, 88
Miasis, 20

Natrix
maura, 234
natrix, 236
tesselata, 238
viperinus, 234
Necróforo, 99
Necrophorus sp., 99
Nepa cinerea, 82
Noctua pronuba, 132
Ocypus olens, 123
Oedipoda
caerulescens, 126
Ofidios, **234-249**

Panorpa communis, 106
Pavo real, 127
Pavón nocturno
mayor, 124
Pececillo de plata, 113
Pelobates
cultripes, 166
fuscus, 165
Pelodytes punctatus, 167
Pemphigus spirothecae, 42
Pequeño capricornio, 73
Perla maxima, 81
Pie de azadón, 166
Piojo, 19
Phalera bucephala, 49
Phyllodactylus
europaeus, 215
Pieris brassicae, 120
Podarcis
sicula, 229
tiliguerta, 228
Podarcis muralis, 226
maculiventris, 226
nigriventris, 226
Polistes gallicus, 100
Pollenia rudis, 113
Polyommatus icarus, 99
Polyphylla fullo, 93
Procesionaria
del roble, 19
del pino, 17, 19
Protea, 50, 70
Protección, 21
Psammodromus
algirus, 230
Pterigotas, 28
Pulgón del haba, 130
Pulgas, 19
Pyrochroa coccinea, 73
Pyrrhocoris apterus, 43
Pyrrhosoma nymphula, 89

Quelonios, **202-211**

Rana
arvalis, 173

catesbeiana, 177
dalmatina, 178
esculenta, 168
graeca, 179
iberica, 179
italica, 179
latastei, 179
lessonae, 171
ridibunda, 171,172
temporaria, 174
Rana
acuática europea, 168
ágil, 178
bermeja, 174
campestre, 173
comestible, 168
común europea, 172
griega, 179
griega de Italia, 179
ibérica, 179
mugidora, 177
pintada, 164
saltadora, 178
temporaria, 174
toro, 177
verde, 168
Ranita
verde de san Antón, 186
del Mediterráneo, 187
verde, 171
Reptiles, **188-249**
Reticulitermes lucifugus, 114
Rhagium inquisitor, 15
Rhagonycha fulva, 102
Rhyssa persuasoria, 72
Risa, 72

Salamandra
atra, 149
salamandra, 150
Salamandra
alpina, 149
común, 150
de fuego, 150
Salamanquesa
común, 212
costera, 214
Saltamontes
de alas azules, 126
Saltamontes lineado, 105
Saltamontes
verde común, 122
Saltamontes
verde punteado, 105
Sapo
abigarrado, 162
común europeo, 180
corredor, 182
de espuelas, 165
de los juncos, 182
de vientre amarillo, 162
europeo de vientre rojo, 163
moteado, 167
partero común, 160
pie de pala, 166
saltador de vientre manchado, 164
ululador de vientre rojo, 163
verde, 184
Saturnia pyri, 124
Scolytus
multistriatus, 77
scolytus, 77
Seps tridáctilo, 216
Serpiente
de agua escaqueada, 238
de cristal, 232
de escalera, 242
de Esculapio, 240
de Montpellier, 245
Sesia apiformis, 44
Sialis, 83
Sialis lutaria, 83
Sírice gigante, 71
Sistemática, 11
Smerinthus
ocellata, 48, 83
Stauropus fagi, 46
Stenobothrus lineatus, 105

Tarentola mauritanica, 212
Tenebrio molitor, 112
Terguito, 28
Termes lucífuga, 114
Testudo hermanni, 202
Tetracloruro de carbono, 57
Tettigonia viridissima, 122
Thaumetopoea
processionea, 19
pityocampa, 17, 19
Tifus, 19
Tijereta, 124
Típula de la col, 127
Tipula oleracea, 127
Tortuga
boba, 206
carey, 207
comestible, 208
coriácea, 210
de escamas, 207
de estanque europea, 204
de Hermann, 202
de Kemp, 209
dorso de cuero, 210
franca, 208
laúd, 210
leprosa, 205
mediterránea, 202
palustre, 204
terrestre griega, 202
tonta, 206
verde, 208
Trampa de
coleópteros, 56
coprófagos, 55
cristal, 54
emergencia, 54
necrófagos, 55
botella aérea, 56
de la red de Surber, 55
de Malaise, 54
de Moericke, 55
luminosa, 56
Trialeurodes vaporariorum, 125
Tritón
alpino, 156
común, 154
crestado, 158
de Córcega, 153
de los Cárpatos, 155
encopetado, 158
europeo, 154
jaspeado, 159
palmeado, 157
pirenaico, 152
verrugoso, 158
Triturus
alpestris, 156
cristatus, 158
helveticus, 157
marmoratus, 159
vulgaris, 154
Trofalaxia, 43
Tubos de Malpighi, 35
Typhoeus typhoeus, 104

Urocerus gigas, 71
Urodelos, **148-159**
Urophora cardui, 42

Velia, 80
Velia caprai, 80
Vespa
crabro, 20
germanica, 20
vulgaris, 20
Vipera
aspis, 246
berus, 248
ursinii, 249
Víbora
áspid, 246
de agua, 234
de la cruz, 248
de Orsini, 249
europea común, 248
Volucella zonaria, 47

Zapatero, 86
Zigena de seis manchas, 103
Zygaena filipéndula, 103

CRÉDITOS FOTOGRÁFICOS

CLAVE: a: arriba; **ab:** abajo; **c:** centro; **d:** derecha; **i:** izquierda.

Anagnostidis/NATURE: 9, 25, 27, 41 ci, 48 ab, 48 a, 72, 83 ab, 92 a, 93 a, 103 ab, 105 a; 144 a, 146, 147, 134-135, 151 ad, 168 a, 169, 173 ab, 173 a, 178 ab, 180 a, 212, 223 a; **Barbelette/NATURE:** 87 a, 106; 136 i, 156 ab, 183a, 186 ab, 216 ab, 241 a; **Berthon-Chaumeton/NATURE:** 42 a; **Berthoule/NATURE:** 26, 79 a, 115 a; **Bignon J.-J.:** 29 a, 54 ab, 54 a, 55, 56, 57, 58, 59, 60, 61 ab, 61 a, 61 c, 62, 63, 64, 65, 91, 109 a; **Bignon/NATURE:** 24, 71, 92 ab, 97 a, 131 a; **Breitenstein/NATURE:** 116, 125, 130; **Chaumeton/NATURE:** 15, 36, 49 a, 49 ci, 73 ab, 79 ab, 81 ab, 81 a, 82 a, 83 a, 84 ab, 84 a, 87 ab, 89, 100, 101, 108, 113 ab, 114 ab, 118, 124 ab, 131 c, 133 ab, 133 a; 140 a, 151 ab, 151 ai, 157 ab, 158 a, 170 ab, 170 ad, 170 ai, 170 cd, 170 ci, 184 a, 202, 221 ab,233 ab, 233 ad, 233 ai, 247 c; **Chaumeton-Berthoule/NATURE:** 117 ab; **Chaumeton-Hellio/NATURE:** 205 c; **Chaumeton-Labat/NATURE:** 121 ab; **Chaumeton-Lanceau/NATURE:** 20, 41 abc, 44 a, 49 ab, 50, 51, 73 a, 77 ab, 104 ab, 111, 117 a, 126 a, 132 a; 141 ai, 143 ab, 190 a, 192 abi, 193 ai, 196 c, 159 ab, 164, 167 ab, 182, 185 abi, 185 c, 206 ab, 206 a, 207 ab, 208, 209 ab, 209 c, 210 ab, 216 a, 219 a, 219 c, 221 ab, 229 ab, 229 a, 230 ab, 230 a, 231 ab, 231 a, 234, 238 ab, 238 c, 239 ab, 239 a, 241 c, 242 ab, 243 ab, 243 a, 248 a; **Choussy/NATURE:** 198; **Couderc/NATURE:** 6, 70 c, 86, 99 a, 120 ab, 120 a, 124 a, 124 c; 154 a; **Darmangeat P.:** 11; **Delacour/NATURE:** 194 ab, 187 a, 237 a; **Dupraz:** 228 ab, a; **Durantel/NATURE:** 66-67, 78, 94; **Geniez:** 153 ab, 177, 179 ad, 179 ai, 179 cd, 179 ci, 205 a; 217 ab, 217 a, 226 ab, 226 a, 227 a, 227 c, 249 ab, 249 a; **Geniez/Crochet:** 215; **Gohier/NATURE:** 152, 153 a; **Grospas/NATURE:** 10, 29 ab, 47 cd, 105 ab; 141 ad, 141 ai, 196 ab, 168 ab, 169 a, 205 ab; **Krasnodebski/NATURE:** 144 ab; **La Tourette/NATURE:** 209 a; **Lamaison/NATURE:** 90, 95; **Lanceau/NATURE:** 7, 41 ad, 48 a, 52, 68, 69, 70 ab, 96 ab, 97 c, 109 ab, 110, 114 a, 129, 132 ab; 163 ab, 176 aci, 186 a, 187 c, 203 ab, 207 a, 210 a, 211 ab, 211 a, 211 c, 223 abcd, 235 abi, 240 a, 245 d, 245 i, 247 abi, 247 a; **Mayet/NATURE:** 21, 53, 119 ab, 122, 123 ab, 127 ab; **Monestier/NATURE:** 75 a, 128; 148 ab, 161 ab, 167 a, 178 a, 179 ab, 185 abd, 204 ab, 220 ab, 232 a, 248 ab; **NATURE:** 174; **Pölking/NATURE:** 70 a; 169 ab; **Prévost/NATURE:** 12, 13, 18 ab, 38, 40, 43, 47 abi, 76, 82 ab, 101 ab, 103 a, 104 a, 107 a, 119 c; 137, 138 d, 141 abd, 143 a, 143 c, 145 ab, 145 a, 190 ab, 192 ab, 192 a, 193 abd, 193 abcd, 194 a, 195 ab, 195 ad, 195 ai, 195 c, 196 ai, 197, 199, 156 a, 157 a, 157 abd, 158 ab, 159 abi, 161 a, 162 abi, 162 abd, 166 abd, 166 abi, 175 ab, 181 a, 188-189, 213 a, 213 c, 214, 218 ab, 218 ab, 221 a, 222 ab, 222 a, 223 ab, 223 acd, 224, 225 abi, 225 abci, 225 a, 225 aci, 227 ab, 232 ab, 235 a, 236 abi, 236 abd, 240 ab, 241 abd, 244 ab, 244 a, 246 abi, 246 abd; **Sauer/NATURE:** 8 ab, 16, 17, 18 a, 19, 22, 23, 32, 34, 39, 41 a, 42 abd, 42 abi, 44 ab, 45, 46 ab, 47 abd, 47 a, 49 cd, 74, 75 ab, 77 a, 77 c, 80 ab, 80 a, 85, 88, 93 ab, 93 c, 96 a, 98 ab, 98 a, 99 ab, 102 ab, 102 a, 107 ab, 112, 113 a, 115 ab, 119 a, 121 a, 123 a, 126 ab, 131 ab; 136 d, 138 i, 139 ad, 139 ai, 139 ab, 142, 191, 192 c, 193 ad, 193 cd, 194 c, 149, 150 ab, 150 a, 154, 155 abd, 155 abi, 163 ad, 163 ai, 165, 172 abd, 172 abi, 172 a, 175 a, 175 c, 176 abd, 176 abi, 176 abcd, 176 ad, 176 ai, 176 acd, 176 aci, 180 ab, 181 ab, 181 c, 184 ab, 185 a, 187 a, 203 a, 204 a, 213 ab, 219 ab, 220 a, 235 abd, 237 ab, 239 a, 243 a. **Siegel/NATURE:** 8a, 127 a; **Van Poucke/NATURE:** 115 c.